CB136027

Reprodução assistida em animais domésticos

FUNDAÇÃO EDITORA DA UNESP

Presidente do Conselho Curador
Mário Sérgio Vasconcelos

Diretor-Presidente / Publisher
Jézio Hernani Bomfim Gutierre

Superintendente Administrativo e Financeiro
William de Souza Agostinho

Conselho Editorial Acadêmico
Júlio Cesar Torres
Luís Antônio Francisco de Souza
Marcelo dos Santos Pereira
Maurício Funcia de Bonis
Patricia Porchat Pereira da Silva Knudsen
Ricardo D'Elia Matheus
Sílvia Maria Azevedo
Tatiana Noronha de Souza
Trajano Sardenberg

Editores-Adjuntos
Anderson Nobara
Leandro Rodrigues

Marcelo F. G. Nogueira
Marcelo M. Seneda
(orgs.)

Reprodução assistida em animais domésticos

Histórico, protocolos e estado da arte no Brasil e no mundo

editora
unesp

© 2024 Editora Unesp

Direitos de publicação reservados à:
Fundação Editora da Unesp (FEU)
Praça da Sé, 108
01001-900 – São Paulo – SP
Tel.: (0xx11) 3242-7171
Fax: (0xx11) 3242-7172
www.editoraunesp.com.br
www.livrariaunesp.com.br
atendimento.editora@unesp.br

Dados Internacionais de Catalogação na Publicação (CIP) de acordo com ISBD
Elaborado por Vagner Rodolfo da Silva – CRB-8/9410

R425 Reprodução assistida em animais domésticos: histórico, protocolos e estado da arte no Brasil e no mundo / organizado por Marcelo F. G. Nogueira, Marcelo M. Seneda. – São Paulo: Editora Unesp, 2024.

Inclui bibliografia.
ISBN: 978-65-5711-268-7

1. Medicina. 2. Medicina veterinária. 3. Genética. 4. Reprodução de animais. 5. Reprodução assistida. I. Nogueira, Marcelo F. G. II. Seneda, Marcelo M. III. Título.

2024-4077 CDD 636.089
CDU 619

Editora afiliada:

Asociación de Editoriales Universitarias de América Latina y el Caribe

Associação Brasileira de Editoras Universitárias

Sumário

Prefácio

I

Este livro é um texto técnico, científico e histórico. Ele nasceu, em grande parte, pela necessidade de registrar alguns aspectos da história do domínio das técnicas da reprodução assistida (TRAs) por pesquisadores e profissionais brasileiros. Essa lacuna – do contar os aspectos históricos de quem, quando, como e o porquê? – não havia sido, ainda, preenchida de modo satisfatório em outros livros congêneres no país (muito mais técnicos, de protocolos e de aspectos científicos).

Nesse sentido, e entre autores de capítulos e editores, esta obra conta com oito ex-presidentes da maior sociedade brasileira de TRAs de embriões, a Sociedade Brasileira de Tecnologia de Embriões (SBTE), o que representa mais de 40% de todos os presidentes dessa sociedade, excetuando-se as gestões temporária e provisória. Ainda, dois dos autores de capítulos foram ex-presidentes (em 1980, 2004 e 2011) da maior sociedade mundial relacionada com a tecnologia de embriões, a International Embryo Technology Society (IETS).

Ainda que não tenha sido um ex-presidente da SBTE (ou da IETS) e não seja um autor dos capítulos deste livro, cabe ressaltar o impacto que o professor (agora aposentado) Ciro Moraes Barros teve na biotecnologia da reprodução animal em nosso país. Seus trabalhos pioneiros com a ultrassonografia para a caracterização das ondas de crescimento folicular em novilhas e vacas zebu (da raça Nelore), o desenvolvimento de um protocolo de superestimulação ovariana – sem a observação de cio e que foi denominado de P-36 – e o estudo do papel do receptor do LH e da eCG na melhoria da superestimulação ovariana bovina não podem ser minimizados ou esquecidos.

Em um contexto histórico mais amplo, este livro contempla, na autoria dos capítulos e na organização, vários pioneiros da conquista nacional de técnicas de reprodução assistida. Dos primeiros nascimentos de caprinos transgênicos ao de bezerros produzidos *in vitro*, de empresa comercial de produção de clones bovinos à utilização de novo crioprotetor (etilenoglicol) para a criopreservação de embriões bovinos, de protocolos para a IATF menos estressantes – e em vacas em anestro – até a derivação de linhagens de células bovinas pluripotentes. Houve muito arrojo e persistência nesses pioneiros.

Entretanto, se o Brasil não fosse reconhecido mundialmente como uma potência na tecnologia da reprodução assistida, principalmente na espécie bovina – por motivos como o tamanho do rebanho bovino nacional e as características reprodutivas de sua principal raça, a Nelore –, este preâmbulo para o livro teria pouca, ou menor, importância. O fato de o Brasil ser um ator de grande influência no mercado mundial de proteína animal (bovina, avícola, suína e, de forma crescente, piscícola) ressalta a importância do conteúdo dos capítulos e, mais ainda, de seus autores.

Finalmente, duas menções de agradecimento se fazem necessárias. A primeira é para a Fundação de Amparo à Pesquisa do Estado de São Paulo (Fapesp), a qual – direta ou indiretamente – tem apoiado a pesquisa em TRAs no estado de São Paulo de forma contínua, baseada no mérito científico e descentralizada de grandes núcleos acadêmicos e universitários. Para exemplificar o impacto da Fapesp neste livro, na autoria de cinco capítulos (do total de nove) estão costumazes beneficiários da Fundação, a qual vem apoiando as reuniões anuais da Sociedade Brasileira de Tecnologia de Embriões (SBTE). Ainda, dois coordenadores da Fapesp relacionados diretamente com a reprodução animal (de área e adjunto) participam desta obra como, respectivamente, organizador e autor de capítulo. A segunda menção de agradecimento é para o espetacular incentivo e suporte da Fundação Editora da Unesp (FEU), na pessoa de seu diretor-presidente e editor executivo (prof. dr. Jézio Hernani Bomfim Gutierre). Sem as conversas iniciais com o prof. Jézio, que geraram o embrião inicial desta obra, e com o seu constante e otimista estímulo para que esta obra fosse concretizada, ela não teria o sustento necessário (anímico e logístico) para acontecer.

Um último agradecimento é para todos os colegas que aceitaram a árdua tarefa de serem autores dos nove capítulos que seguem. Sem o empenho, o altruísmo e a disponibilidade desses autores, não haveria uma obra, mas meramente uma boa ideia não executada.

Assis, 2 de abril de 2024
Marcelo F. G. Nogueira

II

Ao receber o convite do amigo Marcelo Nogueira para participar da organização desta obra, reconheço ter considerado algumas dúvidas sobre a sua viabilidade. Afinal, temos excelentes livros, tanto no contexto nacional quanto internacional, tratando dessa temática.

No entanto, uma vez compreendida a proposta de modo mais amplo, prontamente fui tomado de enorme motivação! A ideia de contemplar o histórico e a atualidade da reprodução assistida, em um relato proporcionado pelos próprios pioneiros, certamente é algo inovador e inspirador!

A contextualização da evolução histórica com o estado da arte traz ao leitor uma experiência única. As primeiras reuniões técnicas, a superação dos entraves operacionais, a aquisição de competências científicas e a constatação da excelência dos resultados aplicados representaram um conjunto único de inovação, força de trabalho e confiança na capacidade do ser humano para obter o progresso contínuo.

Embora eu esteja certo da contribuição desta obra para o cenário global, é indiscutível a alegria particular de nós, brasileiros, ao constatarmos o pioneirismo do cenário técnico-científico nacional no tema desta obra. O Brasil, embora não tenha sido o primeiro país a relatar as técnicas aqui descritas, certamente se tornou uma verdadeira potência no desenvolvimento da biotecnologia da reprodução.

Ao considerarmos a produção de embriões – *in vivo* e *in vitro* –, o controle farmacológico do estro, a inseminação artificial em tempo fixo, bem como as demais técnicas aqui descritas, torna-se evidente o patamar de excelência alcançado pelos cientistas e profissionais brasileiros nesse campo.

A combinação do progresso da reprodução assistida com a grande dimensão do rebanho bovino brasileiro se tornou um contexto bem-sucedido da evolução da atividade pecuária no Brasil, com repercussões subsequentes no mundo todo. Exemplo claro desse protagonismo brasileiro é o fato de termos diversos profissionais de nosso país ocupando, ou tendo ocupado, cargos de liderança em companhias multinacionais do segmento da genética, reprodução e/ou biotecnologia. Outra situação a ser considerada com bastante destaque é a presença maciça e constante de brasileiros nos principais eventos internacionais da reprodução animal.

Em suma, podemos considerar, com bastante segurança, o valor intrínseco desta obra, desde sua idealização – mérito do Marcelo Nogueira – até sua concretização, graças à generosa contribuição dos autores de cada capítulo.

A cada página, o leitor certamente poderá vivenciar a experiência magnífica deste valoroso patrimônio – reprodução assistida – desde seus primórdios até o patamar de excelência da atualidade. E como – felizmente! – a ciência jamais cessa seu progresso, estamos todos convidados a seguir aprimorando o cenário da biotecnologia da reprodução animal!

Boa leitura!

Londrina, 2 de abril de 2024
Marcelo M. Seneda

1
Introdução às técnicas de reprodução assistida em animais de produção no Brasil: cenário atual e perspectivas futuras

João Henrique Moreira Viana

Introdução

As chamadas tecnologias de reprodução assistida (do inglês, *assisted reproductive technologies*, ART) englobam um conjunto de técnicas que possibilitam a intervenção humana no processo natural de reprodução. Trata-se de uma área na qual ocorreram notáveis avanços nos últimos cinquenta anos, caracterizados por marcos históricos como o nascimento do primeiro ser humano gerado por fertilização *in vitro* (Steptoe; Edwards, 1978), dos primeiros animais de produção transgênicos (Hammer et al., 1985) e do primeiro mamífero gerado por transferência nuclear de células somáticas (Campbell et al., 1996). Esses avanços evidenciam a evolução do conhecimento científico em áreas relacionadas a fisiologia reprodutiva, controle exógeno da reprodução, gametogênese, fertilização e desenvolvimento embrionário inicial, manipulação e avaliação de gametas e embriões, reprogramação e controle epigenético do desenvolvimento, dentre outras.

A evolução das tecnologias de reprodução assistida nas últimas décadas pode ser demonstrada também em outra dimensão, igualmente importante: sua aplicação clínica, na medicina humana, e comercial, no caso dos animais de interesse zootécnico, além do uso estratégico na preservação e multiplicação de germoplasma raro ou em risco de extinção. O crescimento exponencial observado no uso de biotécnicas reprodutivas demonstra que algumas dessas tecnologias atingiram um nível de eficiência tal que viabilizou sua aplicação comercial. Por outro lado, também demonstra que essas tecnologias vieram ao encontro de demandas reais da sociedade, justificando, dessa forma, o investimento em pesquisa, desenvolvimento e inovação realizado nessa área.

O Brasil tornou-se protagonista no desenvolvimento e uso de biotécnicas reprodutivas em animais de produção e, particularmente após o sucesso na adoção comercial da produção *in vitro* de embriões no início dos anos 2000, passou a ser referência mundial na área. Em 2021, o Brasil foi o segundo país em número de embriões produzidos na espécie bovina (449.867; 23,6% do total), terceiro na ovina (7.636; 18,3% do total) e primeiro na equina (26.900; 72,5% do total) (Viana, 2022). Ainda que a participação nos totais mundiais possa ter sido influenciada pela subnotificação em outros países, particularmente no caso de equinos, esses números demonstram a importância dessas tecnologias no Brasil. As transformações ocorridas aqui, particularmente no mercado de embriões bovinos, anteciparam tendências observadas posteriormente em diversos outros países, demonstrando que a experiência brasileira pode contribuir para a compreensão das perspectivas para o uso de tecnologias de reprodução assistida em animais de produção no futuro.

Uso das técnicas de reprodução assistida em animais de produção no Brasil

A evolução do uso de diferentes biotécnicas reprodutivas no Brasil reflete o complexo balanço entre desenvolvimento tecnológico, demandas de mercado e outros fatores conjunturais. De maneira geral, as tecnologias de reprodução assistida chegaram rapidamente ao país. Os primeiros registros do uso de inseminação artificial (IA) no Brasil datam da década de 1930 (Severo, 2015), e os primeiros nascimentos de bezerros gerados por superovulação e transferência de embriões ou por fertilização *in vitro* ocorreram em 1985 e 1994, respectivamente (Rubin, 2005). O cenário até meados da década de 1990, contudo, era caracterizado pela baixa adoção de biotécnicas reprodutivas na pecuária. Em 1995, a IA era utilizada apenas em cerca de 5,4% das fêmeas bovinas em reprodução no Brasil, e a transferência de embriões (TE) em 0,04% (Viana et al., 2017). A baixa adoção de tecnologia frequentemente era vista como inerente à condição de país em desenvolvimento, ou atribuída a suposta resistência dos produtores em adotar novas tecnologias – ambos argumentos que posteriormente se mostraram incorretos. As últimas duas décadas foram marcadas por um *boom* no uso de biotécnicas da reprodução, que deve ser entendido dentro do contexto histórico, como parte das transformações que revolucionaram o agronegócio (Arias et al., 2017) e que levaram o Brasil à condição de um dos maiores produtores e exportadores de *commodities* agrícolas do mundo, incluindo proteína animal (Tollefson, 2010). O estabelecimento e consolidação de programas de melhoramento animal nesta época, como no caso dos programas nacionais de melhoramento de raças zebuínas (Verneque et al., 2010; Rosa et al., 2013), por exemplo, contribuíram de forma decisiva para a agregação de valor no mercado de genética e, consequentemente, para a maior demanda pelo uso de novas tecnologias de multiplicação animal. Essas transformações criaram as condições para que o desenvolvimento científico e tecnológico na área de biotecnologia da reprodução se convertesse em inovação, chegando ao setor produtivo e modificando o cenário da pecuária nacional.

Dentre as diversas tecnologias de reprodução assistida, as que tiveram maior relevância quanto à aplicação comercial, e que melhor ilustram as transformações ocorridas nos últimos vinte anos, são a IA e a TE, particularmente na espécie bovina, na qual dados estatísticos mais detalhados estão disponíveis. A Figura 1 mostra a evolução no número de doses de sêmen comercializadas, de embriões produzidos e de bainhas de transferência de embriões comercializadas em bovinos no período 1995-2022. Ainda que sejam técnicas utilizadas de forma independente, e com objetivos e mercados parcialmente distintos, ambas apresentam um comportamento semelhante nesse período, sugerindo que a evolução do uso da IA e da TE está associada a fatores macroeconômicos comuns.

Figura 1. Número de doses de sêmen comercializadas e de embriões produzidos em bovinos no Brasil no período 1999-2022, e de bainhas de transferência de embriões (TE) comercializadas no período 2015-2022

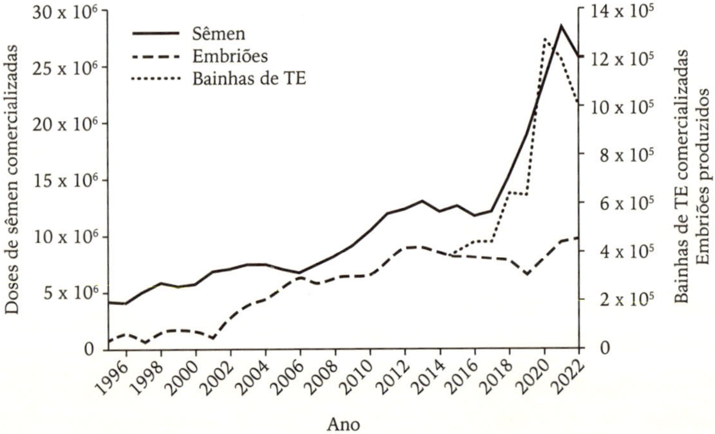

De fato, a correlação do número de IAs e TEs entre 1995 e 2022 é alta (R = 0,74) e, se considerarmos o número de bainhas de TE vendidas (indicador indireto do uso da tecnologia de embriões), essa correlação chega a R = 0,97. É possível observarmos, por exemplo, que o emprego de ambas as técnicas cresceu de forma acelerada entre 2000 e 2013 (+125,8% e +478,7% para IA e TE, respectivamente), retraiu entre 2013 e 2017 (–6,8% e –9,9%), e voltou a aumentar a partir de então (+126,6% e +111,5%). E, nas duas tecnologias, a evolução no uso foi associada a importantes mudanças tecnológicas (Figura 2). No caso da IA, observou-se um progressivo aumento no uso de protocolos para a realização de inseminação artificial em tempo fixo (IATF), inexpressivo no início dos anos 2000 e que hoje respondem por mais de 90% de todas as inseminações realizadas no país (Baruselli, 2023). Protocolos para a sincronização de ovulação e realização de inseminação em momentos predeterminados foram desenvolvidos no final da década de 1990 como uma alternativa para contornar a baixa eficiência da observação de cio em rebanhos leiteiros (Pursley et al., 1997), e foram posteriormente adaptados para animais zebuínos e de corte (Bó; Baruselli, 2014), que representavam o maior contingente de animais do rebanho nacional.

O crescimento do mercado de embriões subsequente à adoção das tecnologias de produção *in vitro* de embriões (PIVE) foi ainda mais notável. No período 2000-2006, a PIVE cresceu 1.523,4%, ou cerca de 75% ao ano, superando a produção *in vivo* (por superovulação). O Brasil tornou-se referência mundial no uso da PIVE, chegando a responder por 75,5% da produção mundial de embriões por essa técnica, ou 33,9% da produção total (Viana et al., 2017). Entre 2012 e 2013, o país superou o patamar de 400 mil embriões produzidos, ultrapassando os Estados Unidos e tornando-se o maior produtor mundial de embriões bovinos. A adoção da PIVE como técnica de eleição para a geração de embriões não significou apenas um aumento

Figura 2. Proporção de embriões bovinos produzidos *in vitro* (PIVE) em relação ao total de embriões (*in vitro* e *in vivo*), e de inseminações realizadas em tempo fixo (IATF) com protocolos de sincronização da ovulação em relação ao total de inseminações (IA) realizadas no Brasil no período 1999-2022

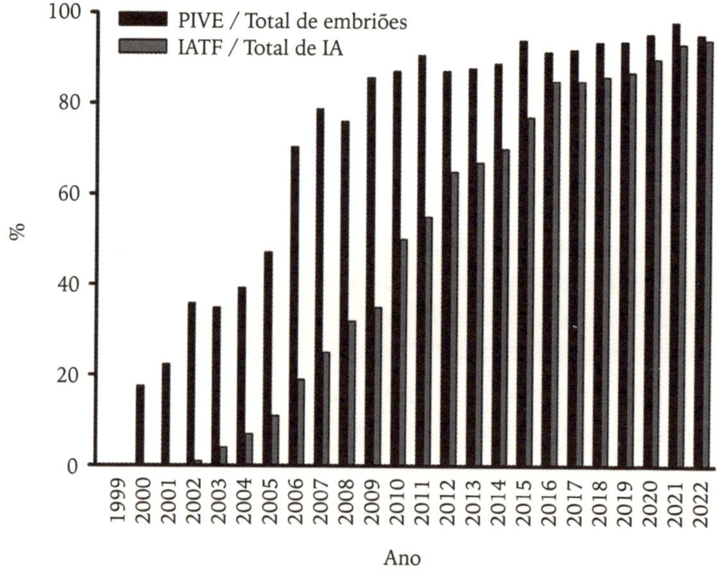

nos totais de embriões transferidos, mas transformou o mercado da TE, impactando em aspectos que variam do perfil dos profissionais envolvidos ao custo dos serviços e alavancando todo um mercado paralelo de insumos, hormônios, meios, equipamentos e receptoras (Viana et al., 2018).

A evolução da comercialização de sêmen e da produção de embriões subsequentes ao desenvolvimento e adoção da IATF e da PIVE, respectivamente, demonstram a existência de uma demanda reprimida no mercado de germoplasma animal, decorrente de gargalos técnicos como a baixa eficiência da observação de cio e a inconsistência dos resultados da superovulação, e que inibiam um maior crescimento na adoção da IA e da TE. Por outro lado, essas biotécnicas contribuem de maneira sinérgica para o avanço dos programas de melhoramento animal. Estima-se que a TE, por exemplo, tenha respondido por cerca de 17,8% dos bezerros da raça Nelore e 39,8% dos bezerros da raça Gir registrados pela Associação Brasileira de Criadores de Zebu (ABCZ) entre 2005 e 2015 (Viana et al., 2017), contribuindo, dessa forma, com um grande percentual dos touros posteriormente utilizados para a IA, ou das matrizes utilizadas para a geração de embriões.

É possível estabelecer alguns paralelos entre a importância da IATF para o mercado de IA e da PIVE para o mercado de embriões. Nos dois casos, os indicadores de eficiência relativa (prenhezes por coleta ou por IA) não eram, no início dos anos 2000, significativamente melhores que os obtidos pelas tecnologias anteriores (IA com observação de cio e superovulação, respectivamente), e a percepção em relação ao mercado potencial era, de maneira geral, conservadora. Contudo, além da evolução significativa na eficiência dos protocolos de IATF (Baruselli et al., 2012; Sartori et al., 2016) e nos meios, sistemas e procedimentos da PIVE (Watanabe et al., 2017) observados nos anos subsequentes, as duas tecnologias mostraram ter vantagens adicionais, particularmente quanto a intensificação do uso de matrizes, escalabilidade, otimização de mão de obra e simplificação de manejo. Esse conjunto de vantagens foi rapidamente percebido pelo mercado e, em ambos os casos, a nova tecnologia tornou-se rapidamente o método de eleição para a geração de embriões (a partir de 2006) ou para a IA (a partir de 2010).

Por outro lado, o impacto das novas tecnologias nos respectivos mercados foi bastante distinto, como pode ser constatado pela utilização nos segmentos corte e leite. No caso da IA, o crescimento do mercado nos últimos vinte anos (2003-2022) ocorreu de forma mais intensa no segmento corte (+308,3%, contra +120,1% no leite), com flutuações ocasionais na proporção corte/leite ao longo dos anos (Figura 3), provavelmente associadas a dinâmica das respectivas cadeias de produção e variações de preços. Já no caso do mercado de embriões, as mudanças tecnológicas tiveram um profundo impacto no uso da TE nos segmentos específicos. O primeiro grande mercado da PIVE foi o de touros de reposição para rebanhos de corte, o que, associado ao rápido crescimento no total de embriões produzidos, resultou em uma queda significativa na participação das raças leiteiras no total de embriões produzidos entre 2000 e 2005. Nesse período, o mercado de embriões foi caracterizado pelo predomínio de raças zebuínas e de corte, com o Nelore respondendo por 93,8% de todos os embriões produzidos no país em 2005 (Viana et al., 2017). A disponibilização de sêmen separado por sexo (sexado), a partir de 2005, teve apenas um pequeno impacto nos números da IA, mas, por outro lado, redefiniu o mercado de embriões no Brasil. De fato, o uso do sêmen convencional (não sexado) na fertilização *in vitro* geralmente resulta em uma maior proporção de nascimentos de machos (Camargo et al., 2010), o que inviabilizava comercialmente a adoção da PIVE em raças leiteiras. A partir de 2006, a produção de embriões no segmento corte se estabiliza, mas começa a crescer de forma acelerada no segmento leite, que, a partir de 2014, passa a responder por mais de 50% do total de embriões produzidos no país (Viana, 2023).

Por fim, parece clara a relação entre conjuntura macroeconômica e mercado de germoplasma animal. O período 2013-2017, por exemplo, foi caracterizado por retração nos mercados, tanto na comercialização de doses de sêmen quanto na produção de embriões (Figura 1). Essa mudança foi diretamente relacionada ao período de recessão econômica, caracterizado pela forte retração no PIB (–3,5% e 3% em 2014 e 2015, respectivamente), seguido pelo fraco crescimento entre 2016 e 2018 (cerca de 1% a/a), ainda que o agronegócio como um todo tenha sido o segmento da economia menos impactado pela crise. Por outro lado, a recente alta nos preços de proteína animal no mercado internacional, particularmente após a pandemia de Covid-19, reaqueceu os mercados, alavancando a forte alta tanto do uso da IA quanto da TE

Figura 3. Participação de raças bovinas leiteiras no total de embriões produzidos ou de doses de sêmen comercializadas no Brasil no período 2003-2022

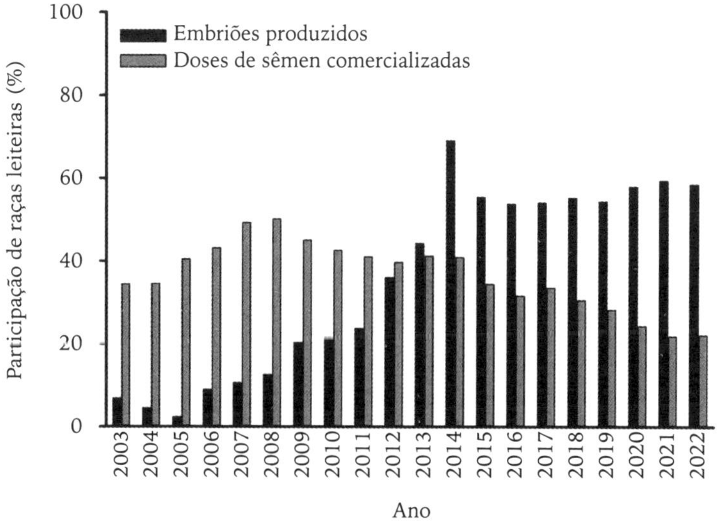

(Viana, 2021). Esse cenário evidencia a importância de fatores conjunturais, como o macroeconômico, enquanto determinantes na evolução da adoção de biotécnicas reprodutivas pela pecuária.

Perspectivas futuras para as tecnologias de reprodução assistida no Brasil e no mundo

A análise da evolução no uso da IA e da TE nas últimas décadas permite constatar a crescente importância das tecnologias de reprodução assistida como ferramentas para alavancar o melhoramento animal e, consequentemente, a produtividade da pecuária de corte e leite. No caso do Brasil, o crescimento dos mercados de sêmen e de embriões foi um fenômeno complexo, cuja compreensão nem sempre é simples. Nesse sentido, a análise de séries históricas é particularmente importante, uma vez que possibilita estabelecer paralelos e identificar os fatores que, ao longo dos anos, foram determinantes para a adoção das tecnologias – o que reforça a importância da coleta e organização sistemática de dados estatísticos. Ao longo das duas últimas décadas, o desenvolvimento tecnológico, associado à demanda reprimida por genética superior e ao momento positivo do agronegócio, concorreram para alavancar o uso de biotécnicas reprodutivas na pecuária nacional.

A compreensão do desenvolvimento recente e do cenário atual nessa área traz o desafio de antecipar as perspectivas futuras para o uso das tecnologias de reprodução assistida na produção animal. Dos fatores que foram importantes para a adoção de biotécnicas reprodutivas nas últimas décadas, quais continuarão válidos a curto, médio, ou longo prazo? A Tabela 1 mostra uma estimativa do uso de IA e TE, em relação ao efetivo bovino brasileiro, no período 2001-2021. O rebanho bovino brasileiro cresceu 18,8% entre 2001 e 2010, porém apenas 2,4% entre 2011 e 2020, tendo se mantido relativamente estável entre 210 milhões e 220 milhões de cabeças nesse período (IBGE, 2023). De fato, a expansão numérica do rebanho tende a ser limitada no futuro pela restrição ao avanço da fronteira agrícola e a competição por espaço com outras *commodities* agrícolas (Arias et al., 2017). Dessa forma, aumentos na produção dependerão, cada vez mais, de aumentos em produtividade, por sua vez diretamente associados à evolução genética dos rebanhos. Ainda que, no referido período, a proporção estimada de fêmeas em reprodução que foram inseminadas ou usadas como receptoras de embrião tenha aumentado substancialmente (+180,2% para IA e +593,85% para TE, entre 2001 e 2021), em números absolutos essas biotécnicas são utilizadas em apenas 22,8% e 0,2% das fêmeas disponíveis, respectivamente. Dessa forma, ainda há espaço para um crescimento significativo dos mercados de sêmen e embriões, mesmo considerando-se as características da produção pecuária nacional, com o predomínio de sistemas extensivos ou semi-intensivos.

Tabela 1. Estimativa do uso de inseminação artificial (IA) e transferência de embriões (TE) em relação ao efetivo bovino brasileiro, no período 2001-2021

	2001	2006	2011	2016	2021
Efetivo bovino[1]	176.388.726	205.886.244	212.815.311	218.190.768	224.602.112
Fêmeas em reprodução[2]	46.919.401	54.765.741	56.689.920	81.075.920	82.481.999
Doses de sêmen vendidas	6.870.090	6.735.204	11.906.763	11.721.722	25.449.957
Uso da IA (%)[3]	8,13	6,83	11,67	10,07	22,79
Embriões produzidos	46.702	290.341	350.762	378.500	437.928
Uso da TE (%)[4]	0,03	0,14	0,16	0,16	0,18

[1] Número total de cabeças (IBGE, 2021).

[2] Número de fêmeas aptas à reprodução, baseado em projeções da Associação Brasileira de Inseminação Artificial (Asbia).

[3] Estimativa da proporção de fêmeas inseminadas, considerando-se 1,2 dose de sêmen por gestação em raças de corte e 2,5 em raças de leite, e as respectivas proporções no rebanho total.

[4] Estimativa da proporção de fêmeas utilizadas como receptoras, considerando-se 40% de taxa de gestação em raças de corte e 30% em raças de leite, e as respectivas proporções no rebanho total.

É importante ressaltar que a TE, assim como ocorreu com a IA no passado, deixou de ser utilizada como ferramenta exclusiva dos rebanhos selecionadores ou multiplicadores de genética e tornou-se uma alternativa para a geração de animais de produção (Rodrigues, 2022). O desenvolvimento da PIVE tornou essa possibilidade concreta, ao possibilitar a geração de embriões em larga escala, e com significativa redução do custo das gestações. Esse novo conceito de uso explica, por exemplo, o ciclo de crescimento da PIVE em raças leiteiras a partir de 2005 (Viana et al., 2018), com a técnica sendo utilizada em programas de produção de novilhas F1 em larga escala (Pontes et al., 2010). Tendência semelhante é observada hoje no segmento corte (Bezerra et al., 2019), e o uso da PIVE para a geração de cruzamentos terminais pode alavancar um novo ciclo de expansão do uso da TE no Brasil.

O uso em escala da PIVE também explica a associação entre a adoção da técnica e o aumento expressivo no número total de transferências comunicadas, fenômeno observado no Brasil a partir de 2000 e, posteriormente, em grandes produtores de embriões como a Argentina e os Estados Unidos. Observou-se um aumento no número de países que reportam produção de embriões por fertilização *in vitro*, não apenas na espécie bovina, mas também em caprinos, ovinos e equinos (Viana, 2022). Esses países responderam pela quase totalidade (99,3%) dos embriões bovinos comunicados em 2021, ano em que cerca de 1,5 milhão de embriões bovinos foram produzidos por fertilização *in vitro* em todo o mundo (ibid., 2022). Paradoxalmente, ainda que o Brasil tenha sido o primeiro grande exemplo de sucesso na adoção comercial da PIVE, e seja hoje o segundo maior produtor mundial de embriões bovinos, o país é apenas o 16º em intensidade de uso da TE, considerando-se o número de TE em relação ao efetivo bovino (Tabela 2). Para alcançar uma intensidade de uso similar à dos Estados Unidos, seria necessário quadruplicar a produção brasileira – outra evidência do potencial de mercado nacional.

Outra observação importante é que a velocidade de adoção de uma tecnologia de reprodução assistida é fortemente influenciada pela existência de determinadas condições prévias, como infraestrutura, pessoal qualificado, e uma cadeia estruturada de fornecedores de insumos e equipamentos, além de uma percepção positiva pelo setor produtivo. Em 1999, o Brasil possuía um mercado já consolidado de produção de embriões bovinos *in vivo*, respondendo por 80,3% do total da América Latina e por 10,4% do total mundial (Thibier, 2000), o que criou condições para a rápida expansão subsequente no uso da PIVE. De forma semelhante, a existência de infraestrutura e *expertise* para a PIVE foi um passo essencial para o desenvolvimento da transferência nuclear de células somáticas (TNCS), mais conhecida como clonagem. Ainda que o Brasil também seja referência

Tabela 2. Efetivo bovino, número de embriões produzidos, classificação por produção de embriões, proporção embriões produzidos/efetivo bovino (× 1.000) e classificação dos 20 países com maior proporção de uso de embriões em 2021

País	Bovinos[1]	Embriões[2]	Classificação por produção	Índice de uso[3]	Classificação por uso
Estados Unidos	93.793.300	802.047	1	85,5	1
Países Baixos	3.691.000	30.909	11	83,7	2
Canadá	11.265.000	80.677	6	71,6	3
Panamá	1.505.500	7.514	15	49,9	4
Finlândia	835.380	3.613	24	43,2	5
Colômbia	28.245.262	111.917	3	39,6	6
Dinamarca	1.500.000	5.766	17	38,4	7
Alemanha	11.301.860	37.040	8	32,8	8
Suíça	1.515.023	4.877	20	32,2	9
México	35.639.209	97.671	4	27,4	10
Itália	6.400.040	17.124	12	26,8	11
Costa Rica	1.427.793	3.793	22	26,6	12
França	17.789.250	41.900	7	23,6	13
Paraguai	14.026.143	32.140	9	22,9	14
Noruega	869.136	1.972	28	22,7	15
Brasil	**218.150.298**	**449.867**	**2**	**20,6**	**16**
Áustria	1.855.430	3.753	23	20,2	17
Argentina	54.460.799	92.355	5	17	18
Austrália	23.503.238	31.095	10	13,2	19
Chile	3.196.740	4.142	21	13	20

[1] Efetivo de bovinos do país em 2021. Disponível em: http://www.fao.org/faostat/en/#data/QA. Acesso em: 25 jul. 2024.
[2] Total de embriões bovinos produzidos em 2021. Adaptado de Viana, 2022.
[3] Embriões produzidos para cada 10 mil animais do rebanho total.

mundial no uso da clonagem comercial, a produção de clones representa, em termos absolutos, uma fração muito pequena do mercado de embriões. A comparação do número estimado de bezerros nascidos a partir da transferência de embriões produzidos por fertilização *in vitro* ou TNCS (Figura 4) evidencia essa diferença. A clonagem ainda é uma técnica caracterizada por baixa eficiência, particularmente em relação ao número de nascimentos de bezerros em relação ao de embriões transferidos (Meirelles et al., 2010), mas a eventual superação dos gargalos técnicos pode resultar em rápida expansão em seu uso comercial. Da mesma forma, a rede de laboratórios e pessoal qualificado existente hoje pode alavancar o uso de tecnologias emergentes, como a determinação do valor genômico a partir de biópsias embrionárias, ou a edição gênica de embriões. De fato, o crescimento no total mundial de embriões bovinos gerados por fertilização *in vitro* (+31,5% de 2020 para 2021) foi acompanhado por um aumento expressivo no número de embriões produzidos *in vitro* e submetidos a biópsia para genotipagem ou determinação de sexo (+14,9% e +11,4%, respectivamente, no mesmo período), e também por um aumento no uso da PIVE em outras

Figura 4. Estimativa do número de bezerros nascidos no Brasil a partir da transferência de embriões produzidos por fertilização *in vitro* (FIV) ou transferência nuclear de células somáticas (SCNT) no período 1999-2022

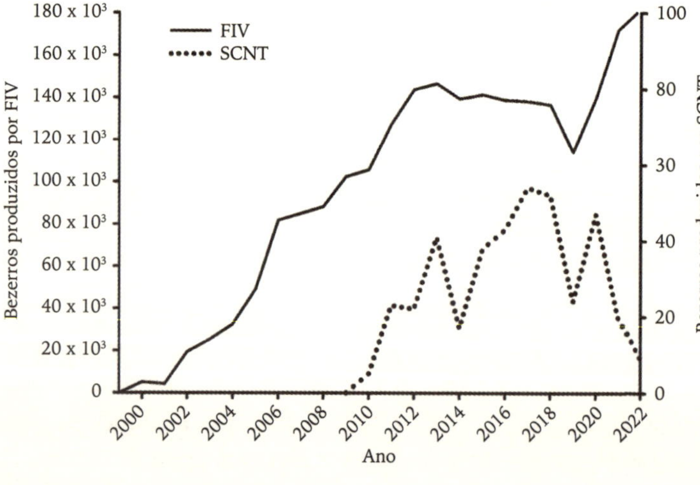

espécies de interesse zootécnico, como ovinos (+344%), equinos (+34,5%) e caprinos (+179,3%) (Viana, 2021).

Conclusões

O uso de tecnologias de reprodução assistida em animais de produção tornou-se uma ferramenta-chave para responder aos desafios da pecuária moderna, seja garantindo uma maior eficiência reprodutiva, seja proporcionando maiores ganhos nos programas de melhoramento genético, pela multiplicação de animais com genótipo superior ou pela geração de cruzamentos e maximização dos efeitos da heterose. Coerentemente, a adoção de biotécnicas de reprodução tem aumentado em todo o mundo, e em várias espécies, com o Brasil apresentando uma posição de destaque nesse cenário. Dessa forma, apesar da possibilidade de flutuações ocasionais decorrentes de fatores econômicos ou conjunturais, a expectativa futura é de expansão dos mercados já consolidados, como os da IA e TE, e do crescimento na adoção em escala comercial de tecnologias hoje emergentes.

Referências

ARIAS, D. et al. Agriculture Productivity Growth in Brazil: Recent Trends and Future Prospects. In: WORLD BANK GROUP AGRICULTURE. *Brazil Productivity Growth Flagship Report*. Washington: WBGA, 2017.

BARUSELLI, P. S. Com desaceleração de 5% em 2022, mercado da IATF registra primeiro recuo em 20 anos. *Boletim Eletrônico do Departamento de Reprodução Animal*, FMVZ-USP, n.7, 17 fev. 2023. Disponível em: http://vra.fmvz.usp.br/boletim-eletronico-vra/. Acesso em: 25 jul. 2024.

______ et al. History, Evolution and Perspectives of Timed Artificial Insemination Programs in Brazil. *Animal Reproduction*, v.9, n.3, p.139-52, 2012.

BEZERRA, A. O. et al. Comparison between in vitro Embryo Production Using Y-Sorted Sperm and Timed Artificial Insemination with Non-Sorted Sperm to Produce Crossbred Calves. *Animal Reprodroduction Science*, v.208, 2019. doi:10.1016/j.anireprosci.2019.06.013.

BÓ, G. A.; BARUSELLI, P. S. Synchronization of Ovulation and Fixed-Time Artificial Insemination in Beef Cattle. *Animal*, v.8, supl.1, p.144-50, 2014. doi:10.1017/S1751731114000822.

CAMARGO, L. S. et al. Gestation Length, Birth Weight and Offspring Gender Ratio of in Vitro-Produced Gyr (Bos Indicus) Cattle Embryos. *Animal Reproduction Science*, v.120, p.10-5, 2010. doi:10.1016/j.anireprosci.2010.02.013.

CAMPBELL, K. H. et al. Sheep Cloned by Nuclear Transfer from a Cultured Cell Line. *Nature*, v.380, n.6.569, p.64-6, 1996. doi:10.1038/380064a0.

FOOD AND AGRICULTURE ORGANIZATION OF THE UNITED NATIONS (FAO). *Cattle Inventory*. 2018. Disponível em: http://www.fao.org/faostat/en/#data/QA. Acesso em: 25 jul. 2024.

HAMMER, R. E. et al. Production of Transgenic Rabbits, Sheep and Pigs by Microinjection. *Nature*, v.315, n.6.021, p.680-3, 1985. doi:10.1038/315680a0.

INSTITUTO BRASILEIRO DE GEOGRAFIA E ESTATÍSTICA (IBGE). *Indicadores de produção*. 2021. Disponível em: http://www.ibge.gov.br/home/estatistica/indicadores/agropecuaria. Acesso em: 25 jul. 2024.

MEIRELLES, F. V. et al. Delivery of Cloned Offspring: Experience in Zebu Cattle (Bos Indicus). *Reproduction, Fertility and Development*, v.22, n.1, p.88-97, 2010. doi: 10.1071/RD09229.

PONTES, J. H. et al. Large-Scale in vitro Embryo Production and Pregnancy Rates from Bos Taurus, Bos Indicus, and Indicus-Taurus Dairy Cows Using Sexed Sperm. *Theriogenology*, v.74, n.8, p.1.349-55, 2010.

PURSLEY, J. R. et al. Pregnancy Rates per Artificial Insemination for Cows and Heifers Inseminated at a Synchronized Ovulation or Synchronized Estrus. *Journal Dairy Science*, v.80, n.2, p.295-300, 1997. doi:10.3168/jds.S0022-0302(97)75937-X.

RODRIGUES, C. A nova onda da FIV no Brasil. *Revista DBO*, p.50-8, set. 2022.

ROSA, N. A. et al. Melhoramento genético aplicado em gado de corte: Programa Geneplus-Embrapa. v.1. 1.ed. Brasília: Embrapa, 2013.

RUBIN, M. I. B. Twenty Years History of the Brazilian Embryo Transfer Society. *Acta Scientiae Veterinariae*, v.33, p.35-54, 2005.

SARTORI, R. et al. Update and Overview on Assisted Reproductive Technologies (ARTs) in Brazil. *Animal Reprodroduction*, v.13, p.300-12, 2016.

SEVERO, N. C. História da inseminação artificial no Brasil. *Revista Brasileira de Reprodução Animal*, Belo Horizonte, v.39, n.1, p.17-21, 2015.

STEPTOE, P. C.; EDWARDS, R. G. Birth after the Reimplantation of a Human Embryo. *Lancet*, v.2, n.8.085, p.366, 1978. doi:10.1016/s0140-6736(78)92957-4.

THIBIER, M. The IETS Statistics of Embryo Transfers in Livestock in the World for the Year 1999: A New Record for Bovine in vivo-Derived Embryos Transferred. *Embryo Transfer Newsletter*, v.18, n.4, p.24-8, 2000.

TOLLEFSON, J. Food: The Global Farm. *Nature*, v.466, n.7.306, p.554-6, 2010. doi:10.1038/466554a.

VERNEQUE, R. S. et al. Melhoramento genético de gado de leite no Brasil. In: SIMPÓSIO BRASILEIRO DE MELHORAMENTO ANIMAL, 8. Maringá, 2010. *Anais do...* Maringá: SBMA, 2010.

VIANA, J. H. M. Estatísticas da produção e transferência de embriões em 2021: o mercado brasileiro e as tendências mundiais. *O Embrião*, n.69, p.9-14, 2023.

______. 2021 Statistics of Embryo Production and Transfer in Domestic Farm Animals: A New Milestone Has Been Reached: Transfers of IVP Embryos Were Over One Million Worldwide. *Embryo Technology Newsletter*, v.40, n.4, p.22-40, 2022.

______. O impacto da pandemia no mercado de embriões no Brasil. *O Embrião*, n.67, p.12-8, 2021.

______ et al. A Historical Perspective of Embryo-Related Technologies in South America. *Animal Reproduction*, v.15, p.963-70, 2018. doi: 10.21451/1984-3143-AR2018-0016.

______; FIGUEIREDO, A. C. S.; SIQUEIRA, L. G. B. Brazilian Embryo Industry in Context: Pitfalls, Lessons, and Expectations for the Future. *Animal Reproduction*, v.14, p.476-81, 2017.

WATANABE, Y. F. et al. Number of Oocytes Retrieved per Donor During OPU and its Relationship with in vitro Embryo Production and Field Fertility Following Embryo Transfer. *Animal Reproduction*, v.14, p.635-44, 2017.

2
Evolução e perspectivas da inseminação artificial e da inseminação artificial em tempo fixo em bovinos no Brasil

Pietro Sampaio Baruselli
Lindsay Unno Gimenes

Introdução

O acelerado crescimento da população mundial está gerando significativo aumento da demanda por alimentos, originando preocupação com a capacidade de produção de proteínas de origem animal para atender o crescente número de habitantes no planeta (FAO et al., 2023). Nesse contexto, o Brasil apresenta relevância pelo fato de ser o quinto maior país em extensão territorial e possuir o maior rebanho bovino comercial do mundo – 234 milhões de cabeças (IBGE, 2023).

Em 2022, o número de abates no Brasil foi de 43,3 milhões de cabeças, com produção estimada de 10,8 milhões de toneladas em equivalente carcaça, representando 14,3% da produção mundial de carne (Abiec, 2023). Apesar disso, a pecuária de corte brasileira ainda apresenta baixa eficiência produtiva, e ocupa o segundo lugar no *ranking* mundial de produção de carne, liderado pelos Estados Unidos, que produzem 17,1% da carne mundial (Abiec, 2023).

A produção nacional de leite fluido foi de 34 bilhões de litros, de um total de 17 milhões de vacas ordenhadas, correspondendo à produtividade de 2.069 litros de leite por vaca por ano (Rocha et al., 2020), evidenciando a baixa eficiência dessa atividade em nosso país. Esses números classificam o Brasil como o quarto produtor de leite (atrás dos Estados Unidos, Índia e China), apesar de possuir o maior rebanho bovino mundial. Ainda, o Brasil não é autossuficiente na produção de leite bovino, sendo necessária a importação para abastecer o mercado interno (FAO, 2021).

Dessa forma, torna-se imprescindível desenvolver e aprimorar tecnologias que colaborem com o aumento da produtividade nas fazendas que produzem carne e leite, otimizando os sistemas de criação e a rentabilidade dos rebanhos. Entre as tecnologias que estão disponíveis para melhorar a eficiência produtiva do setor, as biotecnologias da reprodução merecem destaque. A inseminação artificial (IA) é a biotecnologia reprodutiva mais empregada em todo o mundo e sua aplicação traz grandes vantagens para a produtividade dos rebanhos, quando comparada com a utilização da monta natural (Lima et al., 2010; Lamb; Mercadante, 2016; Baruselli et al., 2018a). Essa biotecnologia tem como objetivo melhorar o ganho genético e a eficiência produtiva dos rebanhos.

A IA permite a utilização do sêmen de touros geneticamente superiores, acelerando o ganho genético e resultando em bezerros mais produtivos que geram maior retorno econômico ao produtor de carne e de leite. Além disso, a IA evita a transmissão de doenças venéreas (Vishwanath, 2003) e permite o melhor controle do rebanho, aumentando a uniformidade dos bezerros produzidos (Rodgers et al., 2015; Baruselli et al., 2017). Inclusive, foi desenvolvida a tecnologia de sexagem do espermatozoide, possibilitando produzir bezerros do sexo desejado por IA conforme a atividade principal do empreendimento rural (Johnson et al., 1989).

Na atualidade, com o objetivo de facilitar a utilização da IA nas propriedades rurais, foi desenvolvida a tecnologia de sincronização do crescimento folicular e da ovulação para o emprego da inseminação artificial em tempo fixo (IATF), que elimina a necessidade de detecção de estro, permite que fêmeas bovinas sejam inseminadas mesmo em anestro ou em fases distintas do ciclo estral, aumentando a eficiência reprodutiva das matrizes (Pursley et al., 1995; Rhodes et al., 2003; Baruselli et al., 2004; Bó et al., 2007). O uso da IATF antecipa e concentra a concepção no início do período pós-parto em vacas anestro ou ciclando e possibilita inseminar novilhas pré-púberes ou que atingiram a maturidade sexual, aumentando a eficiência reprodutiva e produtiva das fazendas de carne e de leite (Baruselli et al., 2017).

Histórico da inseminação artificial no mundo

Considera-se que a inseminação artificial teve como ponto de partida a descoberta das células espermáticas (denominadas à época de “animálculos”) por Antonie van Leeuwenhoek em 1678. Porém, somente em 1784 é que o cientista italiano Lazzaro Spallanzani realizou a primeira inseminação artificial na espécie canina, resultando no nascimento de três filhotes. A partir de 1897, Walter Heape e outros pesquisadores em diversas partes do mundo relataram o uso da técnica com sucesso em coelhos, cães e equinos (revisado em Foote, 2002; Lonergan, 2018).

Um dos relatos pioneiros do emprego da inseminação como procedimento prático em diversas espécies, como cães, raposas, coelhos, aves e equinos foi apresentado em 1899 por Ilya Iwanovitsch Iwanow. Esse pesquisador foi o primeiro a inseminar artificialmente bovinos com sucesso (Lonergan, 2018), desenvolveu meios diluidores e realizou o treinamento de técnicos para a multiplicação de progênies pelo emprego dessa biotécnica (revisado em Foote, 2002).

Em 1912, Ishikawa desenvolveu no Japão um programa de IA em equinos similar ao de Ivanov. Desse modo, a técnica passou a ser difundida em várias espécies, como bovinos, ovinos, caprinos, suínos e aves (revisado em Foote, 2002).

Existem relatos de que, a partir de 1928, a inseminação foi utilizada em larga escala em bovinos e ovinos na Rússia (revisado em Barbosa; Machado, 2008). Isto ocorreu após o desenvolvimento da primeira vagina artificial em 1926 por Roemmele e a construção do primeiro manequim para colheita de sêmen bovino por Skatkin (revisado em Reichenbach et al., 2008).

Em 1936, Eduard Sørensen organizou a primeira cooperativa de IA em gado leiteiro na Dinamarca. Nesse país foi desenvolvida a técnica de fixação retovaginal da cérvix para IA (empregada até os dias de hoje) e também as palhetas para o envase de sêmen por Sørensen em 1940 (revisado em Foote, 2002; Lonergan, 2018).

Simultaneamente, trabalhos com IA em bovinos nos Estados Unidos tiveram início em Cornell, seguido de Minnesota e Wisconsin (revisado em Foote, 2002). A partir de 1938, com base no sistema dinamarquês, foi criada uma cooperativa de IA em Nova Jersey e, em seguida, no Missouri e em Nova York (revisado em Foote, 2002; Lonergan, 2018).

Em 1939, Victor Milovanov desenvolveu projetos em bovinos e ovinos e criou novos modelos de vaginas artificiais para essas espécies e também para equinos, inspirado na ideia de Giuseppe Amantea. Esse pesquisador havia criado em 1914 o primeiro modelo de vagina artificial em cães, avançando no conhecimento sobre o método de colheita de sêmen (revisado em Foote, 2002; Lonergan, 2018).

Entretanto, um dos grandes avanços para implementação da IA foi o desenvolvimento de meios diluidores que permitissem a conservação do sêmen para o transporte e uso em campo. Isto ocorreu nos Estados Unidos em 1940, com a criação do meio diluidor à base de gema de ovo por Paul Phillips e Henry Lardy, seguido pela melhoria desse meio com o uso do tampão citrato de sódio por Glenn Salisbury em 1941. A adição de antibióticos aos diluidores, por grupos de pesquisa de Cornell e da Pensilvânia entre 1949 e 1950, resultou no controle de doenças venéreas, reduzindo a mortalidade embrionária e melhorando os índices de fertilidade de rebanhos leiteiros (revisado em Foote, 2002; Lonergan, 2018).

Associado à tecnologia do sêmen, a identificação do melhor momento para a inseminação também foi determinante para o sucesso da técnica de IA. Foi desenvolvido em 1948 o método de detecção do estro de Trimberger, o qual estabeleceu que a fêmea bovina detectada em estro pela manhã deve ser inseminada no final da tarde do mesmo dia e a fêmea detectada em estro durante a tarde é inseminada nas primeiras horas da manhã do dia seguinte (revisado em Foote, 2002).

Outro passo importante para o desenvolvimento da IA foi a criopreservação espermática, obtida com sucesso em espermatozoides de galo com o uso de glicerol em 1949 por Christopher Polge. Em 1951, Stewart obtém o primeiro bezerro nascido de sêmen congelado. O glicerol foi empregado para a congelação de sêmen bovino em meios diluidores à base de leite em 1957 (O'Dell e Almqist), em meio tris-gema em 1963 (Davis et al.) e em meio citrato-gema em 1968 (Polge, revisado em Foote, 2002).

Os métodos de envase de sêmen foram evoluindo dos pellets produzidos em gelo seco (dióxido de carbono), para as ampolas de vidro e, somente em 1964, foram desenvolvidas por Robert Cassou – fundador da IMV Technologies – as palhetas francesas confeccionadas em plástico, baseadas nas palhetas dinamarquesas. A relevante mudança na conservação do sêmen de gelo seco para nitrogênio líquido ocorreu na década de 1950 e contribuiu significativamente para o estabelecimento do uso dessa importante tecnologia nas fazendas de corte e leite em todo o mundo (revisado em Foote, 2002; Lonergan, 2018).

Histórico da inseminação artificial no Brasil

Os primeiros registros da IA em bovinos no Brasil remetem a 1938, na estação Experimental de Pindamonhangaba, realizada por Leovigildo Pacheco Jordão, João Soares Veiga e José Gomes Vieira. Os estudos sobre IA se estenderam para a Estação Experimental do Instituto de Biologia Animal no estado do Rio de Janeiro por João Ferreira Barreto e Antônio Mies Filho, a partir de 1941 (revisado em Barbosa; Machado, 2008; Severo, 2015).

Em 1941, em um experimento pioneiro realizado por José Wanderley Braga, testou-se a viabilidade de sêmen bovino refrigerado transportado de Recife (PE) a Deodoro (RJ), com obtenção de resultados satisfatórios. A partir de então, o envio por via aérea ou ferroviária de sêmen processado tornou-se possível no Brasil (revisado em Severo, 2015).

Barreto e Mies Filho foram os responsáveis por realizarem o primeiro curso de IA para veterinários do Ministério da Agricultura, bem como para outras instituições nacionais e internacionais, em 1943. No ano seguinte, um curso promovido para treinamento de práticos foi realizado no Rio Grande do Sul (revisado em Barbosa; Machado, 2008; Severo, 2015).

Em 1947, as atribuições do Instituto de Biologia Animal foram transferidas para o Instituto de Zootecnia (km 47 da antiga Rodovia RJ-SP) e, nesse local, em 1949, foi criado o Serviço de Fisiopatologia da Reprodução e Inseminação Artificial (Sfria) via convênio com o Ministério da Agricultura. Os serviços de IA foram distribuídos em vários postos no país para a expansão dessa biotecnologia nos rebanhos brasileiros (revisado em Barbosa; Machado, 2008; Severo, 2015).

Vale ressaltar que, nesse período, a Faculdade de Medicina Veterinária e Zootecnia da Universidade de São Paulo possuía uma Central de Inseminação Artificial que oferecia um serviço de distribuição de sêmen refrigerado bovino no estado de São Paulo. Em 1958, foi desativada após a transferência para o Instituto de Zootecnia e Indústria Pecuária da Faculdade de Medicina Veterinária e Zootecnia da Universidade de São Paulo (FMVZ-USP), em Pirassununga, sendo então extinta. Na cidade de São Paulo também havia o posto de Inseminação Artificial no Parque Fernando Costa, pertencente ao Departamento de Produção Animal da Secretaria de Agricultura de São Paulo, o qual foi transferido para o Instituto de Zootecnia de Nova Odessa, onde permaneceu inativado por anos (Grunert et al., 2005).

Entre 1952 e 1953, a vinda de pesquisadores internacionais ao Brasil (Telesforo Bonnadona, Allan S. Parkes, Douglas H. K. Lee e Christopher Polge) contribuiu para a aquisição de conhecimento sobre a congelação de sêmen bovino e armazenamento a –79 °C em ampolas de vidro imersas em álcool e cobertas com blocos de gelo seco, permitindo a inauguração do primeiro banco de sêmen congelado da América Latina (Severo, 2015). Em 1954, nasceu o primeiro bezerro de IA com sêmen congelado, e, dois anos após, foi criada a primeira cooperativa de IA no Rio Grande do Sul (revisado em Barbosa; Machado, 2008; Severo, 2015).

Em 1958, a visita de um veterinário (David E. Bartlett) da American Breeders Service (ABS) permitiu o treinamento da técnica de IA transcervical e uso de sêmen congelado em nitrogênio líquido, com a compra dos primeiros botijões criogênicos (revisado em Severo, 2015).

Em 1962, o Sfria foi extinto, originando em 1964 o Plano Nacional de Inseminação Artificial. Em 1968, o Ministério da Agricultura criou a Divisão de Fisiopatologia da Reprodução e Inseminação Artificial (Dfria), responsável por orientar e fiscalizar o método de IA (revisado em Barbosa; Machado, 2008; Severo, 2015).

A produção de sêmen entre 1970 e 1974 passou de 62 mil para 1 milhão de doses, devido à criação e expansão de centros de processamento e tecnologia de sêmen associada às exportações de sêmen bovino. Em 1974, foram criados o Colégio

Brasileiro de Reprodução Animal (CBRA) e a Associação Brasileira de Inseminação Artificial (Asbia; revisado em Barbosa; Machado, 2008; Severo, 2015).

De 1974 em diante, o crescimento no uso da técnica foi lento, até o final da década de 1990, quando novo ritmo foi percebido. Em 1991, comercializava-se no país o total de 2.597.668 doses de sêmen, nacional e importado, e, somente dois anos mais tarde, esse valor já havia sido suplantado pela própria indústria nacional (Barbosa; Machado, 2008).

No final de década de 1990, a inseminação artificial em tempo fixo (IATF) começou a ser estudada no Brasil com o objetivo de desenvolver procedimentos que facilitassem o emprego dessa biotecnologia e melhorassem os índices reprodutivos das fazendas de corte e de leite (Baruselli et al., 2012).

Evolução da inseminação artificial com a introdução da IATF no Brasil

O mercado nacional de inseminação artificial comercializou aproximadamente 7 milhões de doses de sêmen no início da década de 2000, quando o setor produtivo começou utilizar a IATF comercialmente. Estudos apontam que, em 2002, apenas 5,8% das matrizes de leite e de corte do rebanho brasileiro eram inseminadas artificialmente (Baruselli et al., 2012). Entretanto, em 2021, foram inseminadas 23,4% das matrizes do rebanho nacional, atingindo 28,4 milhões de doses de sêmen comercializadas. Nesse período, verificou-se crescimento de 400% na comercialização de doses de sêmen, muito devido à introdução e intensa utilização da IATF pelos produtores. Em 2002, foram comercializados 100 mil protocolos (1% das inseminações), atingindo 26,5 milhões de protocolos de sincronização em 2021 (93% das inseminações). Nesse período, a taxa de crescimento anual composta (Compound

Annual Growth Rate – CAGR) do número de protocolos de sincronização comercializados para IATF no Brasil foi de 34,1%. Na atualidade, a IATF está associada a 93% das inseminações efetuadas no Brasil. Em 2002, representava somente 1% das inseminações realizadas em nosso país (Baruselli, 2022).

Para o cálculo do número de doses de sêmen comercializadas no Brasil, pesquisadores do Departamento de Reprodução Animal da FMVZ-USP analisam os dados publicados no Index Asbia (que representa 95% do mercado de sêmen brasileiro), com ajustes para 100% do mercado. Para o cálculo do número de protocolos de IATF realizados, utilizaram-se informações de mercado disponibilizadas anualmente pela indústria de produtos farmacêuticos veterinários. Nessa análise, considera-se o número de dispositivos de progesterona comercializados com as respectivas reutilizações. Subtraiu-se desse número a quantidade de protocolos para sincronização de receptoras para transferência de embrião em tempo fixo.

Os dados com a evolução do mercado desde 2002 estão apresentados na Figura 1. Essas informações demonstram claramente que a inseminação artificial ganhou espaço com o passar dos anos nas fazendas produtoras de carne e de leite no Brasil, com grande contribuição da IATF. Os dados evidenciam que o aumento do mercado de IA no Brasil ocorreu simultaneamente com introdução da tecnologia de IATF nas fazendas de corte e de leite.

Com base no número de vacas e novilhas em idade reprodutiva no Brasil (Anualpec, 2022) e o número de doses de sêmen comercializadas (Asbia, 2021) foi possível estimar a evolução do mercado de IA no Brasil do ano de 2002 a 2021 (Figura 2). Em 2002, início da coleta dos dados para análise (Baruselli et al., 2012), apenas 5,8% das matrizes do rebanho brasileiro eram inseminadas (total de 4,4 milhões de vacas e novilhas), levando em consideração a utilização de 1,6 dose de sêmen por fêmea em reprodução. Entretanto, esse número atingiu em 2021 o percentual de 23,4% do total de matrizes

Figura 1. Número de inseminações artificiais efetuadas (IA; número de doses de sêmen comercializado levando em consideração o Index Asbia de 2002 a 2021, corrigido para 100% do mercado), número de IATF realizadas (informações disponibilizadas pela indústria de produtos farmacêuticos veterinários) e proporção de IATF em relação ao número de inseminações efetuadas no Brasil de 2002 a 2021

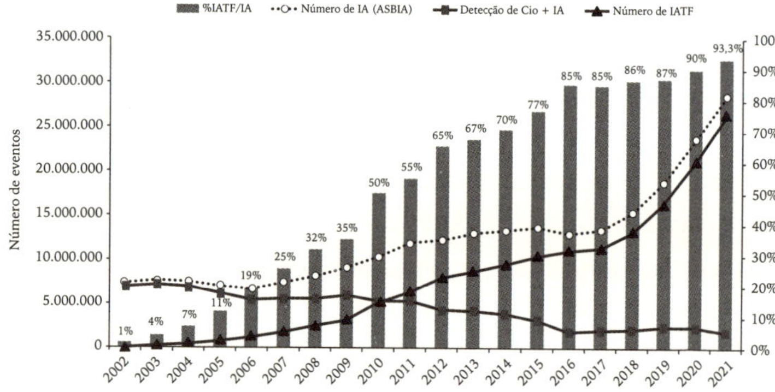

Obs.: Em 2002 apenas 1% das inseminações foram realizadas por IATF e 99% por detecção de cio. Em 2021, 93,3% das inseminações em bovinos foram realizadas por IATF e 6,7% por detecção de cio (Baruselli, 2022).

em idade reprodutiva do rebanho nacional (Figura 2), demonstrando significativo avanço na utilização dessa tecnologia. Em 2021, estima-se que aproximadamente 17,5 milhões de fêmeas foram inseminadas artificialmente (aumento de 400% em relação a 2002), contribuindo para elevar os ganhos genéticos, produtivos e econômicos da pecuária.

Os dados estatísticos levantados no Brasil são semelhantes aos dos países vizinhos, conforme informações apresentadas por pesquisadores argentinos e uruguaios (Mapletoft et al., 2018). O Uruguai apresenta aproximadamente 3 milhões de fêmeas em reprodução e 300 mil IATF, demonstrando que cerca de 10% das matrizes em reprodução são inseminadas (dados relacionados à estação de monta de 2016-2017). Na Argentina estima-se

Figura 2. Evolução do número de fêmeas inseminadas no Brasil com base no número de vacas e novilhas de corte e de leite em reprodução (Anualpec, 2022) e o número de doses de sêmen comercializadas (Asbia, 2021). Foi considerada média de 1,6 inseminação por fêmea em reprodução entre os anos de 2002 e 2021

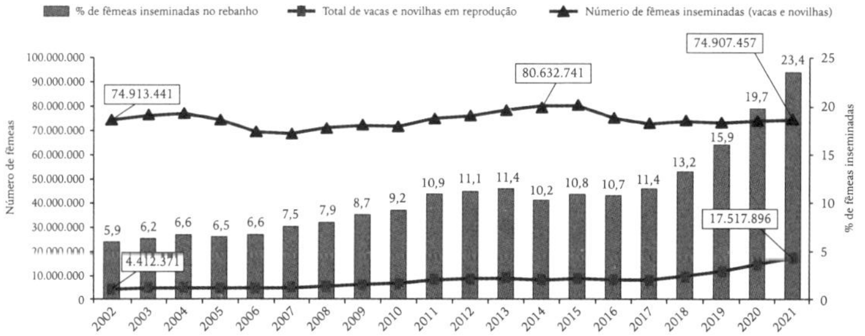

Figura 3. Número e percentual de fêmeas bovinas de corte inseminadas de acordo com a quantidade de doses de sêmen comercializadas (Asbia, 2021) e de novilhas (> 24 meses) e vacas (Anualpec, 2022) presentes no rebanho bovino brasileiro de 2002 a 2021

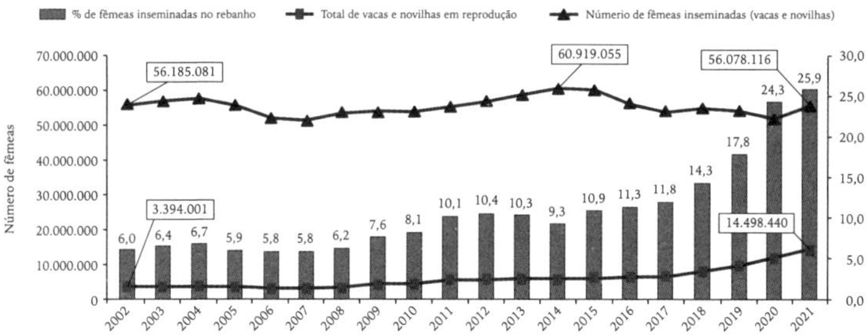

que de 10% a 15% das matrizes são inseminadas artificialmente (Mapletoft et al., 2018). Todas essas informações evidenciam a consolidação da tecnologia no mercado, resultando em ganhos econômicos e perspectivas positivas para a pecuária.

Percentual de fêmeas de corte inseminadas artificialmente no Brasil

Nos rebanhos de corte também foi verificado significativo crescimento do emprego da IA durante os anos analisados, passando de 5,9% em 2002 (do total de 56.185.081 matrizes de corte) para 25,9% em 2021 (do total de 56.078.116 matrizes de corte; Figura 3). Em 2002, eram inseminadas 3.394.001 fêmeas em idade reprodutiva, chegando a 14.498.440 em 2021 (aumento de 427%).

Percentual de fêmeas de leite inseminadas artificialmente no Brasil

Em rebanhos de leite, verificou-se aumento da porcentagem de matrizes inseminadas (novilhas e vacas) de 2002 (5,3%) a 2013 (12,7%). Em 2002, foram inseminadas 998.517 matrizes de 18.728.360 fêmeas em idade reprodutiva e, em 2013, 2.484.966 de 19.584.423 (crescimento de 250%; Figura 4).

Figura 4. Número e percentual de fêmeas bovinas de leite inseminadas de acordo com a quantidade de doses de sêmen comercializadas (Asbia, 2021) e de novilhas (> 24 meses) e vacas (Anualpec, 2022) presentes no rebanho bovino brasileiro de 2002 a 2021

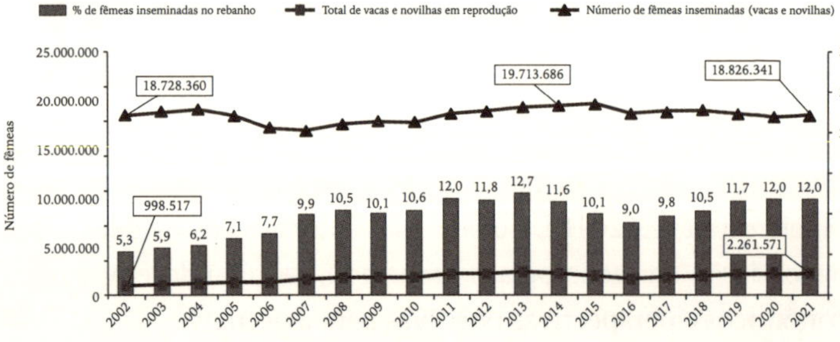

Entretanto, nota-se queda a partir de 2014, chegando a 9% de matrizes inseminadas em 2016 (1.712.526 fêmeas inseminadas de 18.978.129 matrizes). A partir de 2017, nota-se recuperação do percentual de matrizes de inseminadas, chegando a 12% em 2021 (2.261.571 fêmeas inseminadas de 18.826.341 matrizes).

O impacto econômico da IATF no Brasil

A eficiência reprodutiva é crítica para a lucratividade das operações de carne e de leite. Quando os programas que empregam a IATF são comparados com sistemas que utilizam a monta natural para tornar as vacas e novilhas gestantes, verificam-se impactos econômicos positivos com a utilização de biotecnologia. O uso da IATF nos programas reprodutivos aumenta a eficiência reprodutiva e a produtividade dos rebanhos, proporcionando impacto econômico positivo para os sistemas de produção de carne e de leite.

Em rebanhos de corte, verifica-se acréscimo na quantidade e na qualidade dos bezerros produzidos por ano quando a IATF é comparada com a monta natural. Os estudos apontam aumento de 8% na produção de bezerros quando a IATF é introduzida nos rebanhos que utilizam a monta natural (Sá Filho et al., 2013; Baruselli et al., 2018a). Ainda, por conta do elevado mérito genético dos bezerros produzidos por IATF e pelo aumento da taxa de prenhez com a utilização dessa biotecnologia no início da estação de monta, verifica-se antecipação dos partos no ano seguinte. Com isso, ocorre ganho adicional de 20 kg no peso ao desmame. Também, do desmame ao abate, os bezerros provenientes de IATF apresentam ganho adicional de uma arroba por animal (15 kg).

Em rebanhos de leite, a IATF também apresenta grande impacto econômico. Estudos demonstraram que há redução de aproximadamente um mês no intervalo entre partos (IEP) de fêmeas que recebem a IATF quando comparados com animais submetidos aos sistemas tradicionais de detecção de cio ou monta natural (Nebel, 2003; Caraviello et al., 2006; Teixeira, 2010; Baruselli et al., 2017). Com essa redução no IEP, tem-se aumento de 10% da produção anual de leite na propriedade. Adicionalmente, o uso de touros geneticamente superiores aumenta a produção de leite da geração seguinte.

Outra consideração importante para avaliar o impacto da IATF é que o leite produzido no primeiro terço de lactação proporciona maior renda devido ao reduzido custo da alimentação (melhor relação do alimento com o litro de leite produzido) em comparação com vacas no meio ou no final da lactação. Assim, é possível produzir maior quantidade de leite por vaca por dia com maior rentabilidade aumentando a quantidade de vacas do rebanho no início da lactação. Uma das vantagens da introdução da IATF nos programas reprodutivos é maximizar o número de vacas que emprenham no início da lactação (início do período pós-parto). Na atualidade, isso é tecnicamente possível pela utilização sistematizada de protocolos de sincronização do crescimento folicular e da ovulação para o emprego da IATF.

A partir desses dados foi possível calcular o retorno do investimento com a introdução dessa biotecnologia nas fazendas. Estudos apontam que, a cada R$ 1,00 investido na tecnologia de IATF, verifica-se retorno de R$ 4,50 para a cadeia de produção de carne e de leite no Brasil (Baruselli et al., 2018b). Esses números demonstram de forma evidente que o investimento na tecnologia da IATF gera significativos ganhos para a pecuária brasileira.

Evolução dos protocolos de sincronização e de ressincronização para IATF

Os primeiros protocolos de IATF para bovinos surgiram em meados dos anos 1990 e foram propostos pelo grupo de pesquisa da Universidade de Wisconsin, Estados Unidos. Os pesquisadores desenvolveram o protocolo Ovsynch, que emprega GnRH e prostaglandina para sincronização do crescimento folicular e da ovulação (Pursley et al., 1995). Atualmente, os programas de IATF passaram por várias modificações e adaptações com o objetivo de facilitar os manejos e de melhorar as taxas de prenhez de acordo com o sistema de produção. No Brasil, o protocolo à base de estrógeno (E2) e progesterona (P4) é o mais utilizado para IATF (Baruselli et al., 2002, 2004; Vasconcelos et al., 2009; Sá Filho et al., 2009). Inúmeros protocolos foram desenvolvidos para diferentes raças, categorias de animais e para que o produtor possa adequar o melhor manejo reprodutivo ao seu sistema de produção.

O tempo de permanência do dispositivo de P4 pode variar de 5 a 9 dias (Bó et al., 2002; Baruselli et al., 2012, 2017; Whittier et al., 2013; Elliff et al., 2017). Quanto ao número de manejos necessários para realizar a sincronização para IATF, existem estudos que desenvolveram sistemas com 3 ou 4 manejos. De forma geral, o objetivo do manejo adicional é administrar prostaglandina (PGF) antes da retirada do dispositivo intravaginal de progesterona (P4), antecipando a luteólise e reduzindo as concentrações séricas de P4 ao final do protocolo em vacas cíclicas, reduzindo as concentrações circulantes de progesterona e aumentando a taxa de crescimento do folículo dominante (Mantovani et al., 2005, 2010). Contudo, alguns estudos demonstraram que existe a possibilidade de realizar o tratamento com PGF no dia zero (D0) do protocolo, causando a luteólise nos animais com presença de corpo lúteo (CL) no início da sincronização, reduzindo a P4 sanguínea durante o protocolo e facilitando o manejo da IATF sem comprometer a eficiência reprodutiva (Carvalho et al., 2008).

Para alcançar melhores ganhos genéticos e de produção, as estratégias reprodutivas devem focar na melhoria das taxas de serviço e na redução do intervalo entre inseminações, sem comprometer a viabilidade da gestação estabelecida (Sá Filho et al., 2014). Com base nesse conceito, foram desenvolvidos protocolos de ressincronização da ovulação das fêmeas que não se tornaram gestantes. Nesses programas reprodutivos se identifica o mais rapidamente possível as fêmeas não gestantes que receberam a IATF, inseminando-as novamente e aumentando a proporção de vacas gestantes por IA (Baruselli et al., 2017). Esse procedimento promove a antecipação da concepção na estação de monta, concentrando os partos na melhor época de nascimento e aumentando a eficiência reprodutiva na estação de monta subsequente (Sá Filho et al., 2013).

A ressincronização convencional é iniciada no momento do diagnóstico de gestação (30 dias após a IATF) com uma nova IATF sendo realizada com intervalo de 40 dias (Marques et al., 2012, 2015; Stevenson et al., 2003; Baruselli et al., 2017). Com esse método, é possível realizar três inseminações com intervalo de 80 dias. Posteriormente, foi desenvolvida a ressincronização precoce, a qual é iniciada em todas as fêmeas 22 dias após a IATF (independentemente do diagnóstico de gestação). No dia 30, todas as fêmeas são submetidas a diagnóstico de gestação e somente as vazias seguem no protocolo de IATF, sendo inseminadas no dia 32 (Sá Filho et al., 2014). Com esse método, é possível realizar três inseminações com intervalo de 64 dias. Recentemente foi desenvolvida a ressincronização superprecoce, na qual é possível realizar três inseminações em 48 dias. Essa ressincronização tem início em todas as fêmeas 14 dias após a IATF. No dia 22, todas as fêmeas vazias são diagnosticadas através da ultrassonografia Doppler (Vieira et al., 2014), analisando-se a presença e o fluxo vascular do CL (Pugliesi et al., 2017; Siqueira et al., 2013). As fêmeas que não estão gestantes são inseminadas com intervalo de 24 dias. Os protocolos de ressincronização estão esquematizados na Figura 5.

Figura 5. Esquema de três programas de ressincronização para IATF em fêmeas bovinas (baseado em estação de monta de 90 dias): 1) Ressincronização Tradicional = início do tratamento de ressincronização nas vacas vazias no dia do diagnóstico de gestação (30 dias após a IA). Apenas as vacas diagnosticadas como vazias são ressincronizadas (intervalo entre inseminações de 40 dias); 2) Ressincronização 22 = início do tratamento de sincronização 22 após IA em todos os animais (sem conhecimento do *status* gestacional). Após 8 dias, no momento do diagnóstico de gestação (30 dias após a IA), apenas em vacas diagnosticadas como vazias são inseminadas (intervalo entre inseminações de 32 dias); 3) Ressincronização 14 = início do tratamento 14 dias após IA em todos os animais (sem conhecimento do *status* gestacional). Após 8 dias, o diagnóstico de gestação é realizado utilizando ultrassonografia Doppler (vascularização do CL). Apenas as vacas diagnosticadas como vazias são inseminadas (intervalo entre inseminações de 24 dias). IATF = inseminação artificial em tempo fixo; US = diagnóstico de gestação com ultrassonografia convencional (adaptado de Baruselli et al., 2017)

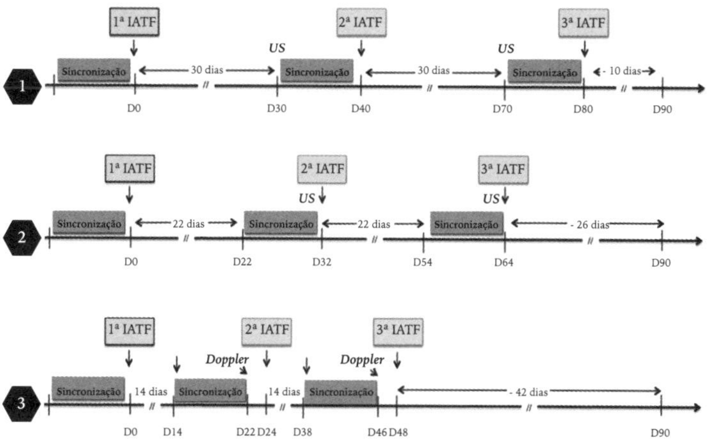

Perspectivas para inseminação artificial

Após mais de vinte anos de estudos realizados por inúmeras instituições de pesquisa em todo o mundo, os programas reprodutivos que utilizam a IATF atingiram um estágio satisfatório de desenvolvimento tecnológico que proporciona elevada eficiência reprodutiva dos rebanhos inseminados artificialmente. Os avanços buscaram facilitar o manejo reprodutivo e melhorar os índices zootécnicos nas fazendas comerciais. São positivas as perspectivas de contínuo crescimento do emprego da inseminação artificial para o melhoramento genético e produtivo do rebanho bovino brasileiro. Essas projeções dependem do mercado futuro e estão sujeitas a alterações.

Com o aumento da demanda, a quantidade necessária de médicos veterinários especializados em reprodução de bovinos é elevada. Na atualidade, estima-se que estão atuando nas fazendas 7.500 especialistas capacitados para controlar todos os procedimentos para o emprego dessa biotecnologia (considerando 3.500 IATF por profissional; Baruselli, 2022).

Nesse cenário, verificam-se possibilidades de aumento do uso da IATF nas fazendas com consequente acréscimo do número de bezerros provenientes de touros com alto mérito genético, colaborando para melhorar quantidade e a qualidade de carne e leite produzida no mercado brasileiro.

Considerações finais

Apesar de todos os avanços científicos e tecnológicos ocorridos nos últimos anos, somente 22% das matrizes brasileiras são inseminadas artificialmente. Ainda, 78% das fêmeas em idade reprodutiva são submetidas a monta natural e estima-se que apenas 10% dos touros utilizados para monta natural apresentam avaliação genética para produtividade. Sendo assim, o setor pecuário brasileiro ainda utiliza pouco a tecnologia da inseminação artificial para o melhoramento genético e produtivo do rebanho.

Entretanto, na atualidade, o setor conta com pacotes tecnológicos bem estabelecidos para aumentar a utilização da inseminação artificial nas fazendas, com avaliação positiva do retorno econômico, gerando valor tanto para o produtor quanto para a cadeia de produção de carne e de leite. As perspectivas futuras são positivas para o aumento da utilização da IA e da IATF nos rebanhos de corte e de leite no Brasil. Esse cenário contribui para aumentar a eficiência do sistema de produção e para que os pecuaristas procurem novas alternativas de produção, nas quais se incluem a inseminação artificial.

Alguns pontos relevantes são importantes para reforçar as perspectivas futuras do emprego da IA/IATF nas fazendas brasileiras:

- *Serviços de extensão para os produtores*: incrementar ações que visem transferir os conhecimentos técnicos e científicos relacionados ao aumento da produtividade e aos benefícios econômicos da aplicação das biotecnologias da reprodução nas fazendas, transmitindo uma mensagem clara e objetiva aos produtores das vantagens da utilização dessa tecnologia (muitos produtores desconhecem as vantagens da utilização da IA nos rebanhos).
- *Treinamento para qualificação de especialistas*: realizar programas educacionais para treinamento, capacitação e atualização de especialistas que atuam no mercado, com o objetivo de otimizar a aplicação das tecnologias de reprodução assistida nas fazendas.
- *Desenvolvimento tecnológico*: apoiar o desenvolvimento de novos produtos de sincronização que sejam mais eficientes, econômicos e sustentáveis. Estabelecer novos protocolos que sejam práticos para aplicação nas fazendas. Estudar procedimentos relacionados a qualidade e fertilidade do sêmen. Realizar mais pesquisas com o

objetivo de aumentar a eficiência dos programas reprodutivos que empregam IA, levando em consideração a interação entre nutrição e reprodução, genética e reprodução, saúde e reprodução e ambiente e reprodução.

- *Aumentar a integração entre as instituições*: aumentar a cooperação entre universidades, institutos de pesquisa, veterinários, indústrias de IA, indústrias de produção animal, associações de criadores e produtores com o intuito de transferir efetivamente o uso de tecnologias reprodutivas para o campo.
- *Demanda de mercado*: acompanhar as demandas de mercado. No mundo existe forte demanda para produção de proteína animal com sustentabilidade ambiental e econômica. O uso de biotecnologias da reprodução aumenta a produtividade por área e contribui significativamente para melhorar a eficiência produtiva e econômica da pecuária. Com a intensificação do uso da IA é possível aumentar a produção com menor impacto ambiental.

Referências

ANUÁRIO DA PECUÁRIA BRASILEIRA (Anualpec). Rebanho bovino brasileiro. Sumário 2022. São Paulo: FNP, 2022.

ASSOCIAÇÃO BRASILEIRA DAS INDÚSTRIAS EXPORTADORAS DE CARNES (Abiec). *Perfil da pecuária no Brasil. Breef Report 2023*. São Paulo: Abiec, 2023.

ASSOCIAÇÃO BRASILEIRA DE INSEMINAÇÃO ARTIFICIAL (Asbia). *Index Asbia Mercado*: 2022. Minas Gerais: Asbia, 2022.

______. *Index Asbia Mercado*: 2021. Minas Gerais: Asbia, 2021.

BARBOSA, R. T.; MACHADO, R. Panorama da inseminação artificial em bovinos. *Documentos 84*. São Carlos, SP: Embrapa Pecuária Sudeste. 2008.

BARUSELLI, P. S. IATF bate mais um recorde e supera 26 milhões de procedimentos em 2021. *Boletim Eletrônico do Departamento de*

Reprodução Animal, FMVZ-USP, n.6, 21 fev. 2022. Disponível em: https://drive.google.com/file/d/1SfWF3XSHkilV4GPk_6_jzAn-qKvYEiLNs/view?pli=1. Acesso em: 26 jul. 2024.

______. IATF atinge 87% das fêmeas bovinas inseminadas em 2019. *Boletim Eletrônico do Departamento de Reprodução Animal*, FMVZ-USP, n.3, 12 fev. 2020. Disponível em: https://drive.google.com/file/d/1V3p4Ijm4TwFU8jLzgsVBaNEgMnL6OyTt/view. Acesso em: 26 jul. 2024.

______. Avaliação do mercado de IATF no Brasil. *Boletim Eletrônico do Departamento de Reprodução Animal*, FMVZ-USP, n.1, 19 fev. 2019. Disponível em: https://drive.google.com/file/d/1FCVG3cmIA9_xdaQX32e1XGhnS2irDxDq/view. Acesso em: 24 jul. 2024.

______. IATF supera dez milhões de procedimentos e amplia o mercado de trabalho. *Revista CFMV*, v.69, p.57-60, 2016.

______ et al. Review: Using Artificial Insemination *v.* Natural Service in Beef Herds. *Animal*, v.12, p.45-52, 2018a.

______ et al. Genetic Market in Cattle (Bull, AI, FTAI, MOET and IVP): Financial Payback Based on Reproductive Efficiency in Beef and Dairy Herds in Brazil. *Animal Reproduction*, v.15, p.247-55, 2018b.

______ et al. Timed Artificial Insemination: Current Challenges and Recent Conquests for Improving the Efficiency in the Field. *Animal Reproduction*, v.14, n.3, p.558-71, 2017.

______ et al. History, Evolution and Perspectives of Timed Artificial Insemination Programs in Brazil. *Animal Reproduction*, v.9, p.139-52, 2012.

______ et al. The Use of Hormonal Treatments to Improve Reproductive Performance of Anestrous Beef Cattle in Tropical Climates. *Animal Reproduction Science*, v.82, p.479-86, 2004.

______ et al. Efeito de diferentes protocolos de inseminação artificial em tempo fixo na eficiência reprodutiva de vacas de corte lactantes. *Revista Brasileira de Reprodução Animal*, v.26, n.3, p.218-21, 2002.

BÓ, G. A. et al. Technologies for Fixed-Time Artificial Insemination and their Influence on Reproductive Performance of Bos Indicus Cattle. *Society of Reproduction and Fertility Supplement*, v.64, p.223-36, 2007.

______ et al. The Control of Follicular Wave Development for Self-Appointed Embryo Transfer Programs in Cattle. *Theriogenology*, v.57, p.53-72, 2002.

CARAVIELLO, D. Z. et al. Survey of Management Practices on Reproductive Performance of Dairy Cattle on Large US Commercial Farms. *Journal of Dairy Science*, v.89, n.1, p.4.723-35, 2006.

CARVALHO, J. B. P. et al. Effect of Early Luteolysis in Progesterone-Based Timed AI Protocols in Bos Indicus, Bos Indicus × Bos Taurus, and Bos Taurus Heifers. *Theriogenology*, v.69, p.167-75, 2008.

CENTRO DE ESTUDOS AVANÇADOS EM ECONOMIA APLICADA (Cepea). *Boletim do Leite*, ano 25, n.283, jan. 2019.

ELLIFF, F. M. et al. Effect of Time of Permanence (7 vs. 8) of Different Intravaginal Progesterone Devices (Primer® Multidose or Monodose) on Conception Rate of Dairy Cows. *Animal Reproduction*, v.14, n.3, p.693, 2017.

FOOD AND AGRICULTURE ORGANIZATION (FAO). *Statistical Yearbook*: FAOStatistics, 2021. Roma: FAO, 2021. Disponível em: https://openknowledge.fao.org/server/api/core/bitstreams/522c9fe3-0fe-2-47ea-8aac-f85bb6507776/content. Acesso em: 26 jul. 2024.

______ et al. *El estado de la seguridad alimentaria y la nutrición en el mundo 2023*: urbanización, transformación de los sistemas agroalimentarios y dietas saludables a lo largo del continuo rural-urbano. Roma: FAO, 2023. Disponível em: https://doi.org/10.4060/cc3017es. Acesso em: 26 jul. 2024.

FOOTE, R. H. The History of Artificial Insemination: Selected Notes and Notables. *Journal of Animal Science*, v.80, p.1-10, 2002.

GRUNERT, E.; BIRGEL, E. H.; VALE, W. G. *Patologia e clínica da reprodução dos animais mamíferos domésticos*: ginecologia. São Paulo: Varela, 2005.

INSTITUTO BRASILEIRO DE GEOGRAFIA E ESTATÍSTICA (IBGE). Sistema de Recuperação Automática (Sidra). *Efetivo do rebanho brasileiro*. São Paulo: IBGE, 2023.

JOHNSON, L. A.; FLOOK, J. P.; HAWK, H. W. Sex Preselection in Rabbits: Live Births from X and Y Sperm Separated by DNA and Cell Sorting. *Biol. Reprod.*, v.41, n.2, p.199-203, 1989.

LAMB, G. C.; MERCADANTE, V. R. G. Synchronization and Artificial Insemination Strategies in Beef Cattle. *Veterinary Clinics: Food Animal Practice*, v.32, n.2, p.335-47, 2016.

LIMA, F. S. et al. Economic Comparison of Natural Service and Timed Artificial Insemination Breeding Programs in Dairy Cattle. *Journal of Dairy Science*, v.93, p.4.404-13, 2010.

LONERGAN, P. Review: Historical and Futuristic Developments in Bovine Semen Technology. *Animal*, v.12, supl.1, p.s4-s18, 2018.

MANTOVANI, A. P. et al. Follicular Growth and Plasma Progesterone Patterns in Bos Indicus × Bos Taurus Heifers Submitted to Different PGF2α/Progesterone-Based Synchronization Protocols. *Animal Reproduction*, v.7, p.91-6, 2010.

______ et al. Prolonged Use of a Progesterone Releasing Intravaginal Device (CIDR®) for Induction of Persistent Follicles in Bovine Embryo Recipients. *Animal Reproduction*, v.2, p.272-7, 2005.

MAPLETOFT, R. J. et al. Evolution of Knowledge on Ovarian Physiology and its Contribution to the Widespread Application of Reproductive Biotechnologies in South American Cattle. *Animal Reproduction*, v.15, supl.1, p.1.003-14, 2018.

MARQUES, M. O. et al. Influence of Category-Heifers, Primiparous and Multiparous Lactating Cows-in a Large-Scale Resynchronization Fixed-Time Artificial Insemination Program. *Journal of Veterinary Science*, v.16, n.3, p.367-71, 2015.

______ et al. Ressincronização em bovinos de corte. In: SIMPÓSIO INTERNACIONAL DE REPRODUÇÃO ANIMAL APLICADA (Siraa), 5. Londrina-PR, 2012. *Anais do...* Londrina: UEL, 2012.

NEBEL, R. L. The Key to a Successful Reproductive Management Program. *Advances in Dairy Technology*, v.15, p.1-16, 2003.

PUGLIESI, G. et al. Uso da ultrassonografia Doppler em programas de IATF e TETF em bovinos. *Revista Brasileira de Reprodução Animal*, v.41, n.1, p.140-50, 2017.

PURSLEY, J. R.; MEE, M. O.; WILTBANK, M. C. Synchronization of Ovulation in Dairy Cows Using PGF2α and GnRH. *Theriogenology*, v.44, p.915-23, 1995.

REICHENBACH, H.-D.; MORAES, J. C. F.; NEVES, J. P. Tecnologia do sêmen e inseminação artificial em bovinos. In: GONÇALVES, P. B. D.; FIGUEIREDO, J. R.; FREITAS, V. J. F. *Biotécnicas aplicadas à reprodução animal*. São Paulo: Roca, 2008.

RHODES, F. M. et al. Treatment of Cows with an Extended Postpartum Anestrous Interval. *Journal of Dairy Science*, v.86, p.1.876-94, 2003.

ROCHA, D. T.; CARVALHO, G. R.; RESENDE, J. C. *Cadeia produtiva do leite no Brasil*: produção primária. Juiz de Fora: Embrapa Gado de Leite, 2020. (Série Circular Técnica, n.123.)

RODGERS, J. C. et al. An Economic Evaluation of Estrous Synchronization and Timed Artificial Insemination in Suckled Beef Cows. *Journal of Animal Science*, v.10, p.1.297-308, 2015.

SÁ FILHO, M. F. et al. Resynchronization with Unknown Pregnancy Status Using Progestin-Based Timed Artificial Insemination Protocol in Beef Cattle. *Theriogenology*, v.81, p.284-90, 2014.

______ et al. Timed Artificial Insemination Early in the Breeding Season Improves the Reproductive Performance of Suckled Beef Cows. *Theriogenology*, v.79, n.4, p.625-32, 2013.

SÁ FILHO, O. G. et al. Fixed-Time Artificial Insemination with Estradiol and Progesterone for Bos Indicus Cows II: Strategies and Factors Affecting Fertility. *Theriogenology*, v.72, p.210-8, 2009.

SEVERO, N. C. História da inseminação artificial no Brasil. *Revista Brasileira de Reprodução Animal*, v.39, p.17-21, 2015.

SIQUEIRA, L. G. et al. Color Doppler Flow Imaging for the Early Detection of Nonpregnant Cattle at 20 Days after Timed Artificial Insemination. *Journal of Dairy Science*, v.96, p.6.461-72, 2013.

STEVENSON, J. S. et al. Conception Rates of Dairy Cows Following Early Not-Pregnant Diagnosis by Ultrasonography and Subsequent Treatments with Shortened Ovsynch Protocol. *Theriogenology*, v.60, p.475-83, 2003.

TEIXEIRA, A. A. *Impacto da inseminação artificial em tempo fixo na eficiência reprodutiva de vacas de leite de alta produção*. São Paulo, 2010. Dissertação (Mestrado em Reprodução Animal) – Faculdade de Medicina Veterinária e Zootecnia, Universidade de São Paulo (USP).

VASCONCELOS, J. L. M. et al. Intravaginal Progesterone Device and/or Temporary Weaning on Reproductive Performance of Anestrous Crossbred Angus × Nelore Cows. *Animal Reproduction Science*, v.111, p.302-11, 2009.

VISHWANATH, R. Artificial Insemination: The State of the Art. *Theriogenology*, v.59, p.571-84, 2003.

WHITTIER, W. D. et al. Fertility in Angus Cross Beef Cows Following 5-Day CO-Synch + CIDR or 7-Day CO-Synch + CIDR Estrus Synchronization and Timed Artificial Insemination. *Theriogenology*, v.80, p.963-9, 2013.

3
Superovulação e transferência de embriões

Gabriel A. Bó
Marcelo M. Seneda
Reuben J. Mapletoft

Conceitos e breve história

A transferência de embriões de mamíferos data de 1890, quando Walter Heape realizou com sucesso a primeira transferência de embriões em coelhos (apud Betteridge, 2003). Dois embriões de 4 células – recuperados de uma fêmea da raça Angorá fecundada por um macho da mesma raça 32 horas antes – foram transferidos para o oviduto de uma coelha (da raça Belga) que havia copulado 3 horas antes com um macho da mesma raça Belga. Após a gestação, nasceram 6 filhotes, alguns dos quais eram inquestionavelmente da raça Angorá. Ele concluiu que "uma mãe adotiva uterina não tem poder de modificar a raça de seus filhos adotivos, e que seu útero durante a gestação e a nutrição que ela fornece ao embrião são análogos a um leito de solo com seus vários constituintes nutrientes". Não houve relatos de outros sucessos na transferência de embriões em mamíferos até a década de 1920, quando vários pesquisadores descreveram novamente a transferência de embriões em coelhos. Warwick e colegas trabalharam com transferência de embriões em ovelhas e cabras nas décadas de 1930 e 1940 (referenciado em Betteridge, 1981, 2003), mas foi Umbaugh (1949) quem relatou as primeiras transferências de embriões com sucesso em bovinos. Ele produziu quatro gestações com a transferência de embriões bovinos, mas todas as gestações não chegaram a termo. Em 1951, o primeiro bezerro de transferência de embrião nasceu em Wisconsin após a transferência cirúrgica de um embrião no quinto dia de desenvolvimento e obtido após o óbito da doadora (Willett et al., 1951). Desde então, transferências de embriões bem-sucedidas foram relatadas para todos os tipos de animais de produção (revisado por Betteridge, 1981, 2003).

Embora a tecnologia de transferência de embriões tenha permanecido como uma técnica de laboratório por muitos anos, houve um imenso interesse em desenvolver a tecnologia para fins comerciais no início dos anos 1970 (Betteridge, 1981, 2003). Naquela época, bovinos de diversas raças eram importados da Europa para a América do Norte e esses animais se tornaram muito valiosos. A tecnologia de transferência de embriões permitiu um método pelo qual seu número poderia ser multiplicado rapidamente. No entanto, foram os médicos veterinários autônomos e as pequenas empresas comerciais de transferência de embriões que desenvolveram a tecnologia para uso comercial, transferindo as técnicas do laboratório para o campo. Esses pioneiros encontraram inúmeras dificuldades práticas e fundaram a International Embryo Transfer Society (IETS) para facilitar a discussão aberta considerada necessária para o progresso a ser feito (Betteridge, 2003).

A IETS foi fundada em 1974 com 82 membros, representando pesquisadores, acadêmicos e médicos veterinários de todo o mundo (Carmichael, 1980; Schultz, 1980). A IETS tornou-se o principal fórum de intercâmbio e discussão científica/regulatória nas áreas de transferência de embriões e tecnologias associadas. Embora muitos membros da IETS sejam agora pesquisadores da área básica que representam instituições governamentais, industriais ou acadêmicas, incluindo a medicina humana (Hasler, 2003), a IETS tem desempenhado um papel importante na disseminação de conhecimentos básicos e informações aplicadas, permitindo o rápido crescimento da indústria de transferência de embriões. Em particular, o Comitê de Importação/Exportação da IETS (agora referido como Comitê Consultivo de Saúde e Segurança – Hasac, na sigla em inglês) tem sido fundamental na coleta e divulgação de informações científicas sobre o potencial de controle de doenças com a transferência de embriões bovinos. O *Manual da IETS: um guia de procedimentos e informações gerais para o uso de tecnologia de transferência de embriões com ênfase em procedimentos sanitários* tornou-se a principal referência para procedimentos sanitários usados em protocolos de exportação de embriões (SBTE, 2010). As versões da 5ª edição do *Manual da IETS* podem agora ser encontradas e baixadas do *site* da IETS (disponível em: www.iets.org).

Em 1982, a American Embryo Transfer Association (Aeta) foi fundada, seguida pela Canadian Embryo Transfer Association (Ceta) em 1984. Os objetivos declarados incluíam o estabelecimento de padrões de desempenho e conduta, e uma ligação com agências federais tanto nacionais quanto internacionais de transferência de embriões. Essas associações também interagiram diretamente com associações de criadores, grupos de produtores e grupos internacionais como a IETS. Essas entidades estabeleceram padrões de prática para assegurar a credibilidade dentro de cada país e também em âmbito internacional, visando ao uso correto da tecnologia de transferência de embriões.

Nesse sentido, seus programas de certificação são essenciais para garantir que os veterinários atuantes na transferência de embriões sejam técnica e eticamente competentes no manuseio de embriões usados no comércio internacional (Mapletoft; Hasler, 2005). A Sociedade Brasileira de Tecnologia de Embriões (SBTE) foi fundada em Brasília em 1985 (Rubin, 2005) como uma organização privada, sem fins lucrativos, de profissionais dedicados à tecnologia de transferência de embriões. Os interesses dos membros estavam relacionados principalmente a bovinos, equinos e pequenos ruminantes, mas também incluíam suínos, animais de companhia, espécies de laboratório e espécies selvagens e ameaçadas de extinção. O objetivo declarado da SBTE tem sido atuar como um fórum para a troca de informações entre profissionais, cientistas, educadores, pecuaristas e estudantes, bem como fornecedores na área de biotecnologia reprodutiva. A SBTE tem como objetivo promover a ciência da tecnologia de embriões por meio do incentivo à pesquisa efetiva, da disseminação de informações científicas e educacionais, da manutenção de elevados padrões éticos e da cooperação com outras organizações com objetivos semelhantes. Vários outros países e regiões, por exemplo Argentina (Sate), Japão e a União Europeia (Aete), já estabeleceram suas próprias organizações de transferência de embriões com metas e objetivos semelhantes.

A indústria de transferência de embriões na América do Norte cresceu rapidamente no final dos anos 1970, tanto em número de profissionais quanto de animais submetidos à técnica. Seidel (1981) relatou que mais de 17 mil gestações resultaram da transferência de embriões bovinos na América do Norte em 1979. Embora o número de embriões bovinos produzidos permanecesse modesto por vários anos, o Brasil e a Argentina sempre estiveram classificados entre os cinco principais países fora da América do Norte e Europa. Mais recentemente, Viana (2022) relatou que mais de 1,5 milhão de embriões bovinos foram transferidos no mundo em 2021, dos quais 79,7% foram produzidos *in vitro*. A América do Norte tem liderado a produção comercial de embriões *in vivo* com 215.745 colheitas e 161.867 transferências em 2021. Na América do Sul, a proporção de embriões *in vivo* diminuiu consistentemente desde 2002, com 22.829 embriões produzidos em 2021, o que representa 6% dos embriões produzidos *in vivo* em todo o mundo.

Resumidamente, a tecnologia convencional de produção e transferência de embriões bovinos *in vivo*, também conhecida com o acrônimo em inglês de Moet (múltipla ovulação e transferência de embrião), envolve a seleção, manejo e preparo de doadoras e receptoras, para a colheita e transferência de embriões dentro de um intervalo de tempo determinado após o estro. Essa tecnologia foi incorporada às atividades de gado de corte e leite, requerendo sempre a participação de médicos veterinários. O objetivo deste capítulo é revisar parte da extensa literatura sobre o tema, incluindo análises científicas e relatos de campo.

Superovulação

Os primeiros relatos sobre a superovulação em bovinos e ovinos vieram de Wisconsin, Estados Unidos (citado em Gordon, 1975). Basicamente, as gonadotrofinas foram administradas vários dias antes do estro e da ovulação, com o intuito de induzir ovulações múltiplas. Essa estratégia era frequentemente seguida por uma injeção de gonadotrofina coriônica humana (hCG) aproximadamente cinco dias depois para induzir a ovulação. Embora estudos sobre o uso de preparações da hipófise anterior de ovelhas, cavalos, bovinos, ovelhas e porcos tenham sido relatados (Gordon, 1975), o uso de gonadotrofina coriônica equina (eCG, antigamente denominada de PMSG) tornou-se a abordagem-padrão. Betteridge (1977) indicou que, nos primeiros dias da transferência de embriões bovinos, havia um consenso de que a eCG deveria ser administrada durante a transição da fase lútea para a folicular, por volta do dia 16 do ciclo estral, em animais submetidos à luteólise natural. Nesse sentido, Hafez et al. (1963) desenvolveram um protocolo que foi amplamente utilizado em vacas: 2.000 a 3.000 UI de eCG administradas no dia 16 do ciclo estral, seguidos por 10 mg de estradiol-17β nos dias 19 e 20 e 2.000 UI de hCG no dia 21. Pretendia-se que o estradiol garantisse a regressão lútea, mas a consequência mais importante foi que a maioria das doadoras apresentou estro. Esse protocolo tornou-se o padrão utilizado para a superovulação naquela época.

A introdução de preparações comerciais de prostaglandina F2α (PGF) na década de 1970 resultou em seu uso em protocolos de superovulação. Elsden et al. (1974) relataram que as doadoras que receberam PGF 48h após a administração de eCG aparentemente mostravam taxas de superovulação mais altas do que aquelas que simplesmente receberam eCG no dia 16 do ciclo. O uso de PGF também significava que era possível iniciar tratamentos com gonadotrofinas em outros momentos durante o ciclo estral e muitos profissionais começaram a tratar com gonadotrofinas durante o meio do ciclo. De fato, Phillippo e Rowson (1975) relataram uma resposta superovulatória maior quando a eCG foi administrada entre os dias 8 e 12 do que quando foi administrado em outros momentos durante o ciclo estral. Posteriormente, foi demonstrado que o período citado é o momento aproximado de emergência da segunda onda folicular (Ginther et al., 1989).

Em 1978, Elsden et al. relataram uma maior resposta superovulatória após o tratamento com um extrato hipofisário contendo hormônio folículo estimulante (FSH) mais 20% de hormônio luteinizante (LH), quando em comparação com o uso de eCG. Monniaux et al. (1983) também observaram que a taxa de ovulação e a porcentagem de vacas com mais de três embriões transferíveis tendiam a ser maiores após o uso de um extrato hipofisário contendo FSH, quando em comparação ao uso de eCG. No entanto, outros não encontraram diferenças entre os extratos hipofisários contendo FSH e eCG (Goulding et al., 1996; Mapletoft et al., 1990). Outros estudos revelaram que os animais tratados com eCG mais frequentemente tinham perfis anormais de LH e progesterona (Mikel-Jenson et al., 1982; Callesen et al., 1986), os quais foram associados às reduções nas taxas de ovulação e de fertilização (Murphy; Martinuk, 1991) em comparação com vacas tratadas com FSH.

A principal razão pela qual a maioria dos profissionais mudou de eCG para FSH estava relacionada a problemas associados ao longo período que a eCG permanece na circulação após uma única injeção. A meia-vida da eCG mostrou ser de 40 horas na vaca e resquícios de eCG podem permanecer por até 10 dias na circulação bovina (Murphy; Martinuk, 1991). A longa meia-vida da eCG causa estimulação ovariana contínua, folículos não ovulados, perfis endócrinos anormais e redução da qualidade do embrião (Mikel-Jenson et al., 1982; Moor et al., 1984; Saumande et al., 1978; Schams et al., 1977). Os problemas associados à meia-vida da eCG foram amplamente superados pela administração intravenosa de anticorpos para a eCG no momento da primeira inseminação, 12h a 18h após o início do estro (Dieleman et al., 1993; González et al., 1994). Infelizmente, a empresa farmacêutica que desenvolveu um anticorpo monoclonal comercial para eCG (Neutra-PMSG, Intervet, Holanda) interrompeu o produto na década de 1990. Outra preparação hormonal usada em clínicas de fertilidade humana, a gonadotrofina menopáusica humana (hMG), também resultou em uma resposta superovulatória comparável aos extratos hipofisários (McGowan et al., 1985). No entanto, a hMG não tem sido usada extensivamente por profissionais devido ao seu alto custo.

Hoje em dia, a maioria das vacas é superestimulada com extratos hipofisários contendo FSH. Foi relatado que extratos hipofisários purificados com baixa contaminação por LH melhoram a resposta superovulatória em bovinos (Armstrong; Opavsky, 1986). Embora vários experimentos com extrato hipofisário com LH reduzido – em doses variando entre 100 mg e 900 mg de NIH-FSH-P1 – não tenham revelado efeitos prejudiciais na qualidade do embrião (Alkemade et al., 1993; González et al., 1990), dobrar a dose de extratos pituitários brutos contendo FSH e LH resultou em menores taxas de fecundação e redução de embriões transferíveis (González et al., 1990). Coletivamente, os dados suportam a hipótese de que os efeitos prejudiciais de altas doses de gonadotrofinas hipofisárias na qualidade dos oócitos/embriões são devidos a um excesso de LH no início do tratamento superestimulatório (Bó; Mapletoft, 2014).

Protocolos de superovulação

A maioria dos protocolos de superovulação realizados hoje em dia consiste em injeções duas vezes ao dia de extratos hipofisários suínos, parcialmente purificados quanto ao LH, e durante 4 ou 5 dias (Bó; Mapletoft, 2014). A meia-vida do FSH derivado da hipófise é muito curta na vaca, em torno de 5 horas (Laster, 1972), necessitando de aplicações frequentes para induzir a superovulação (Monniaux et al., 1983). Além disso, os tratamentos duas vezes ao dia com FSH resultaram em maiores respostas superovulatórias do que a administração uma vez ao dia (Looney et al., 1981; Monniaux et al., 1983; Walsh et al., 1993; Bó; Mapletoft, 2020).

Embora originalmente o tratamento com eCG tenha sido feito para coincidir com a regressão natural do CL, ou seja, ao redor do dia 16 do ciclo estral, a introdução de PGF permitiu o início de tratamentos com gonadotrofinas em outros momentos durante o ciclo estral. Com base em evidências de observação e alguns dados experimentais (Lindsell et al., 1986), a maioria dos profissionais começou a iniciar tratamentos com gonadotrofinas durante o meio do ciclo (ou seja, 8 a 12 dias após o estro). Sabe-se agora que isso abrange o tempo de emergência da segunda onda folicular em bovinos exibindo ciclos de duas ou três ondas (Pierson; Ginther, 1987; Ginther et al., 1989). Foi posteriormente demonstrado que a resposta superovulatória é maior quando os tratamentos com gonadotrofina são iniciados no momento da emergência da onda folicular, em vez de 1 ou 2 dias depois (Nasser et al., 1993), tornando necessário sincronizar o tempo de emergência da onda folicular nos animais. Muitos profissionais preferem diminuir os esquemas de dosagem de FSH e tratar com PGF no terceiro dia do protocolo de tratamento, enquanto outros preferem tratar com PGF no quarto dia, e muitos não tratam com FSH no dia após a administração de PGF. Independentemente disso, a maioria dos protocolos de superovulação induziu superovulação com sucesso na maioria das circunstâncias (revisado em Bó; Mapletoft, 2014, 2020). Outros ainda incorporam um dispositivo de liberação de progesterona ao protocolo, o que garante que as doadoras não demonstrem o estro precocemente. Em todos os casos, as inseminações são normalmente feitas 12 e 24 horas após o início do estro (Mapletoft et al., 2002). Embora o início de tratamentos superovulatórios durante o meio do ciclo tenha servido à indústria de transferência de embriões ao longo dos anos, os protocolos convencionais exigem que o pessoal de campo se dedique à detecção do estro e que todas as doadoras apresentem estro em um curto intervalo de tempo a fim de começar os tratamentos superestimulatórios no momento mais apropriado, ou seja, no meio do ciclo.

Manipulação da onda folicular para superovulação

Estradiol e progesterona

A capacidade de induzir a emergência da onda folicular permite o início da superovulação independentemente do estágio do ciclo estral e elimina a necessidade de detecção de estro ou de espera de 8 a 12 dias para iniciar tratamentos com gonadotrofinas (Mapletoft et al., 2002). Na década de 1990, foi relatado o uso de progestágenos e estradiol para induzir o surgimento síncrono de uma nova onda folicular para a superovulação em vacas (Bó et al., 1995) e essa abordagem foi revisada extensivamente (Bó et al., 2002; Mapletoft et al., 2002). A estratégia tem sido usada por profissionais em todo o mundo e recentemente foi incorporada a protocolos que permitem a IA em tempo fixo de doadoras (Bó et al., 2006; Baruselli et al., 2006) e sincronização de receptoras (Bó et al., 2012a, 2012b).

O protocolo mais comum para sincronizar o surgimento de uma nova onda folicular para superovulação envolve a administração de 5 mg ou 2,5 mg de estradiol-17β ou 2,5 mg de benzoato de estradiol (BE) mais 100 mg ou 50 mg de progesterona por injeção intramuscular no momento da inserção de um dispositivo de progesterona intravaginal (revisado em Bó et al., 2002, 2006; Mapletoft et al., 2002). O tratamento com estradiol suprime a liberação de FSH e induz a atresia do folículo. Uma vez que o estradiol foi metabolizado, o FSH surge e uma nova onda folicular emerge, em média 4 dias depois (Bó et al., 1995). Os tratamentos com gonadotrofina são iniciados 4 dias após o tratamento. O protocolo de tratamento é ilustrado na Figura 1.

Figura 1. Esquema de tratamento para vacas doadoras superovuladas. A) Superovulação após a ablação do folículo dominante (RFD). No dia 0, as doadoras recebem um dispositivo de liberação de progesterona e todos os folículos > 5 mm de diâmetro ou os dois maiores folículos presentes no ovário são eliminados usando aspiração folicular guiada por ultrassom. O tratamento de superovulação é iniciado 1,5 dia após a RFD, com doses decrescentes de FSH duas vezes ao dia ao longo de 4 dias. A PGF é administrada com a quinta e sexta injeções de FSH e os dispositivos são removidos 24 horas após a primeira PGF. As vacas entram em cio ou recebem GnRH 24 horas após a remoção do dispositivo e são submetidas à IA 12 horas e 24 horas depois. Os embriões são coletados 7 dias após o estro e o tratamento com GnRH. B) Esquema de tratamento para vacas doadoras após sincronizar o surgimento de uma onda folicular com estradiol e progesterona. No dia 0, os animais recebem um dispositivo de liberação de progesterona e 2 mg ou 2,5 mg de benzoato de estradiol (BE) e 50 mg ou 100 mg de progesterona por via intramuscular. O tratamento de superovulação é iniciado 4 dias após BE + P4, com doses decrescentes de FSH duas vezes ao dia durante 4 dias. A PGF é administrada com a quinta e sexta injeções de FSH e os dispositivos são removidos 24 horas após a primeira PGF. Vacas *Bos taurus* entram em cio ou recebem GnRH 24 horas após a remoção do dispositivo e são submetidas à IA 12 e 24 horas depois. Vacas *Bos indicus* recebem GnRH 12 horas após a remoção do dispositivo e são submetidas à IA 12 e 24 horas depois. Os embriões são coletados 7 dias após o estro ou tratamento com GnRH. C) Esquema de tratamento para vacas doadoras após GnRH. Os animais recebem um dispositivo de liberação de progesterona junto com uma dose de PGF. O GnRH é administrado 7 dias depois. O tratamento de superovulação é iniciado 36 horas após o GnRH e o FSH é administrado em doses decrescentes duas vezes ao dia ao longo de 4 ou 5 dias. A PGF2α é administrada com as duas últimas injeções de FSH e os dispositivos são removidos com a última injeção de FSH. As doadoras entram em cio ou recebem GnRH 24 horas após a remoção do dispositivo e são submetidas à IA 12 e 24 horas depois. Os embriões são coletados 7 dias após o estro ou tratamento com GnRH.

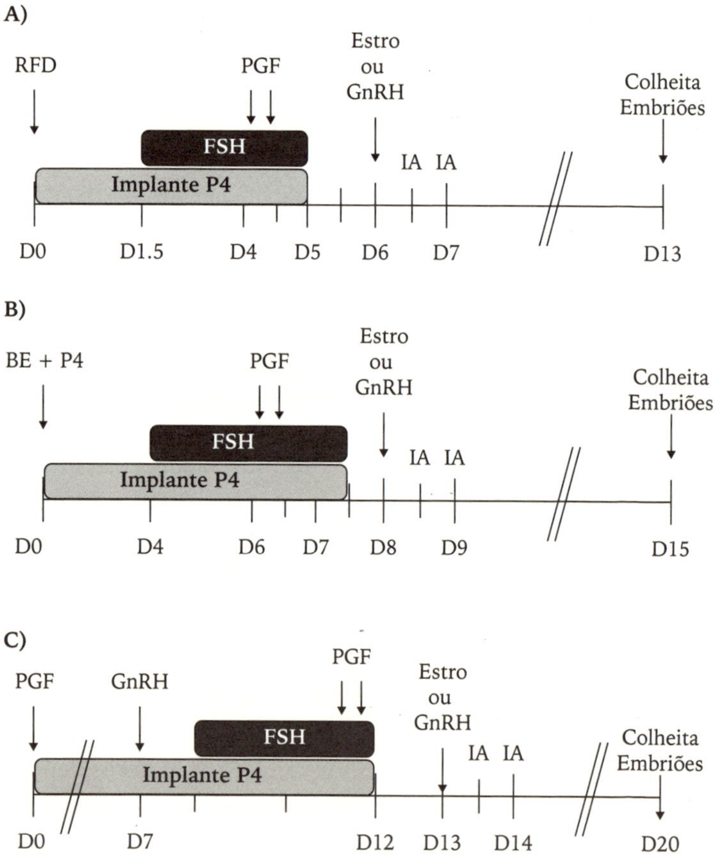

Inseminação artificial em tempo fixo para doadoras

Barros e Nogueira desenvolveram um protocolo superovulatório em animais *Bos taurus indicus*, denominado protocolo P-36 (Barros; Nogueira, 2001, 2005). Nesse protocolo, o dispositivo de progesterona é deixado no local por até 36 horas após a administração de PGF (portanto, o protocolo foi chamado de P-36) e a ovulação é induzida pela administração de LH 12 horas após a retirada do dispositivo de progesterona (ou seja, 48 horas após a administração de PGF). Como a ovulação ocorre entre 24 e 36 horas após a administração de LH (Nogueira; Barros, 2003), a IA em tempo fixo é programada para 12 e 24 horas após a LH, evitando a necessidade de detecção de estro.

Em uma série de experimentos nos quais os horários das ovulações foram monitorados por ultrassom em doadoras *Bos taurus taurus*, Bó et al. (2006) mostraram que a sincronização da emergência da onda folicular com estradiol poderia ser incorporada a um protocolo de IA em tempo fixo sem detecção de estro e sem comprometer os resultados. Basicamente, o tempo de remoção do dispositivo de progesterona foi atrasado para prevenir ovulações precoces e permitir que os folículos em desenvolvimento tardio atinjam o mesmo desenvolvimento dos mais precoces, havendo a indução da ovulação com GnRH ou LH. Nesse protocolo, a emergência da onda folicular foi sincronizada com estradiol e um dispositivo de progesterona, utilizados em um dia aleatório do ciclo estral (dia 0) e os tratamentos com FSH foram iniciados no dia 4. No dia 6, a PGF foi administrada de manhã e à tarde; na manhã do dia 7, o dispositivo de progesterona foi removido. No dia 8 de manhã (24 horas depois), GnRH ou LH foi administrado e as inseminações foram feitas 12 horas e 24 horas depois. De uma perspectiva prática, a IA em tempo fixo de doadoras tem se mostrado muito útil para profissionais da transferência de embriões que possuam uma rotina intensa de atividades (Larkin et al., 2006).

Estudos em vacas leiteiras de alta produção (*Bos t. taurus*) no Brasil indicaram que é preferível permitir 12 horas adicionais antes da remoção do dispositivo de progesterona (ou seja, dia 7, tarde; P-36) seguido por GnRH 24 horas depois (ou seja, dia 8, tarde) com IATF 12 horas e 24 horas depois (Bó et al., 2006).

Em raças *Bos t. indicus*, é preferível remover o dispositivo de progesterona no dia 7 de tarde (P-36), seguido por GnRH 12 horas depois (ou seja, manhã do dia 8; Baruselli et al., 2006). Embora as doadoras sejam normalmente inseminadas duas vezes, 12 horas e 24 horas após a administração de LH ou GnRH, é possível usar uma única inseminação 16 horas após o LH (ibid., 2006). Para o sêmen sexado, as inseminações geralmente são atrasadas cerca de 6 horas e as inseminações são realizadas 18 horas e 26 horas a 30 horas após o GnRH (Baruselli et al., 2015).

Abordagens alternativas para a sincronização da onda folicular na superovulação

Ablação folicular

Uma alternativa ao estradiol para a sincronização da emergência da onda folicular para superovulação é eliminar o efeito supressor indireto do folículo dominante por meio de sua ablação e via punção guiada pelo ultrassom (Bungartz; Niemann, 1994; Bergfelt et al., 1997). Os estudos iniciais envolveram a ablação de todos os folículos com o diâmetro ≥ 5 mm (Bergfelt et al., 1997), mas, subsequentemente, foi mostrado que era necessário fazer a ablação apenas dos dois maiores folículos (Baracaldo et al., 2000) para garantir que o folículo dominante fosse removido. Os tratamentos superovulatórios podem então ser iniciados um a dois dias depois, no momento do surgimento de uma nova onda folicular. Embora a ablação folicular tenha se mostrado altamente eficaz (revisado em Bó et al., 2006), equipamentos de ultrassom e pessoal treinado são necessários, tornando-a mais apropriada para centrais de produção de embriões, situação em que as doadoras estão todas alojadas no mesmo local. O protocolo de tratamento é ilustrado na Figura 1.

GnRH

Foi demonstrado que, após a ovulação induzida por GnRH (Macmillan; Thatcher, 1991), uma nova onda folicular surgirá aproximadamente dois dias depois. No entanto, a emergência da onda folicular ocorre apenas quando o GnRH induz a ovulação (Martinez et al., 1999), e as taxas de ovulação após o tratamento com GnRH em estágios aleatórios do ciclo estral em vacas variam de 44,3% (Colazo et al., 2009) a 85% (Pursley et al., 1995). Portanto, o intervalo do tratamento com GnRH até a emergência da onda foi considerado muito variável para a superovulação. De fato, Deyo et al. (2001) relataram que a produção de embriões foi insatisfatória após a sincronização da emergência da onda folicular com GnRH. No entanto, resultados recentes de profissionais de campo (Hinshaw, comunicação pessoal; Steel; Hasler, 2009) e um relatório de pesquisa envolvendo 411 doadoras de leite (Wock et al., 2008) revelaram resultados mais promissores. Basicamente, um dispositivo de progesterona é inserido em estágios aleatórios do ciclo estral e o GnRH é administrado dois dias depois com tratamentos de superovulação começando dois dias depois (Hinshaw et al., 2015).

Superovulação baseada na emergência da primeira onda após a ovulação sincronizada com GnRH

Uma nova onda folicular emerge regularmente no dia da ovulação (ou no dia após o início do estro) em bovinos (Ginther et al., 1989). Nasser et al. (1993) mostraram que a superovulação pode ser iniciada no momento da emergência da primeira onda folicular após a ovulação, e os folículos na primeira onda são tão responsivos aos tratamentos com gonadotrofina quanto os folículos da segunda onda (Adams et al., 1994). No entanto, o dispositivo de progesterona deve ter sido previamente usado para os tratamentos com FSH na primeira onda para garantir a qualidade do embrião (Nasser et al., 2011).

Uma abordagem alternativa é combinar o uso de GnRH e um dispositivo de progesterona (revisado por Bó et al., 2010). Nesse protocolo, um folículo persistente é induzido pelo uso estratégico de PGF e um dispositivo de progesterona (Small et al., 2009) e GnRH (ou LH) é usado para induzir sua ovulação, momento em que os tratamentos com gonadotrofina são iniciados. O protocolo mais interessante e eficaz consistiu na inserção de um dispositivo de progesterona e na administração de PGF em dias aleatórios do ciclo estral (dia 0). Os dispositivos de progesterona permaneceram no local até o final do protocolo de tratamento com FSH. O GnRH foi dado no dia 7 da manhã e os tratamentos com FSH foram iniciados 36 horas depois (ou seja, dia 8 de noite) no momento esperado da ovulação. O dispositivo de progesterona foi removido e a PGF administrada no dia 12 de manhã e, ao adicionar uma segunda injeção de GnRH 24 horas depois, foi possível fazer IA em tempo fixo 12 horas e 24 horas depois. Esse protocolo resultou em 90% das vacas ovulando à primeira injeção de GnRH, a qual sincronizou a emergência da onda folicular. Pode ser usado em fases aleatórias do ciclo, sem detecção de estro e sem diminuição da produção de embriões. O protocolo de tratamento é ilustrado na Figura 1. Mais recentemente, Hinshaw et al. (2015) não relataram nenhuma diferença na resposta superovulatória se o GnRH foi administrado 2 dias ou 7 dias após a inserção de um dispositivo de liberação de progesterona com tratamentos de FSH iniciados 2 dias depois.

Uso de eCG para estimular estágios finais de crescimento do folículo em um protocolo de superovulação FSH

Em busca de possíveis melhorias no protocolo de tratamento superovulatório, Price et al. (1999) mostraram que, durante os tratamentos com FSH, os pulsos de LH diminuem logo após a primeira aplicação de FSH e são acentuados durante os últimos tratamentos e no período pré-ovulatório. Isso ocorre pela alta atividade esteroidogênica e do aumento nas concentrações de estradiol em vacas superovuladas (ibid.). No entanto, o LH é essencial para o crescimento final dos folículos superestimulados e para a conclusão da maturação oocitária (Oliveira et al., 2014).

Como mencionado anteriormente, a eCG é uma glicoproteína complexa que possui uma longa meia-vida e uma atividade biológica majoritariamente de FSH, embora uma menor atividade LH também esteja presente (Murphy; Martinuk, 1991). Uma característica notável da eCG explorada em vários contextos experimentais e comerciais é sua capacidade de expressar a atividade de FSH na vaca (Murphy, 2012). Em bovinos, essa gonadotrofina tem meia-vida prolongada, devido ao seu alto teor de ácido siálico (10% a 15%; Murphy; Martinuk, 1991). Embora a eCG não seja usada hoje em dia como um único tratamento para superestimular doadoras para a produção de embriões, ela tem sido usada recentemente para substituir os dois últimos tratamentos de FSH em um protocolo de superovulação, com a intenção de fornecer mais suporte de LH pulsátil aos folículos em crescimento e reduzir o número de tratamentos necessários para induzir a superovulação (revisado em Barros et al., 2010). Alguns estudos mostraram efeitos benéficos da adição de eCG ao protocolo de superovulação (Cifuentes et al., 2009; Reano et al., 2009; Mattos et al., 2011), enquanto outros não mostraram nenhum efeito (Sartori et al., 2009; Davis et al., 2012). No entanto, a adição de eCG não foi prejudicial e despertou interesse em seu uso por simplificar o protocolo de superovulação e diminuir o custo do tratamento, uma vez que o eCG geralmente é mais barato do que os extratos hipofisários contendo FSH. Foi conduzida uma série de estudos para comparar a resposta superovulatória e a produção de embriões em doadoras de corte após a administração de FSH duas vezes ao dia durante 4 dias ou de um protocolo alternativo no qual os últimos quatro tratamentos de FSH foram substituídos por uma única administração de eCG (Barajas et al., 2019). O tratamento consistiu na administração de quatro tratamentos de FSH duas vezes ao dia durante 2 dias (em vez de oito tratamentos em 4 dias) e a administração de 600 UI ou 800 UI de eCG i.m. como uma administração única 48 horas após o início dos tratamentos. Não houve diferenças no número de embriões transferíveis entre as doadoras que receberam injeções duas vezes ao dia de FSH durante 4 dias (Controle) e aquelas que receberam FSH por 2 dias mais 600 UI ou 800 UI de eCG. Portanto, a substituição dos últimos quatro tratamentos de FSH em um protocolo de superovulação por uma única administração de 600 UI ou 800 UI de eCG diminuiu o número de tratamentos de FSH necessários para induzir a superovulação sem afetar adversamente a produção de embriões transferíveis. Embora a dosagem recomendada de eCG para doadoras taurinas de corte seja de 600 UI, estudos mais recentes (observações não publicadas) sugerem que a dosagem deve ser reduzida para 400 UI em doadoras indicinas.

Superovulação com uma única injeção de FSH

A necessidade de injetar FSH duas vezes ao dia requer atenção constante do pessoal de campo e aumenta a possibilidade de falhas devido a erros de manuseio e tratamento. Além disso, os tratamentos duas vezes ao dia podem causar estresse indevido nas doadoras, resultando em uma resposta superovulatória diminuída (Bó et al., 1994) e/ou liberação pré-ovulatória de LH alterada (Stoebel; Moberg, 1982). Pode-se esperar que protocolos simplificados de superovulação reduzam os custos de manuseio da doadora e melhorem a resposta, particularmente em animais menos dóceis.

Foi demonstrado que uma única injeção subcutânea da dose cumulativa total de FSH resulta em uma resposta superovulatória equivalente à de um regime de tratamento intramuscular duas vezes ao dia durante 4 dias (Bó et al., 1994). No entanto, a resposta parecia depender da condição corporal; uma resposta superovulatória consistentemente alta ocorreu quando a injeção subcutânea foi aplicada em um coxim adiposo atrás da escápula em vez da região cervical. Na verdade, qualquer estratégia que aumente a taxa de absorção de FSH (por exemplo, injeção intramuscular ou injeção na região cervical de vacas magras) resultou em uma resposta superovulatória reduzida. Uma agulha de 1,2 cm também foi usada para garantir que a injeção fosse na gordura subcutânea. Os resultados foram inconsistentes em gado da raça Holandesa, mas isso foi parcialmente superado pela divisão da dose total de FSH de modo que 75% foi administrado por via subcutânea atrás da escápula no início do tratamento e 25% foi administrado no momento da injeção de PGF 48 horas depois (Lovie et al., 1994). Independentemente disso, era importante garantir que a injeção fosse feita por via subcutânea em um coxim adiposo. Como resultado, essa abordagem não foi amplamente utilizada, especialmente em animais com pouca gordura subcutânea.

Superovulação usando uma ou duas injeções intramusculares de FSH em hialuronano

Superovulação com uma única injeção intramuscular

Uma alternativa para induzir uma resposta superovulatória consistente com uma única injeção de FSH seria combinar o extrato hipofisário com agentes que resultam em uma liberação lenta e regular do hormônio por vários dias. Esses agentes são comumente chamados de polímeros, sendo biodegradáveis e não reativos no tecido, facilitando o uso em animais (Sutherland, 1991). Vários relatos de administração única de FSH com diversos polímeros apareceram na literatura, mas todos tiveram limitações (revisado por Bó et al., 2010).

Foi conduzida uma série de experimentos envolvendo uma única administração intramuscular de FSH diluído em um polímero de liberação lenta (20 mg/mL de hialuronano). Em um total de 325 colheitas de embriões, o número médio de oócitos/embriões, zigotos e embriões transferíveis não diferiu de vacas tratadas com injeções intramusculares duas vezes ao dia de FSH em solução salina (Bó et al., 2010; Tribulo et al., 2011). No entanto, o hialuronano na concentração de 20 mg/mL mostrou-se viscoso e difícil de misturar com FSH, especialmente no campo. Uma redução de 50% na concentração de hialuronano (10 mg/mL) tornou-se muito menos viscosa e mais fácil de misturar, mas uma única injeção intramuscular resultou em uma resposta superovulatória mais baixa, provavelmente devido a um menor efeito de depósito. Os tamanhos médios dos folículos eram idênticos nos dias 4 (dia da injeção de FSH), 5 e 6, mas visivelmente menores nos dias 7 e 8, e maiores nos dias 10 e 11 no grupo que recebeu FSH em 10 mg/mL de hialuronano, sugerindo que vários dos folículos não atingiram o tamanho ovulatório e continuaram a crescer após o estro. Na preparação a 50%, foi especulado que uma injeção adicional de FSH – 48 horas a 60 horas após o início do tratamento – teria feito que esses folículos crescessem e ovulassem.

Superovulação com uma divisão única (duas injeções intramusculares) de FSH

Em um estudo preliminar envolvendo 50 vacas de corte, duas injeções intramusculares de FSH com 48 horas de intervalo em 10 mg/mL de hialuronano (administração única; 75% no dia 4 e 25% no dia 6) induziram uma resposta superovulatória e taxa de produção de embriões que não diferiram das injeções intramusculares duas vezes ao dia durante 4 dias. Especulamos que uma preparação mais diluída de hialuronano (5 mg/mL de hialuronano) pode ser tão eficaz no protocolo de injeção única. Um experimento foi proposto para comparar a administração intramuscular única de FSH em hialuronano com injeções intramusculares duas vezes ao dia em solução salina durante 4 dias (Tribulo et al., 2012). Vinte e nove vacas de corte foram aleatoriamente designadas a um dos três grupos de tratamento (Controle, 5 mg/mL (0,5%) de hialuronano ou 10 mg/mL (1%) de hialuronano) para três programas de superovulação em *crossover*. A diluição do pó liofilizado de FSH foi feita usando 20 mL de solução salina para vacas Controle (Grupo 1) ou 10 mL de hialuronano (5 mg/mL, MAP-5 50 MG; 10 mg/mL, MAP-5; Vetoquinol Inc., Canadá) para vacas dos grupos 2 e 3, respectivamente. Todas as vacas receberam uma dose total de 300 mg de NIH-FSH-P1 (Folltropin, Vetoquinol) por injeções intramusculares; nos grupos 2 e 3, 200 mg foram administrados no dia 4 e 100 mg no dia 6. Embora os números de oócitos/embriões e estruturas fecundadas favorecessem os grupos 2 e 3, o desenvolvimento folicular, a resposta superovulatória e o número de embriões transferíveis não diferiram entre os grupos. Os dados confirmaram que a administração intramuscular única de FSH diluída em qualquer uma das soluções de hialuronano (5 mg/mL ou 10 mg/mL) resulta em um número similar de embriões transferíveis, quando em comparação ao protocolo tradicional de injeção intramuscular duas vezes ao dia.

A eficácia do protocolo de duas injeções de FSH diluído em 0,5% de hialuronano foi, subsequentemente, confirmada num ensaio de campo com vários profissionais de transferência de embriões nos Estados Unidos em bovinos *Bos t. taurus* (principalmente da raça Angus; Hasler; Hockley, 2012) e em publicação recente com mais uma preparação de gonadotrofina em novilhas Marchigiana (Biancucci et al., 2016). Curiosamente, no último estudo, uma maior resposta superovulatória e mais embriões transferíveis foram recuperados após duas injeções de FSH em 0,5% de hialuronano do que injeções duas vezes ao dia em solução salina (Biancucci et al., 2016). No entanto, os resultados positivos com duas injeções de FSH em 0,5% de hialuronano descritos acima não foram confirmados em um estudo mais recente projetado para testar diferentes formulações de liberação lenta em protocolos de superovulação (Barajas et al., 2019). Além disso, vacas da raça Holandesa Preta e Branca (HPB) continuam a apresentar resultados inconsistentes; em dois estudos de campo não publicados envolvendo HPB lactantes, o protocolo de duas injeções com FSH em 0,5% de hialuronano induziu uma resposta superovulatória mais baixa do que um protocolo de injeção duas vezes ao dia (comunicação pessoal de Hasler e Hockley; Baruselli e Bó, não publicado).

Colheita de embriões

Nos primeiros procedimentos da transferência comercial de embriões bovinos, os embriões eram recuperados cirurgicamente por volta do dia 4 após o estro (Betteridge, 1981, 2003). Três métodos de recuperação não cirúrgica de embriões foram descritos em 1976 (Drost et al., 1976; Elsden et al., 1976; Rowe et al., 1976). As técnicas não cirúrgicas envolvem a passagem de um cateter com balão inflável através da cérvix e para cada um dos cornos uterinos nos dias 6 a 8 após o estro (Mapletoft, 1985, 1986). As técnicas não cirúrgicas são preferidas, pois não causam danos ao trato reprodutivo, são passíveis de repetição e podem ser realizadas no campo (ibid.). Resumidamente, a doadora é colocada em um tronco de contenção, o reto é esvaziado e então a doadora recebe 5 mL de lidocaína na cavidade epidural. Os relatos originais foram descritos com uso de cateteres de Foley de duas e três vias (Rowe et al., 1976). No entanto, o cateter de Rusch de duas vias tem sido preferido por muitos (Schneider, 1979). Atualmente, a maioria dos profissionais usa cateteres de silicone, que são modificações dos dois tipos acima e podem ser autoclavados.

Basicamente, existem dois métodos de colheita não cirúrgica de embriões (Mapletoft, 1986): o fluxo contínuo ou interrompido, com sistema de circuito fechado e a técnica da seringa interrompida. No entanto, qualquer combinação dessas duas técnicas é possível. Deve-se reconhecer que cada sistema tem vantagens e desvantagens em relação ao outro. Com o sistema fechado, é mais fácil manter a limpeza e há menor chance de extravasar o meio de colheita e, consequentemente, de embriões. Com o método da seringa interrompida, há mais controle do volume de meio utilizado no procedimento de lavagem, mas as trocas de seringas oferecem mais oportunidades de contaminação fecal e perda de meio/embriões.

O meio de recuperação de embriões é basicamente solução salina tamponada com fosfato (PBS) de Dulbecco com um surfactante e antibióticos. Atualmente, meios de colheita e manipulação de embriões prontos estão disponíveis comercialmente. Se os meios contiverem produtos de origem animal, por exemplo soro ou BSA, eles devem ser refrigerados. Entretanto, meios de colheita e manipulação que não contêm produtos de origem animal (contendo álcool polivinílico ou pluronato como surfactante) tornaram-se disponíveis, tornando a refrigeração desnecessária.

A temperatura não parece ser crítica para a sobrevivência do embrião, desde que os extremos sejam evitados. A temperatura ambiente parece ser satisfatória. Da mesma forma, a esterilidade durante o procedimento é altamente improvável, mas todas as tentativas devem ser feitas para a manipulação dos embriões ocorrer no contexto mais limpo possível. A esterilização com produtos químicos tem mais probabilidade de matar os embriões do que contaminantes microbianos. Foi demonstrado que a lavagem completa de embriões com meio estéril remove todos os agentes infecciosos (Singh, 1985). Como rotina, os embriões devem ser passados por dez lavagens de meio fresco e estéril antes da transferência ou criopreservação. Certos agentes infecciosos, como o Herpesvírus Bovino, podem se aderir à zona pelúcida. Se esses agentes forem preocupantes, dois tratamentos com tripsina após a lavagem número 5 são recomendados para dissociar o agente da zona pelúcida. Em seguida, são feitas as cinco lavagens finais (SBTE, 2010).

Após a colheita, os embriões são localizados em uma lupa (microscópio estereoscópico) com aumento de dez vezes e após a passagem do meio de colheita por um filtro com poros de aproximadamente 50 μm a 70 μm de diâmetro (Mapletoft, 1986). Embora os embriões sejam geralmente transferidos o mais rápido possível após a colheita, é possível mantê-los em meio de manutenção por várias horas em temperatura ambiente. Também é possível resfriar embriões bovinos em meio de manutenção e mantê-los no refrigerador por 2 ou 3 dias. Como alternativa final, os embriões podem ser criopreservados para uso em uma data posterior.

A avaliação dos embriões bovinos deve ser feita com aumento de cinquenta a cem vezes, com o embrião em uma pequena placa de cultura. A International Embryo Transfer Society (IETS) possui um sistema numérico para classificação do estágio de desenvolvimento do embrião, variando de 1 (zigoto) a 8 (blastocisto eclodido) e qualidade de 1 (excelente) a 4 (morto). É importante saber reconhecer os vários estágios de desenvolvimento e compará-los com o estágio de desenvolvimento em que o embrião deveria se encontrar nos dias subsequentes ao estro. Frequentemente, a decisão sobre se um embrião é apto para transferência dependerá da disponibilidade das receptoras. Embriões de boa qualidade devem ser transferidos frescos, se houver receptoras disponíveis, enquanto embriões de excelente qualidade têm maior probabilidade de sobreviver à criopreservação. A IETS considera imprópria a exportação de embriões de qualidade baixa ou moderada. A avaliação de embriões bovinos foi revisada recentemente (Bó; Mapletoft, 2013), mas o *Manual da IETS* possui a referência completa de imagens de embriões.

Estágios do desenvolvimento do embrião

- *Mórula*: uma massa de pelo menos 16 células. Os blastômeros individuais são difíceis de distinguir uns dos outros. A massa celular do embrião ocupa a maior parte do espaço perivitelino.
- *Mórula compacta*: os blastômeros individuais coalescem, formando uma massa compacta. A massa do embrião ocupa 60% a 70% do espaço perivitelino.
- *Blastocisto inicial*: embrião que formou uma cavidade ou blastocele cheia de líquido e dá uma aparência geral de um anel com pedra preciosa. O embrião ocupa 70% a 80% do espaço perivitelino. No início desse estágio de desenvolvimento, quando a blastocele começa a se formar, o embrião pode parecer de qualidade questionável.
- *Blastocisto*: é evidente a diferenciação pronunciada da camada trofoblasto externa e da massa celular interna

mais escura e compacta. A blastocele é proeminente, com o embrião ocupando a maior parte do espaço perivitelino. A diferenciação visual entre o trofoblasto e a massa celular interna é possível nesse estágio de desenvolvimento.

- *Blastocisto expandido*: o diâmetro total do embrião aumenta de modo marcante, com um adelgaçamento simultâneo da zona pelúcida para aproximadamente um terço de sua espessura original. A zona pelúcida pode ser vista com uma fenda um pouco antes da eclosão.
- *Blastocisto eclodido*: os embriões recuperados neste estágio de desenvolvimento podem estar passando pelo processo de eclosão ou podem ter se desprendido completamente da zona pelúcida. Os blastocistos eclodidos podem ser esféricos com uma blastocele bem definida ou podem estar colapsados. A identificação de um embrião nesse estágio pode ser difícil, a menos que ele se expanda novamente.

Avaliação de qualidade

Os graus recomendados pelo IETS, para a qualidade do embrião, variam de 1 a 4 da seguinte forma:

- Grau 1: excelente ou bom. Massa embrionária simétrica e esférica com blastômeros (células) individuais de tamanho, cor e densidade uniformes. Esse embrião é consistente com seu estágio de desenvolvimento esperado. As irregularidades são relativamente menores e pelo menos 85% do material celular é uma massa embrionária intacta e viável. Esse julgamento deve ser baseado na porcentagem de células embrionárias representadas pelo material extrusado no espaço perivitelino.

- *Grau 2*: regular. Irregularidades moderadas na forma geral da massa embrionária ou tamanho, cor e densidade das células individuais. Pelo menos 50% do material celular é uma massa embrionária intacta e viável.
- *Grau 3*: ruim. Principais irregularidades na forma da massa ou tamanho do embrião, cor e densidade das células individuais. Pelo menos 25% do material celular é uma massa embrionária intacta e viável.
- *Grau 4*: Morto ou em degeneração. Embriões degenerados, oócitos ou embriões de uma célula; inviável.

Na vaca superovulada, é provável que haja uma gama considerável de estágios embrionários em qualquer dia durante o desenvolvimento. No sétimo dia após o estro, pode haver mórulas e blastocistos (ou mesmo blastocistos eclodindo) dentro da mesma colheita. Ao mesmo tempo, pode haver embriões de excelente qualidade e embriões degenerados ou mesmo oócitos não fertilizados. Geralmente, grandes variações na qualidade do embrião e nos estágios de desenvolvimento são sinais de que embriões de aparência normal podem estar danificados ou comprometidos e que as taxas de gestação podem ser insatisfatórias. Embriões de excelente qualidade (Grau 1), nos estágios de desenvolvimento de mórula compacta a blastocisto apresentam as melhores taxas de gestação, especialmente em programas com transferência de embriões após criopreservação. Embriões regulares e de baixa qualidade geram baixas taxas de prenhez após a criopreservação e devem ser transferidos frescos. É aconselhável selecionar o estágio de desenvolvimento do embrião conforme a sincronia da receptora. Embriões regulares e de baixa qualidade têm maior probabilidade de sobreviver à transferência se forem colocados em receptoras mais síncronas. Exemplos de embriões de diferentes estágios e qualidades são indicados nas Figuras 2 e 3.

Figura 2. Embriões bovinos: exemplos de estágio de desenvolvimento e qualidade. Estágios 1 a 5.

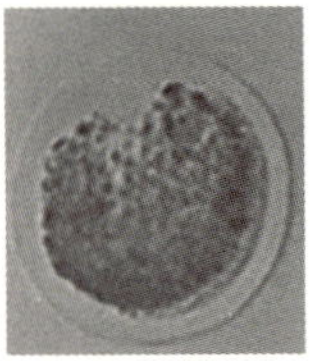

Dia: 7
Estágio: 1
Grau: 4

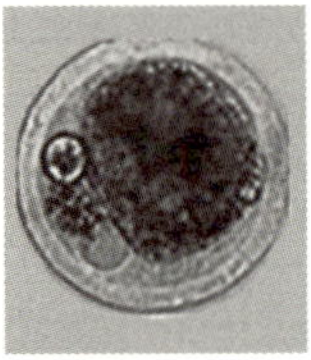

Dia: 7
Estágio: 1
Grau: 4

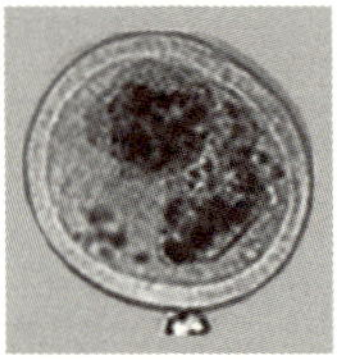

Dia: 7
Estágio: 1
Grau: 4

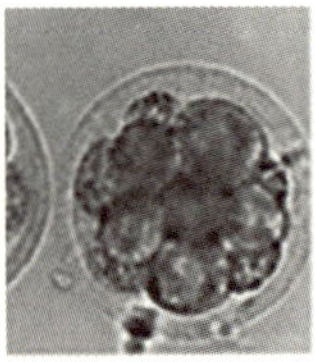

Dia: 7
Estágio: 2
Grau: 4

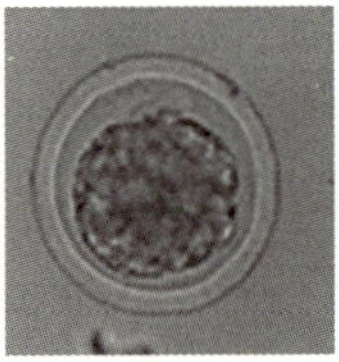

Dia: 7
Estágio: 4
Grau: 1

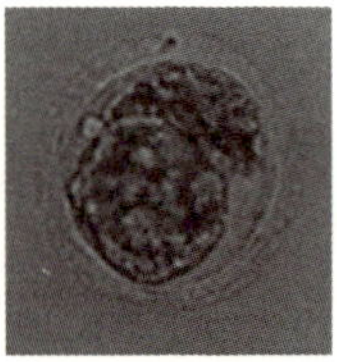

Dia: 7
Estágio: 4
Grau: 2

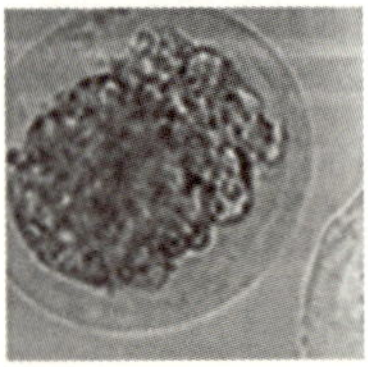

Dia: 7
Estágio: 4
Grau: 2

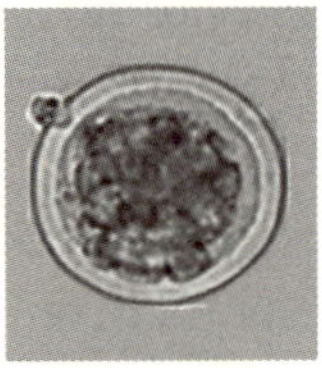

Dia: 7
Estágio: 4
Grau: 3

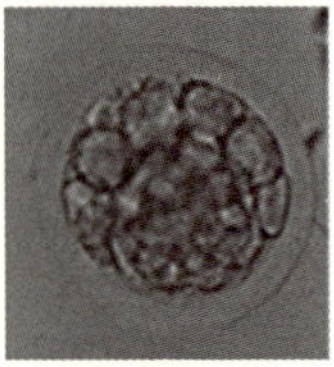

Dia: 7
Estágio: 4
Grau: 3

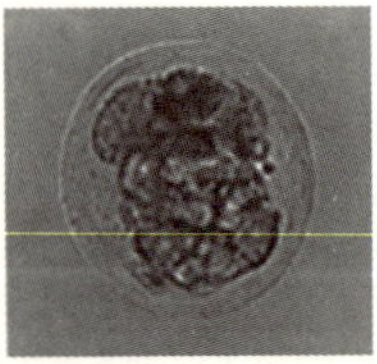

Dia: 7
Estágio: 4
Grau: 3

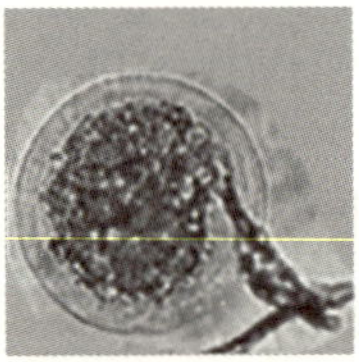

Dia: 7
Estágio: 4
Grau: 3

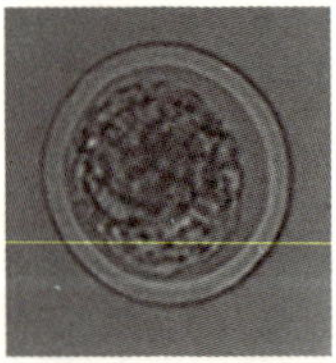

Dia: 7
Estágio: 5
Grau: 1

Figura 3. Embriões bovinos: exemplos de estágio de desenvolvimento e qualidade. Estágios 5 a 9.

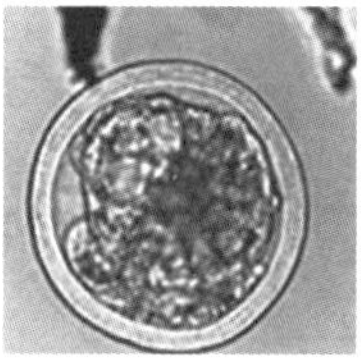

Dia: 7
Estágio: 5
Grau: 2

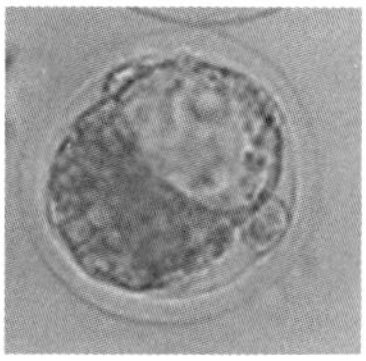

Dia: 7
Estágio: 5
Grau: 1

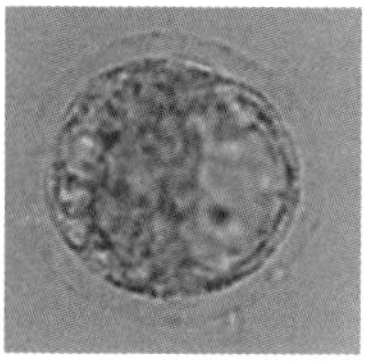

Dia: 7
Estágio: 5
Grau: 2

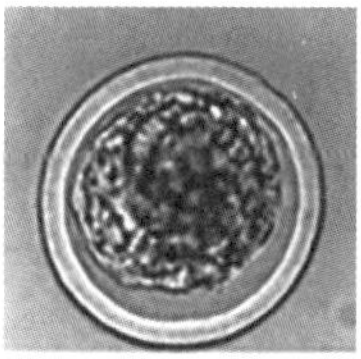

Dia: 7,5
Estágio: 5
Grau: 1

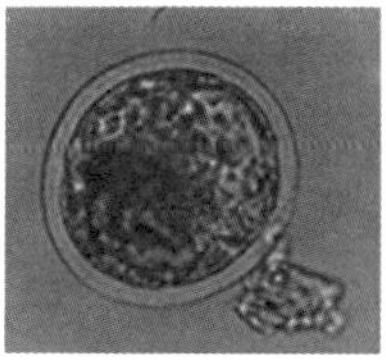

Dia: 7,5
Estágio: 6
Grau: 1

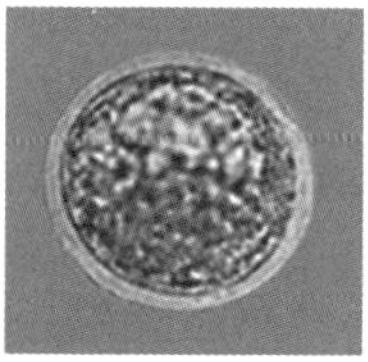

Dia: 7,5
Estágio: 6
Grau: 1

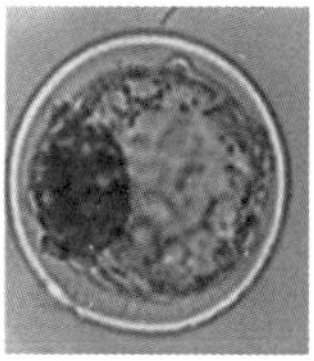

Dia: 7,5
Estágio: 7
Grau: 1

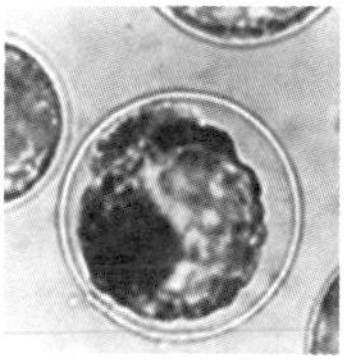

Dia: 7,5
Estágio: 7
Grau: 2

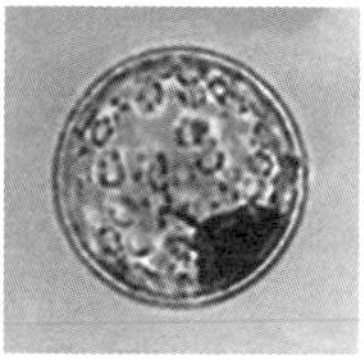

Dia: 7,5
Estágio: 7
Grau: 1

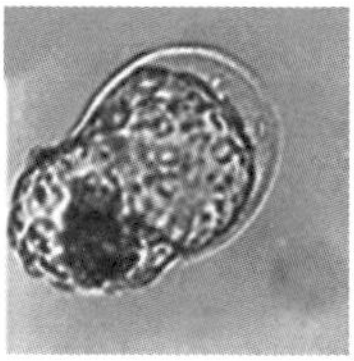

Dia: 8
Estágio: 8
Grau: 1

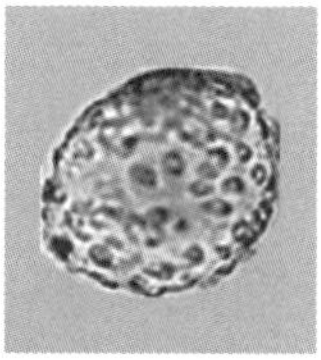

Dia: 8
Estágio: 8
Grau: 1

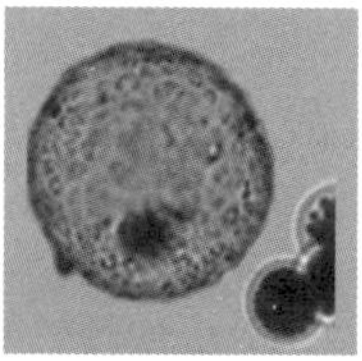

Dia: 9
Estágio: 9
Grau: 1

Transferência de embrião

A transferência de embriões em bovinos resultará em melhores taxas de prenhez quando o estro da doadora e da receptora tenham ocorrido em um intervalo menor de 24 horas um do outro (Hasler et al., 1987). Como alternativa, as receptoras devem estar sincronizadas com o estágio de desenvolvimento dos embriões previamente criopreservados. As receptoras podem ser consideradas para uso com cio natural, exigindo para isso um grande rebanho; ou um rebanho menor com uso de sincronização do estro, que é algo de menor custo. Hoje, a maioria das receptoras é submetida à sincronização de estro/ovulação, independentemente de os embriões serem ou não transferidos no mesmo local das doadoras.

Inicialmente, as transferências de embriões na espécie bovina eram feitas cirurgicamente, enquanto a maioria é feita hoje de modo não cirúrgico (Betteridge, 1981, 2003). As transferências cirúrgicas foram feitas primeiro por meio de uma incisão abdominal na linha média, que exigia o uso de anestesia geral e instalações cirúrgicas bastante elaboradas. Durante meados da década de 1970, teve início uma abordagem pelo flanco com o animal em pé, um procedimento mais rápido e viável para condições de campo.

As técnicas não cirúrgicas envolvem o uso de aplicadores especializados de transferência de embriões (chamados de inovuladores). Após a confirmação da sincronia do estro, a receptora é contida e as fezes são removidas do reto. Ao mesmo tempo, a presença e o lado de um corpo lúteo funcional (CL) são confirmados. O embrião é envasado em uma palheta de 0,25 mL, devendo permanecer entre pelo menos duas bolhas de ar e duas colunas de meio de manutenção; após o envase, a palheta é inserida no inovulador. O embrião é colocado no corno uterino adjacente ao ovário portador do CL, em um procedimento muito semelhante à inseminação artificial. No entanto, geralmente busca-se depositar os embriões pelo menos da metade do corno uterino em diante (ou seja, mais cranial). O lúmen uterino deve ser alinhado antes da passagem para evitar traumas no endométrio. O embrião é depositado lenta e firmemente enquanto o aplicador é suavemente retirado. A prática e a destreza são fundamentais para se alcançar taxas adequadas de prenhez, sugerindo que o trauma ao endométrio pode ser um fator limitante com a transferência de embrião. A estimulação da cérvix (colo do útero) ou a introdução inadvertida de contaminantes bacterianos não parecem ser os principais determinantes das taxas de prenhez em circunstâncias normais. Com prática e atenção aos detalhes, as taxas de gestação com transferências não cirúrgicas são iguais às com transferências cirúrgicas.

Com a tecnologia existente, uma média de 8 a 10 estruturas serão recuperadas de cada doadora superovulada e 6 ou 7 embriões viáveis serão transferidos, resultando em 3 a 4 gestações. Deve-se enfatizar que poucas doadoras seguem a média, a maioria estando acima ou abaixo. As taxas de gestação são geralmente entre 50% e 60% com embriões frescos e variam de 40% a 60% com embriões criopreservados/aquecidos. Pode-se prever uma perda de mortalidade de 5%-10% entre o diagnóstico de gestação precoce (30 dias) até a confirmação da gestação (60 a 90 dias), mais 3,5% de perdas até o parto. É digno de nota que tais índices são similares aos descritos para gestações obtidas por monta natural ou IA, e que os procedimentos de transferência de embriões derivados *in vivo* (ou seja, obtidos de doadoras superovuladas) não mostraram qualquer aumento de anormalidades nos bezerros nascidos.

Sincronização de receptoras e transferência de embrião em tempo fixo

A realização de um programa bem-sucedido de transferência de embriões depende de uma eficiente sincronização e manejo das receptoras. Nutrição, manejo e eficiência na sincronização do estro e da ovulação estão entre os fatores que afetam a eficiência dessa biotécnica (Mapletoft; Bó, 2016). Para evitar limitações associadas à detecção de estro, tratamentos que sincronizam o momento da ovulação em receptoras, desenvolvidos originalmente para IA em tempo fixo (IATF), têm sido utilizados para transferência de embriões em tempo fixo (TETF; Bó et al., 2002, 2012). Esses tratamentos geralmente são divididos entre aqueles à base de GnRH (Ambrose et al., 1999) e aqueles à base de estradiol (Bó et al., 2002) e são selecionados de acordo com a disponibilidade dos hormônios em diferentes países. Em ambos os casos, os protocolos da receptora incluem a inserção de um dispositivo de progesterona por 7 ou 8 dias (Hinshaw, 1999; Bó et al., 2002).

Os tratamentos à base de estradiol e progesterona (P4) ou apenas estradiol são os protocolos mais usados para sincronizar a emergência da onda folicular e a ovulação de receptoras na América do Sul, especialmente no Brasil e na Argentina (Baruselli et al., 2010). O protocolo mais comumente usado consiste na inserção de um dispositivo P4 e na administração de 2 mg de benzoato de estradiol (dia 0). A aplicação de PGF ocorre no momento da inserção e da remoção do dispositivo P4 se ele estiver impregnado com mais de 1 g de P4. Caso o dispositivo P4 contenha menos de 1 g de P4, a PGF é aplicada somente na retirada dele. O dispositivo contendo P4 é geralmente removido no dia 7 ou dia 8 quando 300 UI ou 400 UI de eCG são administradas nesse momento (Bó et al., 2002). A ovulação é induzida pela administração de 0,5 ou 1 mg de cipionato de estradiol (ECP) no momento da remoção do dispositivo contendo P4 e todas as receptoras com corpo lúteo recebem um embrião 9 dias após (ou seja, 7 dias após o tempo esperado de estro; Baruselli et al., 2010, 2011; Bó et al., 2012). No geral, 75% a 85% das receptoras tratadas com esse protocolo recebem um embrião. As concentrações de P4 são altas no momento da transferência de embriões e a prenhez varia de 40% a 60%, quando tanto os embriões quanto as receptoras são de alta qualidade (revisado em Bó et al., 2002; Baruselli et al., 2010, 2011).

Estudos inicialmente usados para IA são comumente adaptados para uso em TE. O aumento do intervalo entre a remoção do dispositivo P4 e o momento da IATF melhorou a taxa de prenhez em um protocolo baseado em GnRH (denominado protocolo CoSynch + CIDR de 5 dias; Bridges et al., 2008) ou protocolo baseado em estradiol/progesterona (denominado J-Synch; Bó et al., 2016). Em ambos os protocolos, um segundo GnRH é administrado 72 horas após a remoção do dispositivo contendo P4 (proestro prolongado). Os benefícios associados ao proestro prolongado foram uma exposição prolongada ao estradiol antes da ovulação e uma maior capacidade do útero de apoiar o desenvolvimento embrionário (revisado em Bó; Cedeño, 2018). Usando um protocolo de 5 dias CoSynch + CIDR modificado (sem GnRH na inserção do dispositivo P4, uma única injeção de PGF no momento da remoção do dispositivo P4 no dia 5 e GnRH no dia 8), Sala et al. (2016) relataram taxas de prenhez semelhantes (embriões *in vitro*) em receptoras sincronizadas com dois tratamentos de PGF com 14 dias de intervalo e detecção de estro. Além disso, Menchaca et al. (2015, 2016) relataram taxas de prenhez mais altas em receptoras de corte recebendo embriões *in vitro* da raça HPB e sincronizadas com o protocolo J-Synch em comparação com o protocolo estradiol/P4 convencional no qual ECP foi dado na remoção do dispositivo P4. Embora os embriões possam ser transferidos em um tempo fixo, sem observação de estro, taxas melhores de prenhez foram obtidas quando a detecção do estro foi realizada por

Figura 4. Protocolos recomendados para TETF em receptoras. A) Protocolo de dispositivo GnRH + P4 modificado de 5 dias (dispositivo P4 no dia 0, PGF2α e eCG no dia 5 e GnRH no dia 8). B) Protocolo J-Synch (dispositivo P4 e BE no dia 0, PGF e eCG no dia 6 e GnRH no dia 9). C) Protocolo ECP convencional (dispositivo P4 e EB no dia 0, PGF, eCG e ECP no dia 8). Se a detecção de estro for feita com bastão marcador na cauda, as receptoras são observadas 72h após a remoção do dispositivo P4 nos protocolos A e B e 54h após a remoção de P4 no protocolo B.

A)

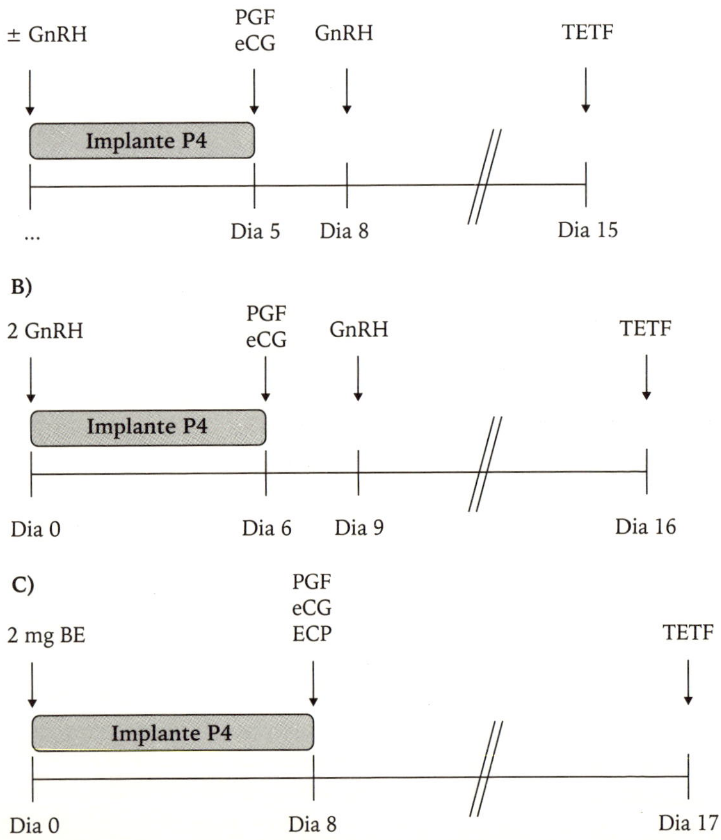

bastão marcador na cauda (revisado em Bó; Cedeño, 2018). Os principais protocolos recomendados para TETF são mostrados na Figura 4.

Considerações finais

O uso de protocolos que controlam o desenvolvimento folicular e a ovulação tem a vantagem de permitir a ampla aplicação de tecnologias de reprodução assistida. Os tratamentos usados para sincronizar a emergência da onda folicular para superovulação provaram ser práticos e fáceis de executar por profissionais de campo de todo o mundo. Atualmente, a produção de embriões pode ser combinada com programas eficientes de sincronização e TETF que são facilmente implementados no campo e permitem a inclusão de rebanhos comerciais em programas de transferência de embriões, combinados com IATF ou simplesmente com touros de repasse.

Referências bibliográficas

ADAMS, G. P. et al. Progress in Understanding Ovarian Follicular Dynamics in Cattle. *Theriogenology*, v.69, p.72-80, 2008.

_____ et al. Superovulatory Response of Ovarian Follicles of Wave 1 versus Wave 2 in Heifers. *Theriogenology*, v.42, p.1.103-13, 1994.

_____ et al. Selection of a Dominant Follicle and Suppression of Follicular Growth in Heifers. *Animal Reproduction Science*, v.30, p.259-71, 1993.

_____ et al. Association between Surges of Follicle-Stimulating Hormone and the Emergence of Follicular Waves in Heifers. *Journal Reprod. Fertil.*, v.94, n.1, p.177-88, 1992.

ALKEMADE, S.; MURPHY, B.; MAPLETOFT, R. Superovulation in the Cow: Effects of Biological Activity of Gonadotropins. In: ANNUAL MEETING OF THE AMERICAN EMBRYO TRANSFER

ASSOCIATION, 12. Portland, Maine, 1993. *Proceedings of...* Illinois: Aeta; Ceta, 1993.

AMBROSE, J. D. et al. Efficacy of Timed Embryo Transfer with Fresh and Frozen in Vitro-Produced Embryos to Increase Pregnancy Rates in Heat-Stressed Dairy Cattle. *Journal Dairy Science*, v.82, p.2.369-76, 1999.

ARMSTRONG, D.; OPAVSKY, M. Biological Characteristics of a Pituitary FSH Preparation with Reduced LH Activity. *Theriogenology*, v.25, n.1, p.135, 1986.

BARACALDO, M. I. et al. Superovulatory Response Following Transvaginal Follicle Ablation in Cattle. *Theriogenology*, v.53, p.1.239-50, 2000.

BARAJAS, J. L. et al. Superovulatory Response and Embryo Production in Donor Cows Treated with Folltropin-V Diluted in Different Sustained Release Biopolymers. In: CACCIA, M.; BÓ, G. A. (orgs.). Symposium on Animal Reproduction, 13. *Proceedings of...* Córdoba, Argentina: Institute of Animal Reproduction Cordoba (Irac), 2019.

BARROS, C. M. et al. Improvement of a Superovulatory Protocol in Nelore Cows: Replacing the Last Two Doses of pFSH by eCG. *Reprod. Fertil. Dev.*, v.20, p.152, 2008.

______; NOGUEIRA, M. F. G. Superovulation in Zebu Cattle: Protocol P-36. *Embryo Transfer Newsletter*, v.23, p.5-9, 2005.

BARUSELLI, P. S. et al. Updates on Embryo Production Strategies. *Animal Reproduction*, v.12, p.375-82, 2015.

______ et al. Timed Embryo Transfer Programs for Management of Donor and Recipient Cattle. *Theriogenology*, v.76, p.1.583-93, 2011.

______ et al. Bovine Embryo Transfer Recipient Synchronisation and Management in Tropical Environments. *Reprod. Fertil. Dev.*, v.22, p.67-74, 2010.

______ et al. Superovulation and Embryo Transfer in Bos Indicus Cattle. *Theriogenology*, v.65, p.77-88, 2006.

BERGFELT, D. R. et al. Superovulatory Response Following Ablation--Induced Follicular Wave Emergence at Random Stages of the Oestrous Cycle in Cattle. *Animal Reproduction Science*, v.49, p.1-12, 1997.

BETTERIDGE, K. J. A History of Farm Animal Embryo Transfer and some Associated Techniques. *Animal Reproduction Science*, v.79, p.203-44, 2003.

______. A Historical Look at Embryo Transfer. *Journal Reprod. Fert.*, v.62, p.1-13, 1981.

_____. Techniques and Results in Cattle: Superovulation. In: _____ (org.). *Embryo Transfer in Farm Animals*: A Review of Techniques and Applications. Canadá: Department of Agriculture, 1977. (Monograph, n.16.)

BIANCUCCI, A. et al. Reducing Treatments in Cattle Superovulation Protocols by Combining a Pituitary Extract with a 5% Hyaluronan Solution: Is it Able to Diminish Activation of the Hypothalamic Pituitary Adrenal Axis Compared to the Traditional Protocol? *Theriogenology*, v.85, p.914-21, 2016.

BÓ, G. A.; CARBALLO GUERRERO, D.; ADAMS, G. P. Alternative Approaches to Setting Up Donor Cows for Superstimulation. *Theriogenology*, v.69, p.81-7, 2008.

_____; CEDEÑO, A. Expression of Estrus as a Relevant Factor in Fixed-Time Embryo Transfer Programs Using Estradiol/Progesterone Based Protocols in Cattle. *Animal Reproduction*, v.15, p.224-30, 2018.

_____ et al. Alternative Programs for Synchronizing and Resynchronizing Ovulation in Beef Cattle. *Theriogenology*, v.86, p.388-96, 2016.

_____ et al. Increasing Pregnancies Following Synchronization of Bovine Recipients. *Animal Reproduction*, v.9, p.312-7, 2012a.

_____ et al. Treatments for the Synchronization of Bovine Recipients for Fixed-Time Embryo Transfer and Improvement of Pregnancy Rates. *Reprod. Fertil. Dev.*, v.24, p.272-7, 2012b.

_____ et al. New Approaches to Superovulation in the Cow. *Reprod. Fertil. Dev.*, v.22, p.106-12, 2010.

_____ et al. The Timing of Ovulation and Insemination Schedules in Superstimulated Cattle. *Theriogenology*, v.65, p.89-101, 2006.

_____ et al. The Control of Follicular Wave Development for Self-Pointed Embryo Transfer Programs in Cattle. *Theriogenology*, v.57, p.53-72, 2002.

_____ et al. Exogenous Control of Follicular Wave Emergence in Cattle. *Theriogenology*, v.43, p.31-40, 1995.

_____ et al. Superovulatory Response to a Single Subcutaneous Injection of a Porcine Pituitary Extract in Beef Cattle. *Theriogenology*, v.42, p.963-75, 1994.

_____; MAPLETOFT, R. J. Historical Perspectives and Recent Research on Superovulation in Cattle. *Theriogenology*, v.81, p.38-48, 2014.

_____; _____. Evaluation and Classification of Bovine Embryos. *Animal Reproduction*, v.10, p.344-8, 2013.

BRIDGES, G. A. et al. Decreasing the Interval between GnRH and PGF2α from 7 to 5 Days and Lengthening Proestrus Increases Timed-AI Pregnancy Rates in Beef Cows. *Theriogenology*, v.69, p.843-51, 2008.

BUNGARTZ, L.; NIEMANN, H. Assessment of the Presence of a Dominant Follicle and Selection of Dairy Cows Suitable for Superovulation by a Single Ultrasound Examination. *Journal Reprod. Fertil.*, v.101, p.583-91, 1994.

CACCIA, M. et al. Effect of eCG Pretreatment on Superovulatory Response in CIDR-B Treated Beef Cattle. *Theriogenology*, v.53, p.495, 2000.

CALLESEN, H.; GREVE, T.; HYTTEL, P. Preovulatory Endocrinology and Oocyte Maturation in Superovulated Cattle. *Theriogenology*, v.25, p.71-86, 1986.

CARMICHAEL, R. A. History of the International Embryo Transfer Society – Part I. *Theriogenology*, v.13, p.3-6, 1980.

CIFUENTES, E. et al. Efecto de la aplicacion de eCG en vacas donantes de embriones superovuladas con Folltropin-V. In: SIMPOSIO INTERNACIONAL DE REPRODUCCIÓN ANIMAL, 8. *Proceedinig of...* Córdoba, Argentina: Irac, 2009.

COLAZO, M. G. et al. Pregnancy Rates to Timed Artificial Insemination in Dairy Cows Treated with Gonadotropin-Releasing Hormone or Porcine Luteinizing Hormone. *Theriogenology*, v.72, p.262-70, 2009.

DAVIS, R. L.; ARTEAGA, A.; HASLER, J. F. Addition of Equine Chorionic Gonadotropin to a Traditional Follicle Stimulating Hormone Protocol for Superovulation of Bos Taurus Beef Cows. *Reprod. Fertil. Dev.*, v.24, p.224-5, 2012.

DEYO, C. D. et al. The Use of GnRH or LH to Synchronize Follicular Wave Emergence for Superstimulation in Cattle. *Theriogenology*, v.55, p.513, 2001.

DIELEMAN, S. et al. PMSG/Anti-PMSG in Cattle: A Simple and Efficient Superovulatory Treatment. *Theriogenology*, v.39, p.25-42, 1993.

DROST, M.; BRAND, A.; AARTS, M. H. A Device for Nonsurgical Recovery of Bovine Embryos. *Theriogenology*, v.6, n.5, p.503-8, 1976.

ELSDEN, R. P. et al. Superovulation in the Cow Following Treatment with PMSG and Prostaglandin F2. *Journal Reprod. Fertil.*, v.36, p.455-6, 1974.

_____; HASLER, J. F.; SEIDEL JR., G. E. Non-Surgical Recovery of Bovine Eggs. *Theriogenology*, v.6, p.523-32, 1976.

_____; NELSON, L.; SEIDEL, G. Superovulation of Cows with Follicle Stimulating Hormone and Pregnant Mare's Serum Gonadotropin. *Theriogenology*, v.9, p.17-26, 1978.

GIMENES, L. U. et al. Follicle Deviation and Ovulatory Capacity in Bos Indicus Heifers. *Theriogenology*, v.69, p.852-8, 2008.

GINTHER, O. J. et al. Selection of the Dominant Follicle in Cattle. *Biol. Reprod.*, v.55, p.1187-94, 1996.

_____ et al. Temporal Associations among Ovarian Events in Cattle during Estrous Cycles with Two and Three Follicular Waves. *Journal Reprod. Fertil.*, v.87, p.223-30, 1989.

GONZÁLEZ, A. et al. Increased Ovulation Rates in PMSG-Stimulated Beef Heifers Treated with a Monoclonal PMSG Antibody. *Theriogenology*, v.41, p.1.631-42, 1994.

_____ et al. Superovulation of Beef Heifers with Folltropin. A New FSH Preparation Containing Reduced LH Activity. *Theriogenology*, v.33, p.519-29, 1990.

GORDON, I. Problems and Prospects in Cattle Egg Transfer. *Irish Veterinary Journal*, v.29, p.21-62, 1975.

GOULDING, D. Factors Affecting Superovulation in Heifers Treated with PMSG. *Theriogenology*, v.45, p.765-73, 1996.

GREVE, T.; CALLESEN, H.; HYTTEL, P. Endocrine Profiles and Egg Quality in the Superovulated Cow. *Nord Vet Med*, v.35, p.408-21, 1983.

HAFEZ, E. S. E.; SUGIE, T.; HUNT, W. L. Superovulation and Related Phenomena in the Beef Cow: Effect of Oestrogen Administration on Production of Ova. *Journal Reprod. Fertil.*, v.5, p.381-8, 1963.

HASLER, J. F. The Current Status and Future of Commercial Embryo Transfer in Cattle. *Animal Reproduction Science*, v.79, p.245-64, 2003.

_____; HOCKLEY, D. Efficacy of Hyaluronan as a Diluent for a Two Injection FSH Superovulation Protocol in Bos Taurus Beef Cows. *Reprod. Dom. Anim.*, v.47, p.459, 2012.

_____; MCCAULEY, A. D.; LATHROP, W. F. Effect of Donor-Embryo--Recipient Interactions on Pregnancy Rate in a Large-Scale Bovine Embryo Transfer Program. *Theriogenology*, v.27, p.139-68, 1987.

HINSHAW, R. H. Formulating ET Contracts. In: ANNUAL MEETING SOC. FOR THERIOGENOLOGY, Nashville, EUA. *Proceedings of...* Montgomery, Alabama: SFT, 1999.

______ et al. A Comparison of 2 Approaches for the Use of GnRH to Synchronize Follicle Wave Emergence for Superovulation. *Reprod. Fertil. Dev.*, v.27, p.263, 2015.

LANE, E. A.; AUSTIN, E. J.; CROWE, M. A. Estrus Synchronisation in Cattle-Current Options Following the EU Regulations Restricting Use of Estrogenic Compounds in Food-Producing Animals: A Review. *Animal Reproduction Science*, v.109, p.1-16, 2008.

LARKIN, S. W. et al. Distribution of Ovulation and Subsequent Embryo Production Using Lutropin and Estradiol-17β for Timed AI of Superstimulated Beef Females. *Reprod. Fertil. Dev.*, v.18, p.289, 2006.

LASTER, D. B. Disappearance of and Uptake of I25I FSH in the Rat, Rabbit, Ewe and Cow. *Journal Reprod. Fertil.*, v.30, p.407-15, 1972.

LICHT, P. et al. Biological and Binding Activities of Equine Pituitary Gonadotrophins and Pregnant Mare Serum Gonadotrophin. *Journal Endocrin.*, v.83, p.311-22, 1979.

LINDSELL, C. E.; MURPHY, B. D.; MAPLETOFT, R. J. Superovulatory and Endocrine Responses in Heifers Treated with FSH-P at Different Stages of the Estrous Cycle. *Theriogenology*, v.26, p.209-19, 1986.

LOONEY, C. R. et al. Comparison of Once Daily FSH and Twice Daily FSH Injections for Superovulatin in Beef Cattle. *Theriogenology*, v.15, p.13-22, 1981.

LOVIE, M. et al. The Effect of Dose Schedule and Route of Administration on Superovulatory Response to Folltropin in Holstein Cows. *Theriogenology*, v.41, p.241, 1994.

MACMILLAN, K. L.; THATCHER, W. W. Effect of an Agonist of Gonadotropin-Releasing Hormone on Ovarian Follicles in Cattle. *Biol. Reprod.*, v.45, p.883-9, 1991.

MAPLETOFT, R. J. Bovine Embryo Transfer. In: MORROW, D. A. (org.). *Current Therapy in Theriogenology II*. Filadélfia: WB Saunders Co., 1986.

______. Embryo Transfer in the Cow: General Procedures. *Revue Scientifique et Technique off International des Épizooties*, v.4, p.843-58, 1985.

______; BENNETT-STEWARD, K.; ADAMS, G. P. Recent Advances in the Superovulation of Cattle. *Reprod. Nut. Dev.*, v.42, p.601-11, 2002.

_____; BÓ, G. A. Bovine Embryo Transfer. In: INTERNATIONAL VETERINARY INFORMATION SERVICE (org.). *Reviews in Veterinary Medicine*. Ithaca: Ivis, 2016. Disponível em: https://www.ivis.org/library/reviews-veterinary-medicine. Acesso em: 30 jul. 2024.

_____ et al. Comparison of Four Different Gonadotropin Treatments for Inducing Superovulation in Cows with 1:29 Translocation. *Theriogenology*, v.33, p.282, 1990.

_____; HASLER, J. F. Assisted Reproductive Technologies in Cattle: A Review. *Revue Scientifique et Technique*, v.24, p.393-403, 2005.

MARTINEZ, M. F. et al. Effect of LH or GnRH on the Dominant Follicle of the First Follicular Wave in Heifers. *Animal Reproduction Science*, v.57, p.23-33, 1999.

MATTOS, M. C. C. et al. Improvement of Embryo Production by the Replacement of the Last Two Doses of Porcine Follicle-Stimulating Hormone with Equine Chorionic Gonadotropin in Sindhi Donors. *Animal Reproduction Science*, v.125, p.119-23, 2011.

MCGOWAN, M. et al. Superovulation of Beef Cattle with Pergonal (HMG): A Dose Response Trial. *Theriogenology*, v.24, p.173-84, 1985.

MENCHACA, A. et al. Improvements of the New J-Synch Protocol Used for Fixed-Time Embryo Transfer (FTET) in Recipients Transferred with in Vitro Produced Embryos. In: INTERNATIONAL CONGRESS ON ANIMAL REPRODUCTION, 18. *Proceedings of...* France: Tours, 2016.

_____ et al. Improvement of Pregnancy Rate by Using the 6-Day J-Synch Protocol in Recipient Cows Transferred with in Vitro Produced Embryos. *Animal Reproduction*, v.12, p.651, 2015.

MIHM, M.; EVANS, A. C. Mechanisms for Dominant Follicle Selection in Monovulatory Species: A Comparison of Morphological, Endocrine and Intraovarian Events in Cows, Mares and Women. *Reprod. Dom. Anim.*, v.43, supl.2, p.48-56, 2008.

MIKEL-JENSON, A. et al. Endocrine Profiles and Embryo Quality in the PMSG-PGF2α-Treated Cow. *Theriogenology*, v.18, p.33-4, 1982.

MONNIAUX, D.; CHUPIN, D.; SAUMANDE, J. Superovulatory Responses of Cattle. *Theriogenology*, v.19, p.55-81, 1983.

MOOR, R.; KRUIP, T.; GREEN, D. Intraovarian Control of Folliculogenesis: Limits to Superovulation? *Theriogenology*, v.21, p.103-16, 1984.

MURPHY, B. D.; MARTINUK, D. Equine Chorionic Gonadotropin. *Endocrine Rev.*, v.12, p.27-44, 1991.

NASSER, L. F. et al. Exogenous Progesterone Enhances Ova and Embryo Quality Following Superstimulation of the First Follicular Wave in Nelore (Bos Indicus) Donors. *Theriogenology*, v.76, p.320-7, 2011.

______ et al. Ovarian Superstimulatory Response Relative to Follicular Wave Emergence in Heifers. *Theriogenology*, v.40, p.713-24, 1993.

NOGUEIRA, M. F. G.; BARROS, C. M. Timing of Ovulation in Nelore Cows Superstimulated with P-36 Protocol. *Acta Sci. Vet.*, v.31, p.509, 2003.

PHILLIPPO, M.; ROWSON, L. E. A. Prostaglandins and Superovulation in the Bovine. *Ann. Biol. Anim. Biochim. Biophys.*, v.15, p.233-40, 1975.

PIERSON, R. A.; GINTHER, O. J. Follicular Populations During the Estrous Cycle in Heifers. I. Influence of Day. *Animal Reproduction Science*, v.14, p.165-76, 1987.

PRICE, C. A. et al. Effects of Superovulation on Endogenous LH Secretion in Cattle, and Consequences for Embryo Production. *Theriogenology*, v.51, p.37-46, 1999.

PURSLEY, J. R.; MEE, M. O.; WILTBANK, M. C. Synchronization of Ovulation in Dairy Cows Using PGF2α and GnRH. *Theriogenology*, v.44, p.915-23, 1995.

REANO, I. et al. Efecto de la adicion de eCG a los tratamientos superovulatorios con Folltropin-V en la produccion de embriones de donantes de embriones. In: SIMPOSIO INTERNACIONAL DE REPRODUCCION ANIMAL, 8. *Proceedings of...* Córdoba, Argentina: Institute of Animal Reproduction Cordoba (Irac), 2009.

ROWE, R. F. et al. A Single Cannula Technique for Nonsurgical Collection of Ova from Cattle. *Theriogenology*, v.6, p.471-84, 1976.

RUBIN, M. I. B. Twenty Years History of the Brazilian Embryo Technology Society (1985-2005). *Acta Sci. Vet.*, v.33, supl.1, p.35-54, 2005.

SALA, R. V. et al. Comparison of Methods for Synchronizing Recipients of in vitro Produced Embryos. *Reprod. Fertil. Dev.*, v.28, n.2, p.185, 2015.

SARTORELLI, E. S. et al. Morphological Characterization of Follicle Deviation in Nelore (Bos Indicus) Heifers and Cows. *Theriogenology*, v.63, p.2.382-94, 2005.

SARTORI, R. et al. Lack of Improvement on Embryo Production by the Replacement of the Last Two Doses of pFSH by eCG in Superovulated Nelore Heifers. *Reprod. Fertil. Dev.*, v.21, p.245, 2009.

SAUMANDE, J. et al. Factors Affecting the Variability of Ovulation Rates after PMSG Stimulation. In: SREENAN, J. M. (org.). *Control of Reproduction in the Cow*. The Hague: Martinus Nijhoff, 1978.

SCHAMS, D. et al. Some Studies of the Pregnant Mare Serum Gonadotrophin (PMSG) and on Endocrine Responses after Application for Superovulation in Cattle. In: SREENAN, J. M. (org.). *Control of Reproduction in the Cow*. The Hague: Martinus Nijhoff, 1978.

SCHNEIDER, U.; HAHN, J. Embryo Transfer in Germany. *Theriogenology*, v.11, p.63-80, 1979.

SCHULTZ, R. H. History of the International Embryo Transfer Society – Part II. *Theriogenology*, v.13, p.7-12, 1980.

SEIDEL JR., G. E. Superovulation and Embryo Transfer in Cattle. *Science*, v.211, p.351-8, 1981.

SINGH, E. L. Disease Control: Procedures for Handling Embryos. *Rev. Sci. Tech. off Int. Epiz.*, v.4, p.867-72, 1985.

SMALL, J. A. et al. Effects of Progesterone Presynchronization and eCG on Pregnancy Rates to GnRH-Based, Timed-AI in Beef Cattle. *Theriogenology*, v.71, p.698-706, 2009.

SOCIEDADE BRASILEIRA DE TRANSFERÊNCIA DE EMBRIÕES (SBTE). *Manual da IETS*: um guia de procedimentos e informações gerais para o uso de tecnologia de transferência de embriões com ênfase em procedimentos sanitários. 4.ed. Brasília: SBTE, 2010.

STEEL, R. G.; HASLER, J. F. Comparison of Three Different Protocols for Superstimulation of Dairy Cattle. *Reprod. Fertil. Dev.*, v.21, p.246, 2009.

STEWARD, F.; ALLEN, W. R.; MOOR, R. M. Pregnant Mare Serum Gonadotropin: Ratio of Follicle-Stimulating Hormone and Luteinzing Hormone Activities Measured by Radioreceptor Assay. *J. Endrocrin.*, v.71, p.471-82, 1976.

STOEBEL, D. P.; MOBERG, G. P. Repeated Acute Stress during the Follicular Phase and Luteinizing Hormone Surge of Dairy Heifers. *J. Dairy Sci.*, v.65, p.92-6, 1982.

SUTHERLAND, W. Novel Material from Biological Sources. In: BYROM, D. (org.). *Biomaterials*. Nova York: Stockton Press, 1991.

TRIBULO, A. et al. Superovulation of Beef Cattle with a Split-Single Intramuscular Administration of Folltropin-V in Two Concentrations of Hyaluronan. *Theriogenology*, v.77, p.1.679-85, 2012.

______et al. Superstimulation of Ovarian Follicular Development in Beef Cattle with a Single Intramuscular Injection of Folltropin-V. *Animal Reproduction Science*, v.129, p.7-13, 2011.

UMBAUGH, R. E. Superovulation and Ovum Transfer in Cattle. *Am. J. Vet. Res.*, v.10, p.295-305, 1949.

VIANA, J. Statistics of Embryo Production and Transfer in Domestic Farm Animals: Divergent Trends for IVD and IVP Embryos. *IETS Embryo Technology Newsletter*, v.38, p.7-26, 2019.

WALSH, J. H. et al. The Effects of Once or Twice Daily Injections of p-FSH on Superovulatory Response in Heifers. *Theriogenology*, v.40, p.313-21, 1993.

WILLETT, E. L. et al. Successful Transplantation of a Fertilized Bovine Ovum. *Science*, v.113, p.247, 1951.

WOCK, J. M.; LYLE, L. M.; HOCKETT, M. E. Effect of Gonadotropin--Releasing Hormone Compared with Estradiol 17β at the Beginning of a Superstimulation Protocol on Superovulatory Response and Embryo Quality. *Reprod. Fertil. Dev.*, v.20, p.228, 2008.

4
Produção *in vitro* de embriões bovinos no Brasil

Yeda Fumie Watanabe
Melissa Nishida Hirano
Isabela Batista de Castro Nunes
Marcelo Fábio Gouveia Nogueira
Enoch Borges de Oliveira Filho

Introdução

O desenvolvimento das técnicas de reprodução animal representou um grande avanço na eficácia produtiva de um rebanho – principalmente na espécie bovina, que tem um baixo número de descendentes e um intervalo longo entre gerações. Após a inseminação artificial e a superovulação e transferência de embrião, surgiu a terceira geração de biotécnica reprodutiva: a fertilização *in vitro* (FIV) ou, mais corretamente, também denominada de produção *in vitro* de embriões (PIVE). Esta consiste na colheita de oócitos imaturos, os quais são maturados e fertilizados, e no cultivo dos embriões (de zigoto até blastocisto) – sendo que estas últimas três etapas são realizadas *in vitro*. Quando os embriões atingem o estágio de desenvolvimento de blastocisto, são transferidos para receptoras sincronizadas e/ou criopreservados, na dependência de sua qualidade.

Inicialmente, a recuperação de oócitos provenientes de ovários de abatedouros comerciais permitiu o desenvolvimento de vários laboratórios de PIVE (em centros de pesquisa e universidades do Brasil). Estes foram gradativamente sendo capacitados para a produção *in vitro* (PIV) de embriões, mediante o domínio técnico das etapas mencionadas anteriormente (maturação, fertilização e cultivo *in vitro*, respectivamente MIV, FIV e CIV). Na década de 1990 – e, especialmente, com o aperfeiçoamento da técnica de punção folicular de vacas vivas mediante a ultrassonografia (OPU, de *ovum pick-up*) –, foi possível produzir embriões oriundos de doadoras com alto valor genético. Estas podiam ser de raças leiteiras ou de corte (novilhas ou vacas), estar vazias ou gestantes e, principalmente, ter infertilidade adquirida e ser inviáveis para os programas de IA e SOV/TE. Tendo em vista que os oócitos imaturos podem ser colhidos *in vivo* – repetitivamente, a partir de um mesmo animal, e por vários meses consecutivos –, a associação OPU/PIVE tem um grande potencial de aplicação comercial. Comparada com a produção *in vivo* de embriões (por meio da superovulação e transferência de embriões; SOV/TE), a PIVE – via punção folicular de vacas vivas – é capaz de produzir, em média, mais descendentes no mesmo período.

Histórico da PIVE

Desde o nascimento do primeiro bezerro produzido *in vitro* (Brackett et al., 1982), as etapas de maturação, fertilização e cultivo *in vitro* foram melhoradas sensivelmente. Atualmente, a técnica é considerada viável para programas de melhoramento genético animal em escala comercial (Ferré et al., 2020).

Os primeiros estudos de fertilização em mamíferos tiveram, como referência básica, aqueles desenvolvidos com o ouriço-do-mar (década de 1940). Entretanto, foram os trabalhos desenvolvidos em 1951 sobre a capacitação espermática (Austin, 1951; Chang, 1951) que permitiram um grande avanço no entendimento dos mecanismos básicos do processo de fertilização. Outro trabalho essencial foi desenvolvido em 1968 (Chang, 1968), no qual o autor obteve o nascimento de filhotes de coelho após a realização de experimentos de fertilização *in vitro*.

Com a espécie bovina, pesquisadores japoneses obtiveram o primeiro sucesso de capacitação espermática e fertilização *in vitro* de oócitos maturados *in vitro* (Iritani; Niwa, 1977). No entanto, o primeiro nascimento obtido com a técnica de fertilização *in vitro*, porém a partir de oócitos ovulados, foi somente em 1981 e nos Estados Unidos (Brackett et al., 1982). Em 1983, pesquisadores canadenses, usando a técnica de laparoscopia para recuperar oócitos, obtiveram o nascimento de seis bezerros produzidos pela FIV (Lambert et al., 1983). Nesse caso, os autores aspiraram oócitos perto do período de ovulação (o que omitiu a etapa de MIV), fizeram a FIV e utilizaram o oviduto de coelha como um sistema de cultivo *in vivo* (do zigoto até o estágio de blastocisto).

Em 1986, pesquisadores japoneses obtiveram o nascimento de bezerros a partir de oócitos maturados e fertilizados *in vitro*, onde os autores utilizaram a coelha como uma receptora intermediária (Hanada et al., 1986). Os primeiros nascimentos derivados de embriões bovinos produzidos totalmente *in vitro* (MIV, FIV e CIV) foram obtidos em Dublin, Irlanda (Lu et al., 1987). Foi em 1988 que nasceu o primeiro bezerro produzido *in vitro* por aspiração folicular (Pieterse et al., 1987).

No Brasil, vários laboratórios iniciaram as pesquisas com fertilização *in vitro* no final da década de 1980. No entanto, foi somente em 1993 que a equipe da Unesp de Jaboticabal (liderada pelo prof. Enoch Borges de Oliveira Filho) obteve as primeiras prenhezes de embriões bovinos produzidos totalmente *in vitro* – estes oriundos do projeto de mestrado de Yeda F. Watanabe. Um relato pessoal, de parte dessa equipe, consta no Quadro 1. Um fato que solidificou a liderança da equipe de Jaboticabal foi a realização, nessa localidade e em 1990, de um simpósio internacional que contou com a presença dos maiores expoentes na área (Y. Watanabe, 1994; Y. Watanabe et al., 1993; Figura 1). Em continuidade com esse fato pioneiro, em 1994 a equipe liderada pelo pesquisador dr. Roberto de Bem (Cenargen – Embrapa, DF) obteve duas prenhezes de embriões PIV zebuínos (Peixer et al., 1994). Em 1996, nasceram os primeiros bezerros da raça Nelore puros de origem (obtidos pela equipe da USP de Ribeirão Preto, liderada pelo prof. dr. Raysildo B. Lôbo; Azambuja et al., 1996). Nesse mesmo ano, foram produzidas as primeiras prenhezes de embriões PIV criopreservados pelas técnicas de vitrificação e curva de resfriamento clássica (M. Watanabe, 1996; M. Watanabe et al., 1996; Peixer et al., 1996).

Quadro 1. Relato pessoal (da parte de Marcelo Fábio Gouveia Nogueira), e em forma de tópicos, sobre como foram obtidas (em 1993) as três primeiras gestações de embriões bovinos produzidos *in vitro* no Brasil e o subsequente nascimento dos bezerros

1) De antemão, tudo ocorreu por eventualidades concatenadas e não de forma estritamente planejada.
2) Já conhecíamos o Enoch e, pelas visitas frequentes ao seu laboratório em Jaboticabal (na Unesp, durante o aprendizado da bipartição de embriões), acabamos por conhecer a sua orientanda de mestrado – Yeda F. Watanabe.
3) Quando uma de nossas vacas importadas (da raça Simental) foi diagnosticada com intensa aderência e fibrose nos cornos uterinos, ovidutos e ovários, decidimos agendar a sua morte visto que ela estava infértil.
4) Consultando o Enoch sobre a possibilidade de usarmos os oócitos dela para algo, ele propôs tentarmos a produção *in vitro* de embriões.

5) Após a morte da doadora, ovários e sêmen importado foram levados da fazenda (Agropecuária Ajuricaba, Cândido Mota-SP) para a Unesp em Jaboticabal (aproximadamente 350 km).

6) Combinamos sincronizar sete receptoras para receberem os embriões que, eventualmente, seriam produzidos.

7) Uma semana após, ligamos para a Yeda para sabermos quantos embriões Simental teríamos. A resposta foi "nenhum"...

8) Porém, ela ofereceu embriões que estavam prontos e em estágio de desenvolvimento compatível com as receptoras sincronizadas na fazenda. Esses embriões eram decorrentes de seu experimento de mestrado e provenientes de oócitos de animais anelorados e fertilizados com o sêmen de um de dois touros disponíveis (raças Parda Suíça e Holandesa Preta e Branca).

9) No dia combinado, fui sozinho buscar os embriões em Jaboticabal – dirigindo o veículo oficial da fazenda até Jaboticabal. Após rápida conversa com a Yeda, peguei o isopor com algumas palhetas (cada uma contendo dois embrioes oriundos da fertilização de um dos touros das duas raças). Depois, voltei os 350 km o mais rápido possível para o veículo (700 km no total e mesmo dia) e com aquela estranha carga no banco do passageiro (imobilizado com o cinto de segurança).

10) Cheguei à fazenda no final da tarde e o inseminador (Eulógio César Camargo Lima, que transferia embriões melhor do que eu) já estava esperando no curral com as receptoras à disposição. Ele inovulou sete delas com dois embriões cada (dos 14 embriões, 6 deles eram mestiços de Pardo Suíço e 8 de Holandês).

11) O diagnóstico de gestação (em três delas e com apenas um feto) e a determinação do sexo fetal foram realizadas pelo médico veterinário Breno J. P. de Barros (mestrando na época e sob a orientação do prof. dr. José Antonio Visintin, FMVZ-USP).

12) As gestações ocorreram em maio de 1993 e os três nascimentos em março de 1994, com ampla divulgação na mídia (*Folha de S.Paulo* etc.) e publicação de resumos noticiando o fato (Sociedade Brasileira de Tecnologia de Embriões – SBTE; e International Embryo Technology Society – IETS).

13) Os três bezerros não eram, esteticamente falando, de fenótipo agradável. Disso surgiu a necessidade de o Enoch, em entrevista para a *Agrofolha*, afirmar que "Nossa preocupação não foi com a raça e sim com o domínio da técnica".

A aplicação comercial da OPU-PIVE foi desenvolvida em vários países por diferentes cooperativas de inseminação artificial e várias empresas privadas. No Brasil, essa técnica foi primeiramente aplicada comercialmente em 1998, de onde os

Figura 1. (Esquerda) Foto dos palestrantes do Simpósio Internacional no câmpus de Jaboticabal (Unesp). (Direita) Imagem dos três primeiros bezerros por PIVE no Brasil (Agropecuária Ajuricaba Ltda., Cândido Mota-SP) com a equipe que os produziu – da esquerda para a direita: prof. Enoch Oliveira Filho, mestre Yeda Watanabe e médicos veterinários (Breno Barros, Marcelo Nogueira e Fernando Pupim). Foto do arquivo pessoal (Yeda Watanabe).

Gráfico 1. Produção mundial anual de embriões bovinos produzidos *in vitro* por continente (Viana, 2022)

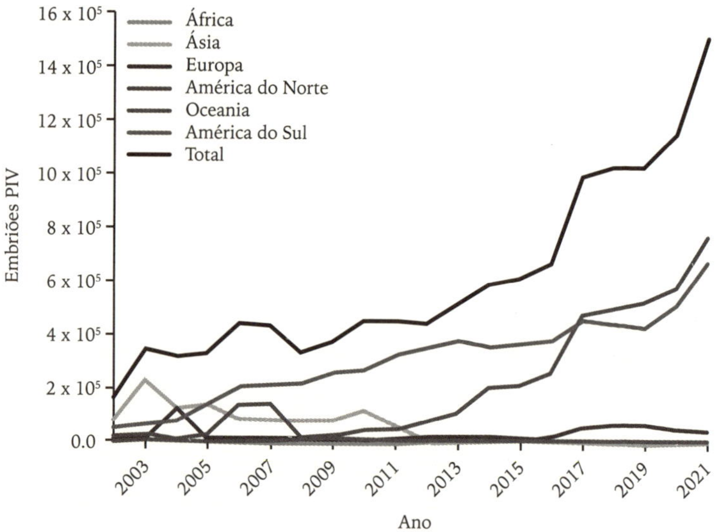

sócios fundadores do laboratório Vitrogen (Andre Dayan, Yeda F. Watanabe e Michele R. Watanabe) a difundiram para diferentes regiões no Brasil e no exterior.

Até 2018, o Brasil era o maior produtor mundial de embriões bovinos PIV (Viana, 2019). Essa posição é, atualmente, pertencente aos Estados Unidos. No Gráfico 1, pode ser observada a crescente produção anual de embriões PIV além da troca de liderança da PIVE, em 2017, quando a América do Norte sobrepujou a América do Sul (Viana, 2022).

A base técnica da PIVE

A premissa básica dessa técnica é mimetizar, o máximo possível, o sistema reprodutor da vaca e o processo da reprodução bovina no estágio pré-implantacional. A PIVE é composta das etapas de maturação *in vitro* (MIV), fertilização *in vitro* (FIV) e cultivo *in vitro* (CIV; Hyttel et al., 2012).

A MIV abrange uma série de acontecimentos dinâmicos no núcleo e no citoplasma do oócito, denominados coletivamente de maturação citoplasmática e nuclear (Thompson, 2000). Quando os oócitos são obtidos (de animais vivos ou de ovários *post mortem*), estão imaturos e em estágio de diplóteno da prófase I (cromossomos bivalentes descondensados e envelope nuclear presente – o núcleo oocitário, nesse estágio, é conhecido como a "vesícula germinativa"). No processo de maturação *in vivo* e sob a influência do pico pré-ovulatório de LH, acontece a condensação da cromatina e a quebra da vesícula germinativa (isto é, o desaparecimento do envelope nuclear) e a meiose I progride para a metáfase II. Esse estágio é caracterizado pela maturação do oócito e, consequentemente, pela sua capacidade em ser fertilizado. Na MIV, a progressão da meiose é iniciada espontaneamente no momento da retirada do oócito do ambiente folicular e, diferentemente daquilo que ocorre *in vivo*, independente da indução pelo pico pré-ovulatório de LH e do diâmetro do folículo que contém o oócito (Fair, 2003; Hyttel et al., 2012). A etapa da MIV (22 a 24 horas de duração, aproximadamente) ocorrerá em condições de temperatura e atmosfera controladas (por exemplo, 38,5 °C e 5% de CO_2 em umidade máxima), visando reproduzir aquelas encontradas naturalmente no corpo da fêmea bovina. Os meios utilizados para essa etapa são variados e podem ser desde formulações clássicas (por exemplo, TCM199 com sais de Earle, suplementados com 0,1UI/mL de rhFSH, 0,22 mg/mL de piruvato de sódio, 75 μg/mL de amicacina, 4 mg/mL de albumina sérica bovina/BSA) até meios comerciais modernos com moléculas e fármacos customizados.

A etapa seguinte (FIV) consiste na preparação do espermatozoide (capacitação espermática) para que ele adquira a capacidade de fertilizar o oócito maturado. Na capacitação, há modificações no teor lipídico da membrana celular do espermatozoide e em sua fluidez (Assumpção et al., 2002). A FIV dura, aproximadamente, entre 18 e 20 horas e, caso ocorra a fertilização, ao final dessa etapa um zigoto (embrião de 1 célula) é gerado com a capacidade para se desenvolver até o estágio de blastocisto. No processo *in vitro* são utilizados fármacos e meios para capacitar os espermatozoides e permitir a reação acrossomal e a hipermotilidade desses gametas; por exemplo, meio TALP suplementado com BSA sem ácidos graxos (6 mg/mL), piruvato (0,22 mg/mL), amicacina (75 μg/mL), heparina (30 μg/mL) e PHE (20 μM penicilamina, 10 μM de hipotaurina e 1 μM de epinefrina). Meios comerciais para a FIV estão igualmente disponíveis no mercado. A seleção dos espermatozoides viáveis e móveis ocorre por sistemas como o gradiente de Percoll (Hyttel et al., 2012) ou métodos comerciais (por exemplo, Select Sperm, Botupharma Animal Biotechnology). No processo *in vivo*, a capacitação ocorre durante o percurso dos espermatozoides dentro do sistema reprodutor feminino quando em contato com substâncias presentes neste (ibid., 2012).

O objetivo da etapa final (o CIV) é promover um ambiente que possibilite o desenvolvimento do zigoto até a sua cavitação (formação do blastocisto) e expansão. Em pesquisas, é possível que a eclosão *in vitro* seja desejada e, portanto, uma extensão no período de CIV é necessário (em vez dos convencionais 6 dias em cultivo, o embrião poderá ser cultivado por até 8 dias nessa etapa). No CIV, o zigoto precisará sofrer as clivagens iniciais, ativar o genoma embrionário, compactar os blastômeros e começar a diferenciação celular morfologicamente visível no surgimento da blastocele (quando as duas linhagens celulares – trofectoderme e massa celular interna – são visivelmente notadas) (Bueno; Beltran, 2008; Hyttel et al., 2012). No início do CIV, o embrião depende do material materno herdado (proveniente da maturação citoplasmática e nuclear durante a MIV). Assim, a MIV bem-sucedida providenciará uma herança materna com o maior potencial para que o embrião clive até que o seu genoma seja ativado – no caso dos bovinos, a ativação ocorre, majoritariamente, entre os estágios de 8 e 16 células (Camargo et al., 2001; Hyttel et al., 2012). Em bovinos, os embriões são cultivados em uma incubadora de CO_2 (38,5 °C) com a tensão de oxigênio na atmosfera podendo ser alta (5% de CO_2 em ar atmosférico) ou baixa (5% de O_2, 5% de CO_2 e 90% de N_2), na dependência do objetivo e da disponibilidade da mistura gasosa de oxigênio, dióxido de carbono e nitrogênio. Essa etapa pode durar entre 6 e 8 dias (respectivamente relacionados com um gradiente crescente de expansão e de eclosão do blastocisto, ao seu término). O meio poderá ser, por exemplo, o Synthetic Oviduct Fluid (SOF) suplementado com piruvato (0,22 μg/mL), amicacina (75 μg/mL), soro fetal bovino (2,5% v/v) e BSA (5 mg/mL) ou meios comerciais contendo outros ingredientes (aminoácidos etc.).

Variação nos resultados da PIVE

Os resultados obtidos, pela aplicação dessa técnica, apresentam uma grande variação entre animais, raças, sexo dos genitores e, principalmente, na interação entre eles. A variação é desde a quantidade de folículos aspirados e oócitos recuperados, a taxa de clivagem, a produção de blastocistos e até a taxa de gestação. Ainda, cada laboratório, ao utilizar doadoras e touros semelhantes (raça e origem do criatório), bem como meios e processos de produção, apresenta variabilidade decorrente de particularidades geográficas, sociais e físicas distintas. Na Tabela 1 é exemplificada a variação da técnica (OPU-PIVE), quanto à sua eficiência, e o gradativo aumento da produção média de 1 prenhez para 2,4 prenhezes por sessão de OPU (Y. Watanabe et al., 2017).

Tabela 1. Número médio de prenhez por sessão de OPU em condições comerciais de PIVE no Brasil, entre 1998 e 2014

Ano	OPU (n)	MIV	%CLIVED	%BLAST	%P/ET	PREG/OPU
1998	56	11.2	55.2%	22.5%	40.4%	1.0
1999	510	8.7	71.3%	25.9%	39.9.%	0.9
2000	1182	13.7	68.4%	30.2%	39.6%	1.6
2001	2556	14.9	87.9%	30.2%	39.7%	1.8
2002	4116	20.3	72.1%	24.5%	39.9%	2.0
2003	5430	20.5	72.8%	26.6%	39.8%	2.2
2004	3731	21.7	69.1%	25.6%	42.3%	2.3
2005	995	20.0	70.9%	32.6%	41.0%	2.7
2006	968	20.4	71.2%	32.9%	35.5%	2.4
2007	1025	24.6	69.1%	32.6%	37.2%	3.0
2008	1171	20.3	66.7%	32.2%	38.6%	2.5
2009	1580	15.4	69.4%	28.8%	41.5%	1.8
2010	703	20.0	70.0%	27.3%	41.8%	2.3
2011	378	18.9	65.6%	26.9%	41.7%	2.1
2012	320	21.1	61.8%	20.7%	44.4%	1.9
2013	157	20.6	66.4%	27.3%	42.0%	2.4
2014	485	16.0	69.1%	32.0%	47.3%	2.4
Total	25.363	19.2	72.2%	27.8%	40.0%	2.1

Associado aos fatores intrínsecos da variabilidade (individualidade, raça, clima da propriedade, treinamento e competência técnica da equipe etc.), a Tabela 1 reflete, acima de tudo, a evolução da técnica em si. Entre 1998 e 2014, houve consideráveis melhorias no entendimento dos processos fisiológicos subjacentes à PIVE, bem como nos seus insumos (meios, incubadoras, equipamentos de ultrassonografia etc.).

Efeito da doadora

Há grande variabilidade entre doadoras de oócitos. Pode ser observado que diferentes doadoras apresentam resultados variáveis tanto na recuperação de oócitos como no desenvolvimento embrionário até o estágio de blastocistos e taxa de prenhez (Tabela 2). Nessa base de dados, a média de oócitos viáveis por doadora é de 24 – variando entre 6 oócitos e 50 oócitos por OPU da doadora. A taxa média de blastocisto obtida, a partir dessas doadoras, foi de 41% (variação de 21% a 73%), com 35% de taxa de prenhez média (variação de 20% a 46%). A média de embriões produzidos e de prenhez por doadora/OPU foi de, respectivamente, 10 e 3 (Dayan, 2001; M. Watanabe, 2002; M. Watanabe et al., 1998; Y. Watanabe et al., 1998a, 1998b).

Na Figura 2 é apresentada a variação observada na população folicular entre os diferentes grupos genético *Bos t. indicus* (raças Nelore e Gir) e *Bos t. taurus* (raças Holandesa e Senepol). Foram analisados um total de 205.140 oócitos recuperados a partir de 7.906 procedimentos de aspiração (OPU) de 6.902 doadoras (5.225 de corte e 1.675 de leite) e realizados por 79 veterinários (Y. Watanabe et al., 2017).

Esses dados corroboram outros trabalhos realizados em diferentes laboratórios comerciais e de pesquisa (Pontes et al., 2010; Gimenes et al., 2015) tanto na quantidade de oócitos recuperados quanto no desenvolvimento até blastocisto e a

Tabela 2. Taxa de blastocisto e de prenhez de embriões PIV a partir de oócitos recuperados por OPU de 23 diferentes doadoras da mesma raça (D1 a D23)

Doadoras	Touros	OPU	Oócitos Viáveis	%		Média/OPU		
				Blast.	Prenhez	Oócitos	Blast.	Prenhez
D1	7	15	130	73%	45%	9	6	1
D2	10	23	1.013	72%	48%	44	32	10
D3	15	18	313	54%	20%	17	9	1
D4	8	16	304	54%	36%	19	10	3
D5	10	15	496	50%	43%	33	16	5
D6	7	23	390	47%	35%	17	8	2
D7	13	15	532	46%	44%	35	16	6
D8	12	18	1.039	44%	45%	58	25	8
D9	13	62	910	43%	28%	15	6	1
D10	8	15	693	43%	46%	46	20	8
D11	10	56	1.669	42%	43%	30	13	3
D12	13	30	1.220	40%	31%	41	16	3
D13	12	60	400	39%	30%	7	3	1
D14	5	16	390	38%	38%	24	9	2
D15	11	31	189	39%	27%	6	2	0
D16	10	45	679	33%	42%	15	5	2
D17	9	26	419	32%	42%	16	5	1
D18	3	19	260	30%	41%	14	4	1
D19	7	19	954	29%	37%	50	14	2
D20	12	53	08	28%	39%	13	4	1
D21	7	15	212	23%	33%	14	3	1
D22	5	24	455	22%	39%	19	4	1
D23	6	69	565	21%	25%	8	2	0
Total	213	683	13.940	41%	35%	24	10	3

Figura 2. Distribuição dos oócitos recuperados após OPU em doadoras de raça de corte zebuína (Nelore) e taurina (Senepol) e raça de leite zebuína (Gir) e taurina (Holandesa).

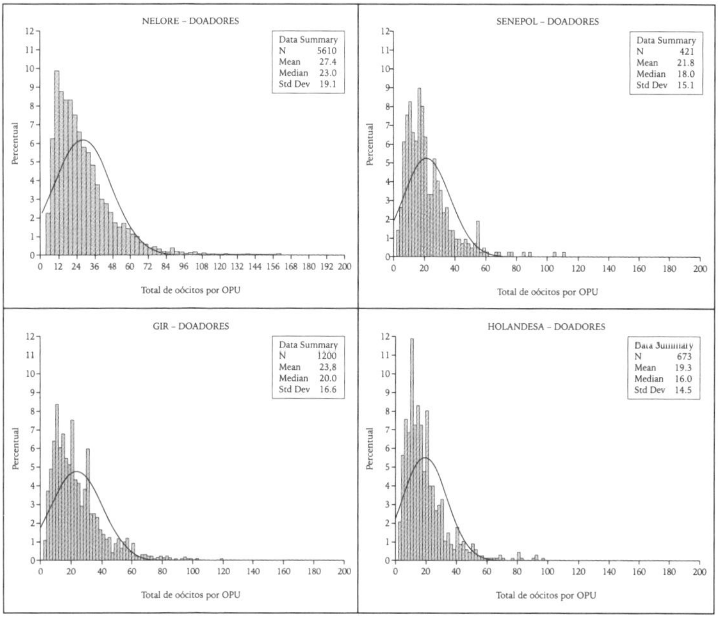

taxa de prenhez após a transferência embrionária em receptora. De acordo com Monteiro et al. (2017), existe uma correlação de repetibilidade alta (0,81) na recuperação de oócitos de doadoras da raça Nelore.

Efeito do touro

A fertilidade dos touros apresenta variação tanto no campo (inseminação artificial) quanto na PIVE (Y. Watanabe et al., 1998a). Na Tabela 3 é exemplificada a variação individual de vinte touros utilizados para o acasalamento com diferentes doadoras, tanto na taxa de blastocisto quanto na de prenhez (Y. Watanabe et al., 1998a; Accorsi et al., 2005; Stranieri et al., 2005).

Tabela 3. Variação individual de touros na PIVE e em sua taxa de prenhez

Touros	Doadoras (n=)	Oócitos viáveis	Blast.	% Blast.	Total TE	Avaliadas	Total prenhez	% prenhez
T1	102	3.678	1.613	44%	1.192	1.119	436	37%
T2	135	4.793	2.017	42%	1.178	1.116	404	34%
T3	159	4.960	1.874	38%	1.255	1.172	495	42%
T4	173	6.565	2.414	37%	1.690	1.690	501	30%
T5	1.851	79.453	28.901	36%	24.052	19.140	6.716	35%
T6	418	20.431	7.420	36%	6.975	4.929	1.823	37%
T7	116	3.609	1.303	36%	915	904	226	25%
T8	1.263	49.529	17.776	36%	14.913	12.849	3.968	31%
T9	773	26.566	9.525	36%	8.687	6.061	2.284	38%
T10	146	5.107	1.813	36%	1.063	942	390	37%
T11	186	9.336	3.257	35%	2.525	2.525	457	18%
T12	789	31.442	10.951	35%	8.459	6.737	2.442	36%
T13	2.016	80.032	26.811	34%	22.839	16.004	5.182	32%
T14	279	9.936	3.247	33%	3.209	2.158	825	38%
T15	706	26.530	8.061	30%	6.778	4.913	1.869	38%
T16	694	28.357	8.586	30%	6.830	5.429	2.052	38%
T17	170	3.338	977	29%	609	609	140	23%
T18	811	35.685	10.101	28%	9.118	6.164	2.405	39%
T19	171	5.559	1.556	28%	1.177	805	312	39%
T20	330	11.036	2.427	22%	2.128	1.436	466	32%
Total	11.288	445.942	150.630	34%	125.592	96.702	33.393	35%

Estatística descritiva de dados comerciais de OPU-PIVE obtidos com diferentes touros utilizados com distintas doadoras (informação pessoal, Y. Watanabe).

A produção média de blastocistos para os diferentes touros foi de 34% (variando de 22% a 44%), enquanto a taxa de prenhez foi de 35% (variando de 18% a 42%). Pode ser observado que não há relação entre a taxa de blastocisto produzido, por determinado touro, e a taxa de prenhez.

O Gráfico 2 exemplifica a variação entre diferentes touros (da raça Nelore) que foram utilizados em pelo menos cinquenta sessões de OPU com distintas doadoras Nelore. A produção de blastocisto, entre os touros extremos, variou entre 15% e 60%. Assim, é de suma importância que o laboratório de PIVE tenha um touro-padrão – isto é, de conhecida e reprodutível taxa de produção de blastocisto – que possa ser utilizado como o gabarito (de comparação) quando trabalhos experimentais são conduzidos com touros de PIVE desconhecida (Y. Watanabe et al., 2017).

Gráfico 2. Taxa de produção de blastocisto de 48 touros, da raça Nelore, utilizados em pelo menos 50 sessões de OPU de doadoras *Bos t. indicus*

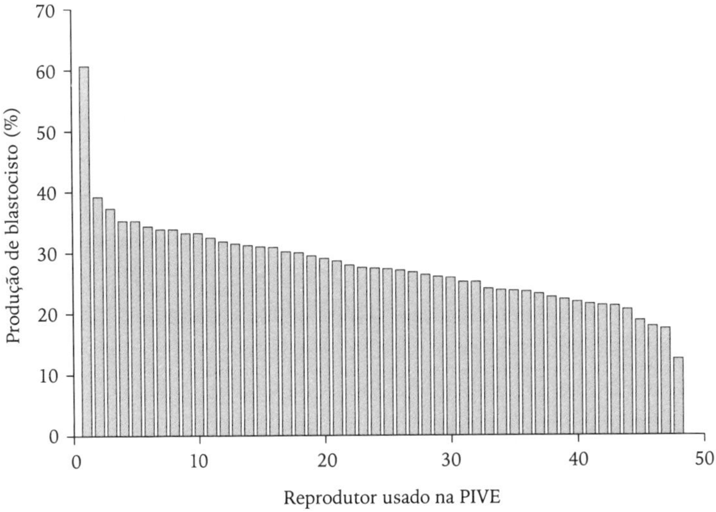

Tecnologias associadas com a PIVE

Contagem de folículos antrais e aspiração folicular guiada por ultrassonografia

Esta técnica, já utilizada há muito tempo como forma de obter oócitos *in vivo* e de forma não cirúrgica, possui a vantagem de mensurar o tamanho (diâmetro) do folículo aspirado, de obter gametas a partir de fêmeas pré-púberes (bezerras e novilhas), de ser uma técnica moderadamente invasiva e de sua repetitividade em uma mesma fêmea (Hyttel et al., 2012).

Há mais de uma década é investigada a relação entre a contagem de folículos antrais (AFC) presentes nos ovários e a fertilidade. Vários trabalhos têm demonstrado haver animais e raças com um padrão de reprodutibilidade na AFC – isto é, indivíduos e raças com a tendência em possuir maior ou menor contagem de folículos repetidamente. Ainda que possuir uma AFC baixa, média ou alta não impacte, por si só, a eficiência absoluta da produção *in vitro* de embriões bovinos (ou seja, essas três categorias produziriam uma taxa de blastocisto entre 36,8% e 38,5% em doadoras da raça Nelore; Morotti et al., 2017), a obtenção de maior quantidade de oócitos, em doadoras com alta AFC, produz relativamente maior quantidade total de blastocistos (9,2 em média por sessão de OPU/doadora) quando comparada com doadoras de baixa AFC (2,4 em média; ibid., 2017). Como afirmado em recente revisão sobre o tema (Costa et al., 2023), apesar dos resultados contraditórios dos estudos relacionando a AFC e a PIVE, parece que a contagem de folículos antrais está positivamente correlacionada com o sucesso dos programas de coleta de oócitos por OPU. Vários estudos mostram claramente uma associação de alta AFC com a produção de embriões e, assim, a AFC poderia ser usada como uma ferramenta de seleção sem afetar o mérito genético da progênie, ou poderia ser usada como uma estratégia secundária para a seleção de doadoras de acordo com seu mérito genético.

Além disso, e segundo os autores de recente revisão (Mossa; Evans, 2023), a avaliação do tamanho da reserva ovariana (seja pelo hormônio anti-Mülleriano/AMH ou pela AFC) em novilhas não pode ser usada como uma ferramenta verdadeiramente confiável para prever a fertilidade em bovinos. Isto pode ser causado por uma fraca associação entre a reserva ovariana (e a AFC) e a fertilidade ou pela presença de fatores intervenientes e que influenciam a eficiência reprodutiva em fazendas (ou seja, práticas de manejo). Estas poderiam superar o impacto da reserva ovariana na fertilidade do rebanho. Entretanto, é possível que exista uma interação complexa entre AFC, AMH e reprodução que ainda não foi totalmente caracterizada e poderia ser explorada para melhorar a fertilidade em bovinos (ibid., 2023).

Uso de inteligência artificial na avaliação de embrião e sêmen

O uso da inteligência artificial (IntA) na reprodução assistida é algo recente. Embora a IntA seja mais antiga (desde a década de 1950; Fernandez et al., 2020), a sua associação com a reprodução assistida (e a produção *in vitro* de embriões mais precisamente) é muito recente e remonta aos anos de 2014 em diante para a espécie bovina (Matos et al., 2014; Rocha et al., 2016). As primeiras publicações relatando o processo completo de avaliação do blastocisto bovino produzido *in vitro* mediante a IntA de redes neurais artificiais e o algoritmo genético descreveram um acurácia de 76,4% – quando a classificação morfológica do embrião, segundo o padrão da IETS, foi considerada (Rocha et al., 2017a, 2017b). Mais recentemente, foi tentada a captura da imagem digital do blastocisto bovino PIV, mediante a câmera do próprio telefone celular, para a avaliação da qualidade morfológica embrionária por meio de redes neurais artificiais (Nogueira et al., 2018) e o uso de IntA para a predição de gestação a partir da imagem digital de blastocisto humano FIV e sob sistema de cultivo com time-lapse (Bori et al., 2021; Chéles et al., 2022).

A seleção dos espermatozoides (para a sua utilização na etapa da FIV) é algo que sempre conteve um aspecto subjetivo e quantitativo. Desse modo, a utilização da IntA para a predição da produção *in vitro* de embriões bovinos, a partir de parâmetros seminais e de suas subpopulações espermáticas, é uma demanda já esperada. Recente publicação sobre tema (Campanholi et al., 2023) explorou essa lacuna e propôs uma abordagem inédita para variáveis, oriundas do sêmen, serem usadas de forma preditiva na taxa de produção de blastocisto – obtendo 72,4% de acerto na predição de baixa e alta produção embrionária.

Considerações finais e novas perspectivas

As informações apresentadas neste capítulo, principalmente os resultados obtidos desde o início da aplicação comercial da OPU-PIVE no Brasil, demonstram o quanto a técnica tem crescido no Brasil – não somente em quantidade, mas, principalmente, na qualidade dos serviços e no refinamento da técnica (validada pela taxa de gestação consolidada nos últimos anos).

É necessário lembrar que todos os setores envolvidos na aplicação comercial da técnica têm colaborado com esses resultados, isto é, desde o correto manejo na fazenda (com os protocolos de sincronização de doadoras e receptoras), a padronização de procedimentos, meios e insumos na produção *in vitro* de embriões, até o desenvolvimento de novos produtos e equipamentos buscam mimetizar o ambiente fisiológico onde naturalmente a reprodução ocorre.

Na última década, avanços em técnicas complementares à PIVE clássica estão sendo pesquisadas e poderão, em breve, ser utilizadas em rotinas comerciais, como: a inteligência artificial, as vesículas extracelulares e os lipossomos (como um aditivo ao processo da PIVE), moléculas auxiliadoras na produção de blastocisto e/ou na criopreservação deste (CNP, TUDCA, antioxidantes clássicos ou não, melatonina, sildenafil, AREG, IBMX etc.) e sistemas de micro fluídica e de *time-lapse* para, respectivamente, o cultivo dinâmico e individual de embriões bovinos.

Referências bibliográficas

ACCORSI, M. F. et al. Variação de touros na produção *in vitro* e a interação com diferentes doadoras. In: REUNIÃO ANUAL DA SOCIEDADE BRASILEIRA DE TECNOLOGIA DE EMBRIÕES, 19. Angra dos Reis, 2005. *Anais*... v.33. Angra dos Reis: Acta Scientiae Veterinariae, 2005.

ASSUMPÇÃO, M. E. O. D. et al. Capacitação espermática *in vitro* com heparina e cálcio ionóforo e sua correlação com a fertilidade em touros. *Brazilian Journal of Veterinary Research and Animal Science*, v.39, p.149-56, 2002.

AUSTIN, C. R. Observations on the Penetration of the Sperm into the Mammalian Egg. *Australian Journal of Scientific Research*, v.4, n.4, p.581-96, 1951.

AZAMBUJA, R. M. et al. Primeiras prenhezes no Brasil em Nelore registrado. *Arquivos da Faculdade de Veterinária*, UFRGS, v.24, p.264, 1996.

BORI, L. et al. An Artificial Intelligence Model Based on the Proteomic Profile of Euploid Embryos and Blastocyst Morphology: A Preliminary Study. *Reproductive Biomedicine*, v.42, p.340-50, 2021.

BRACKETT, B. G. et al. Normal Development Following *in vitro* Fertilization in the Cow. *Biology of Reproduction*, v.27, p.147-58, 1982.

BUENO, A. P.; BELTRAN, M. P. Produção *in vitro* de embriões bovinos. *Revista Científica Eletrônica de Medicina Veterinária*, v.6, n.11, p.1-7, 2008.

CAMARGO, L. S. A. et al. Efeito de sistema de cultivo, célula somática e soro em cocultura sobre o desenvolvimento de embriões bovinos fecundados *in vitro*. *Arquivo Brasileiro de Medicina Veterinária e Zootecnia*, v.53, n.1, p.78-83, 2001.

CAMPANHOLI, S. P. et al. Can *in vitro* Embryo Production Be Estimated from Semen Variables in Senepol Breed by Using Artificial Intelligence? *Frontiers Veterinary Science*, v.10, 2023.

CHANG, M. C. *In vitro* Fertilization of Mammalian Eggs. *Journal of Reproduction and Fertility*, v.27, p.15-22, 1968.

______. Fertilizing Capacity of Spermatozoa Deposited into the Fallopian Tubes. *Nature*, v.168, p.697-8, 1951.

CHÉLES, D. S. et al. An Image Processing Protocol to Extract Variables Predictive of Human Embryo Fitness for Assisted Reproduction. *Applied Sciences*, v.12, n.7, p.3.531, 30 mar. 2022.

COSTA, C. B.; FAIR, T.; SENEDA, M. M. Review: Environment of the Ovulatory Follicle. *Animal*, v.17, supl.1, art.n.100866, 2023.

DAYAN, A. *Fatores que interferem na produção de embriões bovinos mediante aspiração folicular e fecundação* in vitro. Botucatu, 2001. 56p. Dissertação (Mestrado) – Faculdade de Medicina Veterinária e Zootecnia de Jaboticabal, Universidade Estadual Paulista "Júlio de Mesquita Filho" (Unesp).

FAIR, T. Follicular Oocyte Growth and Acquisition of Developmental Competence. *Animal Reproduction Science*, v.78, n.3-4, p.203-6, 2003.

FERNANDEZ, E. I. et al. Artificial Intelligence in the IVF Laboratory: Overview through the Application of Different Types of Algorithms for the Classification of Reproductive Data. *Journal of Assisted Reproduction and Genetics*, v.37, n.10, p.2.359-76, out. 2020.

FERRÉ, L. B. et al. Review: Recent Advances in Bovine *in vitro* Embryo Production. *Animal*, v.14, n.5, p.991-1.004, 2020.

GIMENES, L. U. et al. The Interval between the Emergence of Pharmacologically Synchronized Ovarian Follicular Waves and Ovum Pickup Does not Significantly Affect *in vitro* Embryo Production in *Bos Indicus*, *Bos Taurus* and *Bubalus Bubalis*. *Theriogenology*, v.83, p.385-93, 2015.

HANADA, A.; ENYA, Y.; SUZUKI, T. Birth of Calves by Non-Surgical Transfer of *in vitro* Fertilized Embryos Obtained from Oocytes Matured *in vitro*. *Japanese Journal of Animal Reproduction*, v.32, p.208, 1986.

HYTTEL, P.; SINOWATZ, F.; VEJSTED, M. *Embriologia veterinária*. Rio de Janeiro: Elsevier, 2012.

IRITANI, A.; NIWA, K. Capacitation of Bull Spermatozoa and Fertilization *in vitro* of Cattle Follicular Oocytes Matured in Culture. *Journal of Reproduction and Fertility*, v.50, p.119-21, 1977.

LAMBERT, R. D. et al. Endoscopy in Cattle by the Paralumbar Route: Technique for Ovarian Examination and Follicular Aspiration. *Theriogenology*, v.20, p.149-61, 1983.

LU, K. H. et al. Pregnancy Established by Transfer Derived from *in vitro* Fertilization of Oocytes Matured *in vitro*. *Veterinary Record,* v.121, p.259-60, 1987.

MATOS, F. D.; NOGUEIRA, M. F. G.; ROCHA, J. C. Artificial Intelligence Meets the same Challenges as Humans in Morphological Classification of Bovine Blastocysts. In: ANNUAL MEETING OF THE BRAZILIAN EMBRYO TECHNOLOGY SOCIETY (SBTE), 28. *Proceedings of the...* Natal: SBTE, 2014.

MONTEIRO, F. M. et al. Beef Donor Cows with High Number of Retrieved COC Produce more *in vitro* Embryos Compared with Cows with Low Number of COC after Repeated Ovum Pick-Up Sessions. *Theriogenology,* v.90, p.54-8, 2017.

MOROTTI, F. et al. Antral Follicle Count in Cattle: Advantages, Challenges, and Controversy. *Animal Reproduction,* v.14, n.3, p.514-20, 2017.

MOSSA, F.; EVANS, A. C. O. Review: The Ovarian Follicular Reserve – Implications for Fertility in Ruminants. *Animal,* v.17, supl.1, art.n.100744, 2023.

NOGUEIRA, M. F. G. et al. Artificial Intelligence-Based Grading Quality of Bovine Blastocyst Digital Images: Direct Capture with Juxtaposed Lenses of Smartphone Camera and Stereomicroscope Ocular Lens. *Sensors,* v.18, n.12, p.4.440, 15 dez. 2018.

PEIXER, M. A. S. et al. Nascimento dos primeiros produtos de FIV da raça Nelore no Cenargen. *Zootecnia,* v.32, p.49, 1994.

______; RUMPF, R.; CAMARA, J. U. Obtenção de gestação a partir de embriões FIV de bovinos congelados com etileno glicol. *Arquivos da Faculdade de Veterinária,* UFRGS, v.24, p.260, 1996.

PIETERSE M. C. et al. Aspiration of Bovine Oocytes during Transvaginal Ultrasound Scanning Ovaries. *Theriogenology,* v.30, p.751-6, 1988.

PONTES, J. H. F. et al. Large-Scale *in vitro* Embryo Production and Pregnancy Rates from *Bos Taurus, Bos Indicus,* and *Indicus-Taurus* Dairy Cows Using Sexed Sperm. *Theriogenology,* v.74, p.1.349-55, 2010.

ROCHA, J. et al. Automatized Image Processing of Bovine Blastocysts Produced *in vitro* for Quantitative Variable Determination. *Scientific Data,* v.4, art.n.170192, 2017a.

______ et al. A Method Based on Artificial Intelligence to Fully Automatize the Evaluation of Bovine Blastocyst Images. *Scientific Reports,* v.7, p.7.659, 2017b.

______ et al. Methods for Assessing the Quality of Mammalian Embryos: How Far We Are from the Gold Standard? *JBRA Assisted Reproduction*, v.20, n.3, p.150-8, ago. 2016.

STRANIERI, P. et al. Avaliação da relação macho: fêmea na produção *in vitro* de embriões bovinos. *Arquivos da Faculdade de Veterinária*, UFRGS, v.33, n.1, p.418, 2005.

THOMPSON, J. G. *In vitro* Culture and Embryo Metabolism of Cattle and Sheep Embryos – A Decade of Achievement. *Animal Reproduction Science*, v.60-6, p.263-75, 2000.

VIANA, J. H. M. Statistics of Embryo Production and Transfer in Domestic Farm Animals: A New Milestone Has Been Reached: Transfers of IVP Embryos Were over One Million Worldwide. *Embryo Technology Newsletter*, v.40, n.4, 2022.

______. Statistics of Embryo Production and Transfer in Domestic Farm Animals. *Embryo Technology Newsletter*, v.36, n.4, 2019.

WATANABE, M. R. *Aspiração* in vivo *de oócitos em fêmeas Nelore de diferentes idades reprodutivas mediante punção transvaginal guiada por ultrassom*. Jaboticabal, 2002. 73p. Dissertação (Mestrado) – Faculdade de Ciências Agrárias e Veterinárias de Jaboticabal, Universidade Estadual Paulista "Júlio de Mesquita Filho" (Unesp).

______. *Criopreservação de embriões bovinos produzidos* in vitro. Ribeirão Preto, 1996. 91p. Monografia – Faculdade de Medicina de Ribeirão Preto, Universidade de São Paulo (USP).

______ et al. Produção *in vitro* de embriões por sessão de aspiração em fêmeas Nelore. *Arquivos da Faculdade de Veterinária*, UFRGS, v.26, n.1, p.382-3, 1998.

______ et al. Taxa de prenhez de embriões bovinos produzidos in vitro após vitrificação. *Arquivos da Faculdade de Veterinária*, UFRGS, v.24, p.264, 1996.

WATANABE, Y. F. *A fecundação* in vitro *e reação acrossomal como critério de seleção para fertilidade em touros jovens da raça Nelore*. Ribeirão Preto, 1998. 67p. Tese (Doutorado) – Faculdade de Medicina de Ribeirão Preto, Universidade de São Paulo (USP).

______. *Desenvolvimento* in vitro *de embriões bovinos após maturação e fecundação* in vitro *com sêmen de* Bos taurus *e* Bos indicus. Jaboticabal, 1994. 131p. Dissertação (Mestrado) – Faculdade de Ciências Agrárias e Veterinárias de Jaboticabal, Universidade Estadual Paulista "Júlio de Mesquita Filho" (Unesp).

_____ et al. Number of Oocytes Retrieved per Donor During OPU and its Relationship with *in vitro* Embryo Production and Field Fertility Following Embryo Transfer. *Animal Reproduction*, v.14, p.635-44, 2017.

_____ et al. Seleção de touros para a produção *in vitro* de embriões. *Arquivos da Faculdade de Veterinária*, UFRGS, v.26, n.1, p.388-9, 1998a.

_____ et al. Competência de oócitos, oriundos de diferentes fêmeas bovinas, na produção *in vitro* de blastocistos. *Arquivos da Faculdade de Veterinária*, UFRGS, v.26, n.1, p.384-5, 1998b.

_____ et al. Desenvolvimento de gestação em bovinos com embriões produzidos em programa de fecundação *in vitro*. *ARS Veterinária*, v.2, p.191, 1993.

5 Criopreservação de gametas e de embriões

Jose Antônio Visintin
Camilla Mota Mendes
Marcelo Demarchi Goissis
Marcílio Nichi
Mayra Elena Ortiz D'Ávila Assumpção

Ilustrações: *Roberta Leite*

Conceito e breve histórico

A inseminação artificial serviu de guia para as demais biotecnologias da reprodução, como a transferência de embriões produzidos *in vivo* ou *in vitro*, a clonagem e a transgenia animal. Cada uma com as suas características próprias, precisando de avanços metodológicos intrínsecos. Isto levou à realização de pesquisas sobre outras tecnologias como desenvolvimento de diluidores ou protetores celulares, hormônios para controle do ciclo estral, ultrassonografia e aspiração folicular (OPU). Mas, em comum às biotecnologias, há a necessidade de se criopreservar gametas e embriões.

A criopreservação possibilitou o estabelecimento de banco de sêmen e de embriões, a distribuição mundial de genética e a conservação por longo tempo a –196 °C. Para atingir esse patamar, diversas pesquisas foram realizadas e os conhecimentos gerados passaram a ser compartilhados rapidamente entre os pesquisadores e aplicados no setor produtivo.

As décadas de 1930 e de 1940 foram o cenário dos grandes avanços da inseminação artificial (IA), como os métodos de colheita de sêmen nas diferentes espécies e o desenvolvimento de diluidores para sêmen fresco e refrigerado. Entretanto, a difusão das biotécnicas da reprodução esbarrava na conservação dos gametas com vitalidade e por longos períodos. O primeiro sucesso de criopreservação ocorreu em 1938 com Luyet e Hodapp, que vitrificaram espermatozoides de rãs, usando 2 mol/L de sacarose em pequenas gotas.

Polge, Smith e Parkes, em 1949, tentando replicar os experimentos de Luyet e Hodapp em bovinos, descobriram, acidentalmente, o efeito protetor do glicerol, abrindo o caminho para a criopreservação de espermatozoides e armazenamento, a longo prazo, em nitrogênio líquido a –196 °C. Essa descoberta foi um divisor na aplicação da IA em larga escala em nível mundial. O primeiro nascimento relatado foi o bezerro Frosty, em trabalho realizado pelo grupo de Polge e Smith em 1952, demonstrando a eficiência do glicerol na criopreservação de espermatozoides. Essa técnica foi adaptada às diferentes espécies animais e ainda contribuiu para o desenvolvimento e o aprimoramento das biotecnologias da reprodução.

Já em 1953, Polge esteve no Brasil para implantar o primeiro centro de criopreservação de sêmen da América do Sul, Unidade do Ministério da Agricultura, em Indaial, Santa Catarina. Na década de 1950, com a corrida espacial, o contêiner criogênico tornou-se mais leve, e, em 1964, Cassou patenteou a palheta de plástico (palheta francesa) utilizada até os dias de hoje para criopreservar e armazenar sêmen ou embriões em nitrogênio líquido a –196 °C. Todos esses avanços permitiram que a técnica de criopreservação do sêmen trouxesse uma série de vantagens, como o emprego da IA em larga escala.

Mazur, no final da década de 1950, descreveu, com sucesso, a sobrevivência funcional de células com maior quantidade intracelular de água, como bactérias, fungos e eritrócitos, quando criopreservados e descongelados. Em 1963, propôs explicações matemáticas e teóricas de que a condutividade hidráulica (permeabilidade à água) das células determina a resposta osmótica e demonstrou que isto depende da temperatura e da relação área/volume da superfície celular. Ainda, sugeriu que as taxas de refrigeração determinavam o sucesso pós-aquecimento ou descongelação dessas células. Nascia entao a base para os protocolos de criopreservação de embriões que foram desenvolvidos nos anos subsequentes.

Em 1972, Whittingham, Leibo e Mazur concluíram que não somente a velocidade de criopreservação, mas também a velocidade de aquecimento, durante a descongelação são importantes para a sobrevivência celular. O rápido aquecimento equivale à rápida reidratação ou diluição rápida dos sais concentrados durante a criopreservação, evitando o choque osmótico. Isso levou ao sucesso da criopreservação de embriões, resultando em nascimentos de camundongos a partir de embriões criopreservados com glicerol. Logo no ano seguinte, Wilmut e Rowson anunciaram o nascimento do primeiro bezerro oriundo da criopreservação de embriões, batizado de Frosty 2. O protocolo desenvolvido por Whittingham, Leibo e Mazur, nas quatro décadas seguintes, foi adaptado para mais de 25 espécies de mamíferos.

Poderá ser observado ao longo deste capítulo que os protocolos foram otimizados, visando inclusive à transferência direta de embriões (conhecida como *direct transfer* ou *one-step*), em um procedimento semelhante à inseminação artificial, como proposto por Leibo em 1984. Isto foi possível com a descoberta do etilenoglicol como alternativa ao glicerol. Para ambos, é necessária uma queda gradual e controlada da temperatura como proposto por Mazur, a chamada criopreservação lenta.

Entretanto, a vitrificação, primeiramente descrita por Rall e Fahy em 1985, não segue as premissas do resfriamento lento. O princípio está nos achados de Gay-Lussac de 1804, que observou que gotas de água, a temperaturas abaixo de zero, não congelavam. Esse fenômeno ocorre quando essas gotas estão em pequeno volume (8 μL a 10 μL), se mantendo líquidas até –5 °C. A partir dessas observações, algumas premissas devem ser obedecidas para o sucesso da vitrificação, como o uso de pequeno volume de meio, alta velocidade de criopreservação e alta concentração de solutos. É uma técnica mais simples do que a criopreservação lenta tradicional, mas precisa de pessoal altamente treinado. Kasai e colaboradores, em 1990, foram os primeiros a usar o etilenoglicol na vitrificação de embriões de camundongos e hoje o mais comum é a mistura de etilenoglicol e de dimetilsulfóxido (DMSO).

Carlos Rodrigues, na reunião da Sociedade Brasileira de Tecnologia de Embriões (SBTE) de 2014, descreveu a trajetória histórica da transferência de embriões (TE) no Brasil. A TE começou, no Brasil, em 1978 com Jorge Nicolau e Walter Becker. Em 1979, Aurelino Menarin Jr., em colaboração com a Universidade do Colorado, Estados Unidos, conseguiu, na Bahia, o nascimento de cinco animais da raça Nelore por superovulação e TE, considerado o primeiro relato na raça. Em 1985, foi registrado o nascimento do primeiro Nelore, oriundo de embrião criopreservado, pela Central Lagoa da Serra, em Sertãozinho-SP. Para esse sucesso, o embrião foi criopreservado pelo método descrito por Leibo e Mazur e a transferência *one-step*, usando glicerol e sacarose. Mas foi em 1986 que a reunião da SBTE em Jaboticabal-SP aproximou os técnicos de campo à pesquisa em biotecnologia de embriões.

No Brasil, a década de 1990 foi rica na expansão de centros de produção *in vitro* de embriões bovinos, impulsionada pela aspiração folicular via ultrassonografia transvaginal (OPU), alavancando a qualidade dos rebanhos e consequentemente a produção animal. Entretanto, a criopreservação de embriões produzidos *in vitro* se revelou não ser trivial, seguindo os protocolos de criopreservação lenta, até então consagrados.

O sucesso da criopreservação de embriões no Brasil veio do pioneirismo de vários pesquisadores e médicos veterinários autônomos. O prof. José Antonio Visintin, por exemplo, trouxe de seu pós-doutorado da Alemanha o entusiasmo para ampliar os conhecimentos na criobiologia dos embriões bovinos. Em 2002, esclareceu que os embriões oriundos de *Bos t. taurus* e *Bos t. indicus* não apresentavam diferenças ultraestruturais, muito embora os taurinos possuíssem mais lipídios intracelulares.

A International Embryo Technology Society (IETS) reporta que, em 2018, 60,1% dos embriões gerados *in vivo* no mundo foram transferidos após terem sido criopreservados, dado que se mantém estável nos últimos anos. A maior parte desses embriões criopreservados foram transferidos em países com alta atividade de transferência de embriões, localizados principalmente na América do Sul, América do Norte e Europa. No entanto, nesse mesmo período, os embriões produzidos *in vitro* foram transferidos majoritariamente frescos.

Como veremos adiante, a técnica de criopreservação envolve basicamente quatro estágios: 1) suspensão em solução crioprotetora que causa, entre outros efeitos, a desidratação celular; 2) resfriamento em velocidade ótima que permite o equilíbrio osmótico; 3) aquecimento em velocidade adequada para restaurar a função normal e 4) remoção do crioprotetor por diluição. Detalhes sobre os princípios biofísicos, equipamentos, dispositivos e protocolos para criopreservação de sêmen, de oócitos e de embriões estão descritos neste capítulo.

Princípios biofísicos da criopreservação

Várias são as definições e os princípios para a criopreservação de células, mas todas convergem para o mesmo objetivo: "Manter a viabilidade celular e/ou embrionária durante longo período em estado de letargia, sendo que esta deva ser reversível após a descongelação". Baseado nessa premissa, ao longo desta seção será discutido como é possível aceder a esse estado de letargia e, mais ainda, voltar à função da célula, após a descongelação.

Tratando-se de criopreservação de uma célula, tecido, alimento, sempre haverá injúrias ou danos, denominadas crioinjúrias, sendo que o sucesso do processo depende de conseguir minimizá-las. Considerando embriões e gametas, as crioinjúrias mais frequentes são: 1) formação de cristais de gelo intracelular; e 2) efeito osmótico de solução.

Qualquer substância que temporariamente proteja a célula dos danos causados durante a criopreservação é considerada um crioprotetor. Trabalhos reportam que o tempo de criopreservação e a adição de crioprotetores modificam a estrutura dos cristais de gelo.

No processo de criopreservação, a formação de gelo inicia-se no ambiente extracelular, causando um desequilíbrio osmótico entre os meios intra e extracelular. Para haver um equilíbrio, a água do interior da célula sai para formar o gelo extracelular, resultando em aumento da concentração intracelular de sais. Essa formação de gelo extracelular resulta em desequilíbrio osmótico e, por consequência, na desidratação celular. O uso de crioprotetores nas soluções de criopreservação modifica o ponto de fusão da água, permitindo que ocorra esse equilíbrio osmótico, preservando as estruturas celulares.

Entretanto, se houver uma desidratação excessiva (muito tempo da célula nessa solução hiperosmótica ou alta concentração de crioprotetor), ocorrerá o efeito osmótico de solução, o qual eleva a concentração de solutos no meio intracelular, altera o pH e, portanto, compromete a função da célula. Ainda, crioprotetores podem causar crioinjúrias, como alterações na membrana plasmática, despolarização de citoesqueleto e alterações de conformação proteica por efeito tóxico.

Os crioprotetores têm como propriedade serem altamente solúveis em água e possuírem grupos polares que tem fraca interação com as moléculas de água. Os mecanismos de ação dos crioprotetores ainda não estão bem definidos, no entanto, a literatura refere diminuição intracelular de cristais de gelo e redução do estresse osmótico. Por exemplo, o glicerol, um dos crioprotetores intracelulares mais utilizados, possui capacidade de ligação com a molécula de água por meio de pontes de hidrogênio, alterando as propriedades coligativas da solução, mais especificamente, diminuindo o ponto de solidificação. Isto permite que a célula desidrate adequadamente, diminuindo a formação de cristais de gelo.

Os crioprotetores são didaticamente classificados entre permeáveis ou intracelulares e não permeáveis ou extracelulares, ou seja, aqueles que penetram ou não na célula. O que possibilita isso é o tamanho das moléculas. Substâncias com baixo peso molecular (PM) conseguem atravessar a membrana, enquanto as com alto PM não. São exemplos de crioprotetores extracelulares ou não penetrantes: lipoproteínas da gema do ovo, proteínas do leite, açúcares (rafinose, trealose, sacarose etc.), água de coco e alguns aminoácidos. Os crioprotetores não penetrantes são fundamentais na descongelação, pois funcionam como freio osmótico, impedindo a rápida entrada de água no momento da reidratação, evitando assim o choque osmótico. Já os intracelulares ou penetrantes previnem a formação de grandes cristais de gelo devido à remoção da água, mas também penetram na célula por difusão passiva. Podem ser classificados em dois grupos, os alcoólicos e as amidas. Dentre os crioprotetores penetrantes alcoólicos, os mais conhecidos são o glicerol, o etilenoglicol e o DMSO, e, entre as amidas, estão a acetamida, lactamida, dimetilformamida e dimetilacetamida, entre outros.

Devido aos danos que os cristais de gelo provocam na célula, os diferentes meios utilizados no processo têm a função de minimizar a sua formação. No entanto, existe um método de criopreservação no qual não há a formação de cristais de gelo, em virtude do uso de altas concentrações de crioprotetores (4 M a 6 M). Esse método é conhecido como vitrificação, no qual há a solidificação da solução a baixas temperaturas, devido ao aumento da viscosidade durante o resfriamento em alta velocidade. A água atinge o ponto de transição vítreo muito rapidamente, solidificando sem haver formação de cristais de gelo, o que lhe confere o aspecto vítreo. Em medicina humana é o método de predileção para congelação de oócitos e embriões, pois não tem necessidade de um equipamento caro, é mais rápido e confere melhores taxas de sobrevivência, mas exige habilidade do técnico. No entanto, na medicina veterinária, devido à origem do embrião (*in vitro* ou *in vivo*), a logística e a praticidade, essa premissa não ocorre, conforme será discutido à frente.

A escolha do protocolo de criopreservação mais apropriado é complexa, pois muitas variáveis devem ser consideradas, como o tipo de crioprotetor, a velocidade de permeabilização, a toxicidade e as respectivas características físico-químicas. Ainda, o método de criopreservação é influenciado pelos dispositivos utilizados no processo, os quais podem, inclusive, determinar a escolha do protocolo.

Na sequência, serão abordados os processos de criopreservação de sêmen, embriões e oócitos, ressaltando detalhes dos processos, dos dispositivos e das particularidades de cada tipo celular.

Criopreservação de espermatozoides

Devido às características únicas da célula espermática, a criopreservação do espermatozoide apresenta uma série de particularidades. Apesar de ser a primeira célula de mamíferos criopreservada, com sucesso, no trabalho revolucionário de Polge, Smith e Parkes (1949), a técnica ainda apresenta problemas e uma grande parte dos espermatozoides não sobrevivem ao processo. Estima-se uma perda de 40% a 50% das células móveis e os espermatozoides que possuem motilidade pós-descongelação podem apresentar alterações em estruturas funcionais. Os efeitos dos cristais de gelo intracelulares e do aumento da osmolaridade no espermatozoide podem provocar danos em diversas estruturas, o que faz com que a capacidade de fertilização seja significantemente menor quando comparada ao sêmen fresco ou apenas refrigerado.

Na tentativa de minimizar os danos, como vimos anteriormente, são utilizados crioprotetores e uma velocidade de congelação controlada. Ainda hoje, o glicerol é o crioprotetor penetrante mais utilizado na criopreservação de espermatozoides. No entanto, essas células são particularmente susceptíveis aos efeitos tóxicos do glicerol, que ocorrem principalmente durante a fase positiva da queda da temperatura durante a congelação. O glicerol possui efeito direto na membrana plasmática, alterando sua permeabilidade.

É importante salientar que a susceptibilidade ao glicerol pode variar de espécie para espécie, sendo que algumas espécies, como cães, camundongos e macacos, são mais sensíveis, necessitando de menor quantidade deste no diluidor. Para bovinos, a concentração de 7% de glicerol é a mais utilizada.

Do ponto de vista de crioprotetores extracelulares, o mais utilizado, até alguns anos atrás, era a gema de ovo. Esse crioprotetor tem a capacidade de proteger o espermatozoide contra o choque térmico, conferir proteção à membrana durante a criopreservação e o aquecimento/descongelação e diminuir a concentração de glicerol no diluidor. A gema de ovo possui lipoproteínas de baixa densidade que previnem a perda de fosfolípides da membrana. Alguns diluidores possuem como crioprotetor extracelular o leite. No entanto, por serem produtos de origem animal (gema de ovo e leite), há questões sanitárias envolvidas, sendo que existe uma tendência mundial pela substituição por produtos quimicamente definidos, como a lecitina de soja. De fato, hoje em dia, alguns diluidores comerciais não possuem gema de ovo em sua formulação, em sua maioria não descritos por questão de sigilo industrial.

Após a colheita e a análise do sêmen, o número de doses é calculado baseado no volume, motilidade e concentração do ejaculado, perda durante a criopreservação (40% a 50%) e a concentração da dose inseminante (mínimo de 10×10^6 células viáveis/palheta). A criopreservação de espermatozoides pode ser feita em uma (*one-step*) ou duas etapas (*two-steps*).

No método *one-step*, o crioprotetor na concentração de 7% (bovinos) é adicionado no diluidor e este é misturado ao ejaculado à temperatura entre 25 °C e 37 °C, com envase imediato em palhetas de 0,25 ml a 0,5 ml. As palhetas então são colocadas em um recipiente com água na mesma temperatura em que se encontra o sêmen e resfriadas em geladeira até 4 °C. A ideia de se colocar as palhetas em um recipiente com água é para que haja um resfriamento homogêneo e gradual. Essa etapa é denominada de glicerolização, tendo a duração de 2 horas. Após esse período, as palhetas são congeladas em vapor de nitrogênio líquido, em caixa de isopor, por 20 minutos, a 3 cm da superfície líquida, e em seguida imersos (Figura 1).

O método *two-steps* difere na etapa do resfriamento. O sêmen é colocado no resfriamento até 4 °C-5 °C em uma fração do diluidor sem glicerol (Fração A). Ao atingir essa temperatura, a Fração B que contém 14% de crioprotetor é adicionada (v/v). Após a etapa de glicerolização, ocorre o envase, e as palhetas são congeladas no vapor de nitrogênio, como descrito para o método *one-step* (Figura 2).

O aquecimento/descongelação ideal do sêmen depende do volume da palheta. Recomenda-se, para palhetas de 0,5 mL, 30 segundos em água a 35 °C-37 °C e para palhetas de 0,25 mL,

Figura 1. Representação ilustrativa da congelação de sêmen em uma etapa. *Ilustração*: Roberta Leite, 2020.

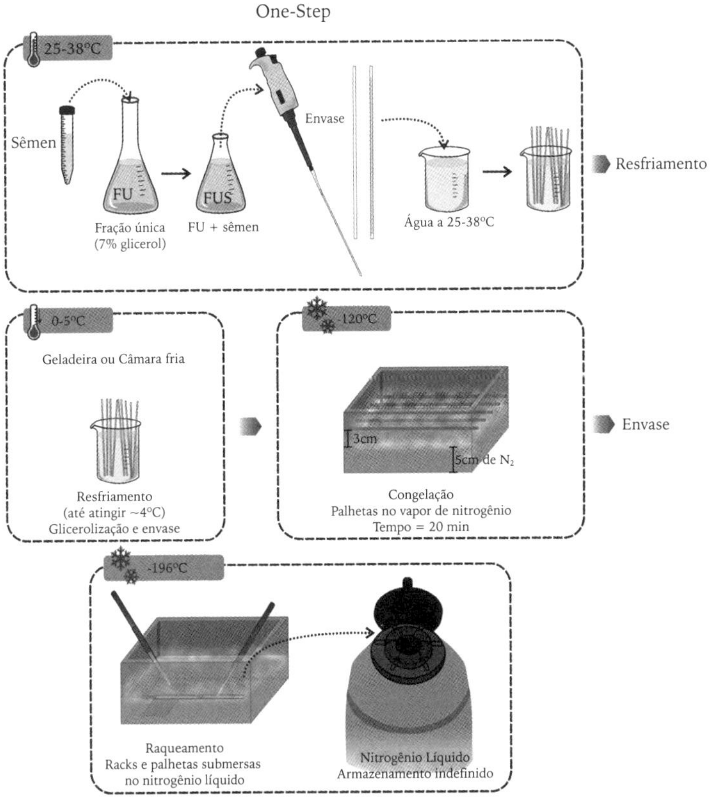

20 segundos em água a 35 °C-37 °C. Alguns estudos indicam melhora na qualidade pós-descongelação com aumento da temperatura e menor tempo. Para isso, podem ser usadas, para palhetas de 0,5 mL, as temperaturas/tempo de 50 °C/20 segundos ou 70 °C/10 segundos. Por outro lado, as palhetas de 0,25 mL podem ser descongeladas em 50 °C por 15 segundos ou 70 °C por 7 segundos. Todavia, tanto a temperatura como o tempo de descongelação devem ser rigorosamente controlados, o que pode limitar seu emprego em condições de campo.

Figura 2. Representação ilustrativa da congelação de sêmen em duas etapas. *Ilustração*: Roberta Leite, 2020.

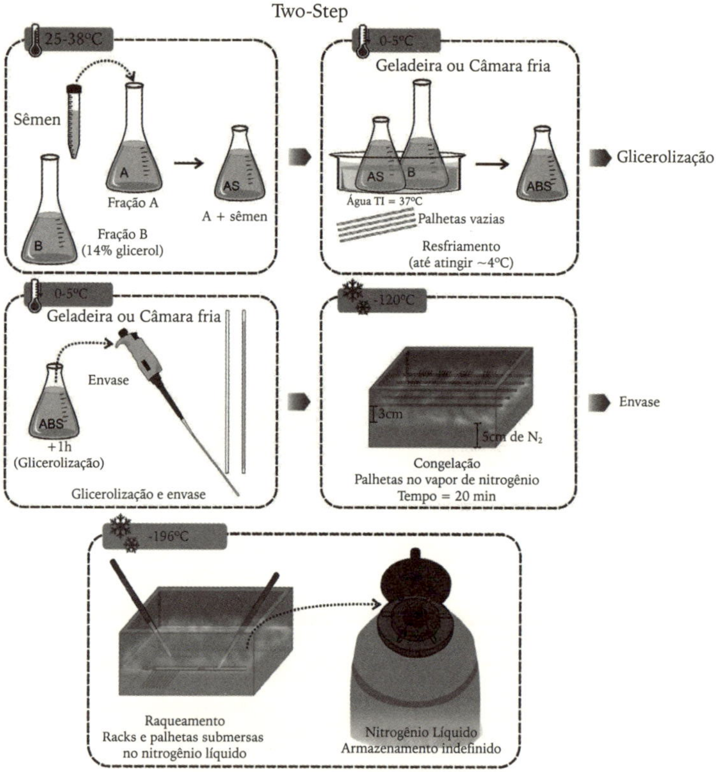

Criopreservação de oócitos

Os primeiros experimentos com a criopreservação dos gametas femininos, os oócitos, foram realizados na década de 1950. No entanto, o nascimento de filhotes de camundongos a partir de oócitos criopreservados foi relatado somente em 1977, utilizando a criopreservação lenta (detalhada no tópico criopreservação de embriões). Em bovinos, o primeiro bezerro nascido com essa técnica foi reportado em 1992, mas, ao contrário da criopreservação de sêmen e de embriões que é amplamente difundida e utilizada em escala comercial, a criopreservação de oócitos está limitada a protocolos de pesquisa, pois ainda não apresenta resultados satisfatórios.

Os oócitos são sensíveis às baixas temperaturas devido à composição e à estrutura. Características como o grande volume, a alta quantidade de água e a baixa relação área/volume, associados ao baixo coeficiente de permeabilidade da membrana, fazem que o processo de entrada do crioprotetor e de saída da água seja dificultado e, consequentemente, a célula não desidrata adequadamente, havendo a formação de cristais de gelo. Ainda, possuem grande conteúdo lipídico, predispondo a efeitos deletérios causados por espécies reativas de oxigênio.

As principais crioinjúrias que ocorrem nos oócitos são decorrentes da formação de cristais de gelo intracelular. Dessa maneira, os resultados obtidos com a vitrificação são mais promissores do que com a criopreservação lenta. O resfriamento e os cristais de gelo também causam danos diretamente em organelas altamente especializadas, como citoesqueleto e fuso meiótico, que podem provocar alterações no número de cromossomos e desorganização do citoplasma.

Além das crioinjúrias discutidas ao longo deste capítulo, a criopreservação de oócitos pode provocar a migração prematura dos grânulos corticais e produzir endurecimento da zona pelúcida em momento inapropriado. Em condições normais, a migração dos grânulos corticais deveria ocorrer somente após a fertilização, participando do bloqueio rápido da poliespermia, ou seja, evitando a entrada de mais de um espermatozoide. Como consequência a essa migração prematura que ocorre nos oócitos criopreservados, a penetração do espermatozoide fica dificultada. A entrada do espermatozoide no oócito poderia ser realizada mecanicamente com o emprego de micromanipuladores pela injeção intracitoplasmática de espermatozoides (ICSI). No entanto, para bovinos, os protocolos não estão bem estabelecidos e ainda exigem o uso de equipamentos caros e pessoas altamente capacitadas.

Embora existam várias limitações para a criopreservação de oócitos na rotina da medicina veterinária, na reprodução humana assistida é amplamente utilizada para armazenar gametas de mulheres que, entre outros motivos, serão submetidas a tratamentos quimioterápicos ou que desejam postergar a maternidade e, por isso, querem garantir a reserva desses gametas para o futuro. Com menores limitações ao custo, aos dispositivos comerciais, à capacitação dos técnicos e à escala, as taxas de sobrevivência dos oócitos são altas e os resultados da PIV são satisfatórios com o amplo emprego da ICSI, que para a espécie humana apresenta excelentes resultados.

Todos esses fatores somados fazem que o oócito, para a medicina veterinária, seja considerado uma célula com maior dificuldade para criopreservar em comparação aos embriões e aos espermatozoides. Dessa maneira, novos protocolos devem ser desenvolvidos para sua criopreservação.

Criopreservação de embriões

A criopreservação de embriões é uma técnica que exige cuidados, pois as estruturas celulares são expostas ao estresse físico causado pela temperatura, pelos processos de desidratação e de formação de gelo. A extensão dos danos depende do tamanho das células, da composição e da permeabilidade da membrana, variando, portanto, entre as espécies. Os embriões a serem criopreservados são selecionados conforme a qualidade e o estágio de desenvolvimento. Dá-se preferência aos de melhor qualidade por conta das crioinjúrias, visto que embriões de melhor qualidade têm maior probabilidade de sobreviver pós-aquecimento/descongelação.

Os métodos de criopreservação mais utilizados para embriões são a criopreservação lenta ou convencional e a vitrificação. Na lenta, utiliza-se concentração baixa de crioprotetor (1 M a 1,5 M) e taxa de resfriamento lento (0,5 °C/minuto); no entanto, essa técnica não elimina a formação de cristais de gelo. O método requer um período de equilíbrio, no qual a solução hiperosmótica contendo os crioprotetores e o embrião se equilibram, havendo desidratação e encolhimento do embrião e retorno ao volume isotônico com a entrada do crioprotetor na célula.

A criopreservação lenta de embriões, ideal, é realizada em equipamentos eletrônicos desenvolvidos para essa finalidade. Hoje existe uma enorme variedade de equipamentos que realizam o decréscimo da temperatura de maneira controlada, evitando oscilações de temperatura e melhorando os resultados. Esses equipamentos podem ser à base de banho de metanol ou de vapor de nitrogênio. Na falta desses equipamentos, pode ser utilizado um cilindro de aço inoxidável inserido na boca do botijão de nitrogênio (Figura 3). Periodicamente, o cilindro é rebaixado ou elevado, de acordo com a diminuição da temperatura pretendida, que deve ser acompanhada com um termômetro. Com o auxílio de um *timer*, a velocidade de resfriamento pode ser controlada. Dessa maneira, objetiva-se decrescer gradualmente a temperatura, mas a taxa de resfriamento é oscilatória, o que compromete o resultado. É uma solução possível na falta de energia elétrica ou devido ao elevado custo dos equipamentos.

Na criopreservação de embriões, as palhetas de 0,25 mL foram utilizadas desde o início. Seu custo, facilidade de obtenção, de identificação e de armazenamento nos botijões colaboraram para essa escolha. Recomenda-se que um único embrião seja envasado manualmente em cada palheta, que é fechada com lacrador plástico acoplado à extremidade devidamente identificado de acordo com as recomendações da IETS, que incluem informações dos genitores, data, método de criopreservação, estágio e grau de qualidade do embrião (Figura 4).

Figura 3. Representação ilustrativa do cilindro de aço inoxidável para criopreservação de embriões. *Ilustração*: Roberta Leite, 2020.

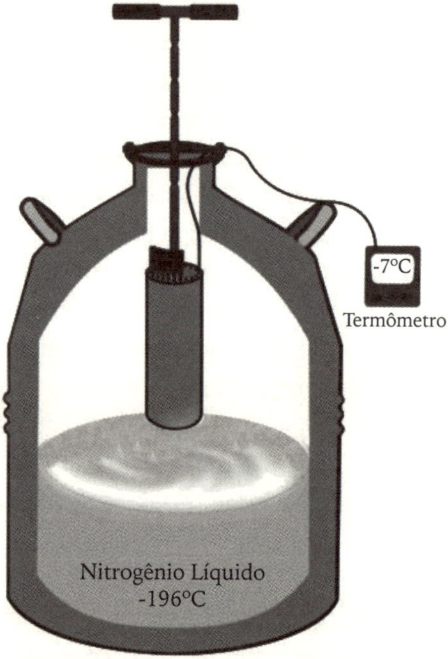

No envase, o embrião é colocado na coluna central, a qual é ladeada por colunas líquidas nas extremidades da palheta e separadas destas por pequenas colunas de ar (*ver adiante*, Figura 7).

Figura 4. Representação ilustrativa do envase e da identificação da palheta de criopreservação de embrião. *Ilustração*: Roberta Leite, 2020.

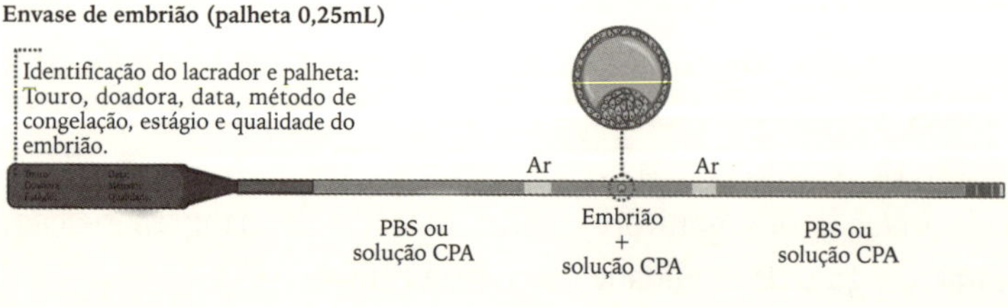

Os protocolos variam muito de espécie para espécie. Para embriões bovinos, o protocolo mais utilizado, na criopreservação lenta, é um tempo de equilíbrio na solução contendo o crioprotetor (etilenoglicol ou glicerol) por 10 minutos, incluindo o envase. As palhetas devem ser colocadas na máquina, que deve estar entre –5 °C e –7 °C, aguarda-se durante 5 a 10 minutos para equilíbrio. Nessa temperatura, a solução se mantém em estado líquido, porém super-resfriada e as moléculas de água estão agitadas. Nesse momento, deve ser realizada uma etapa crucial da criopreservação lenta, que é a indução da cristalização ou *seeding*. O princípio do *seeding* é físico. Para evitar uma desidratação inapropriada, realiza-se a nucleação manualmente, empregando uma pinça ultrarresfriada em nitrogênio

Figura 5. Representação ilustrativa das etapas da criopreservação lenta. *Ilustração*: Roberta Leite, 2020.

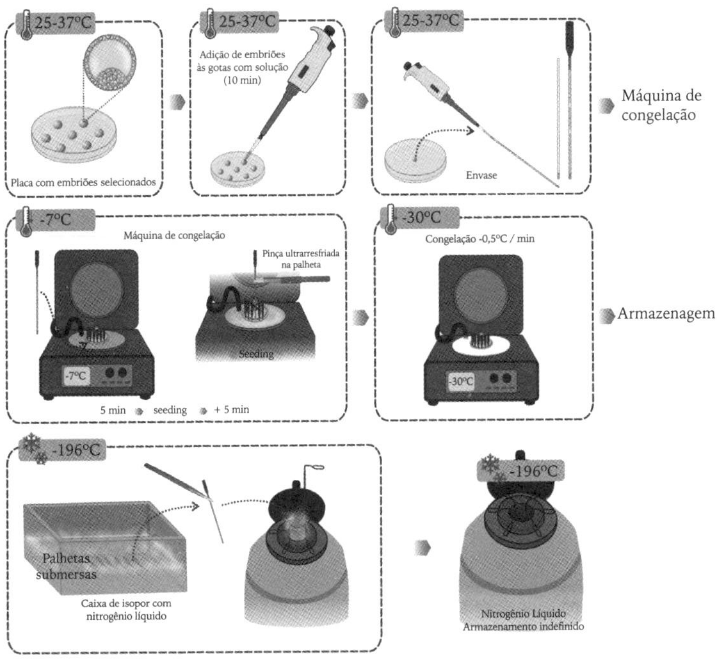

líquido. Essa nucleação tem um crescimento exponencial, até que ocorra a estabilização. Cada palheta, individualmente, deve ter a indução da cristalização realizada na coluna da extremidade, evitando tocar na coluna que contém o embrião (Figura 5).

A indução da cristalização (*seeding*) é essencial para o sucesso da criopreservação, porque evita a liberação de calor no momento em que a água intracelular remanescente se congela (Latent Heat Fusion – LHF), o que ocasionaria uma oscilação drástica da temperatura. Outro ponto importante é que, ao congelar a água extracelular, novamente forma-se um desequilíbrio osmótico, estando o meio extracelular hiperosmótico em relação ao intracelular. Para haver equilíbrio, mais água sairá de dentro da célula, reduzindo ainda mais o tamanho e a quantidade dos cristais de gelo, não tendo os malefícios do efeito solução, porque em seguida há a congelação do meio intracelular. Após o *seeding*, a máquina é acionada e a temperatura decresce a uma velocidade de resfriamento de 0,5 °C/minuto até –30 °C. Nessa temperatura, aguarda-se 10 minutos, sendo então as palhetas submersas em nitrogênio líquido e acondicionadas em botijão.

Os altos custos para modificar ou desenvolver novos equipamentos de criopreservação fizeram que as tentativas de melhoria dos protocolos focassem nas alterações dos meios, nos crioprotetores e na velocidade de resfriamento, sem alteração no dispositivo. Mesmo com muitas tentativas, os resultados permaneceram estáveis nos embriões gerados *in vivo* e não foram satisfatórios nos embriões produzidos *in vitro*, conforme será discutido mais adiante. Diante disso, outras técnicas de criopreservação foram exploradas.

A vitrificação é uma alternativa que não provoca a formação de cristais de gelo, dadas a alta concentração de crioprotetores e a alta velocidade de resfriamento. Para esse processo emprega-se a combinação de vários crioprotetores, atingindo a desejada alta concentração final sem, no entanto, atingir a concentração tóxica individual de cada crioprotetor. O processo em si consiste em vários passos. Após seleção e classificação dos embriões, estes são individualmente colocados em uma solução contendo os crioprotetores, numa concentração intermediária (2M), para haver uma desidratação parcial. Nessa primeira solução, também chamada de pré-vitrificação ou de equilíbrio, o tempo de permanência é de 5 minutos (varia com o protocolo adotado). Passado esse tempo, o embrião é colocado na solução de vitrificação, envasado e exposto ao nitrogênio líquido (Figura 6), em um tempo entre 30 segundos e 1 minuto (novamente, depende do protocolo adotado). Para atingir a vitrificação das soluções, devem ser empregadas altas concentrações de crioprotetores (6 M), geralmente utilizados em misturas, associados a altas taxas de resfriamento (entre 100 °C e 10.000 °C/min, dependendo do meio e dispositivo utilizado).

Inicialmente, as palhetas de 0,25 mL foram utilizadas para o processo de vitrificação. No entanto, as palhetas convencionais não resistiam à exposição direta ao nitrogênio líquido e se danificavam.

Figura 6. Representação ilustrativa da vitrificação de embriões utilizando dispositivo em alça (Cryotop®). *Ilustração*: Roberta Leite, 2020.

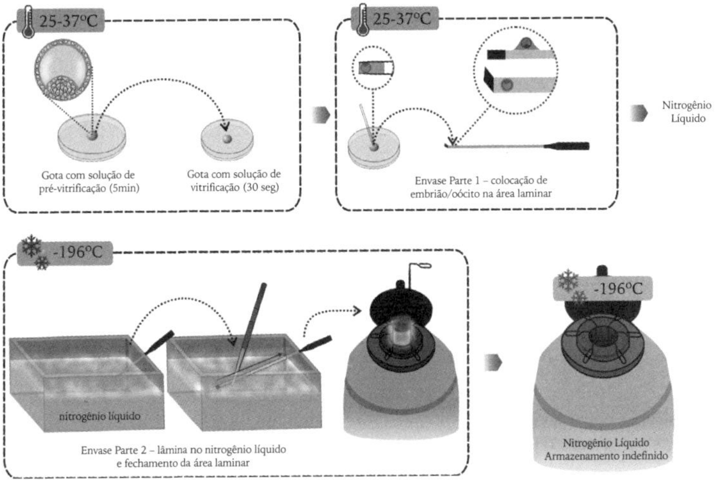

Foram então desenvolvidas palhetas de cristal, que suportavam altas temperaturas, no entanto, a um preço inviável para emprego em larga escala. Desenvolveu-se, paralelamente, um método de imergir lentamente a palheta comum em nitrogênio líquido. Dessa maneira, as palhetas não eram danificadas e a alta velocidade de solidificação inerente ao processo mantida. Contudo, para garantir o sucesso da vitrificação havia necessidade de reduzir o volume do meio, para se atingir a velocidade de resfriamento adequada e, portanto, foram desenvolvidos novos dispositivos.

As *open pulled straws* (OPS), descritas em 1998 por Vajta e colaboradores para embriões bovinos, foram os primeiros dispositivos a surgir. Trata-se de palhetas comuns de 0,25 mL, esticadas após exposição ao calor. Dessa forma, o diâmetro interno é reduzido pela metade e o embrião pode ser envasado em volume entre 1 microlitro e 3 microlitros. Outros dispositivos, visando esse volume reduzido, foram desenvolvidos, como alças ou "linguetas", nos quais os embriões são cuidadosamente depositados no menor volume possível (aproximadamente 0,1 ul – Figura 6). Esses dispositivos estão disponíveis hoje, no mercado, com os nomes de Cryotop®, Cryotip®, Vitri-Ingá®, Cryoloop®, Hemi-Straw®, entre outros. Para evitar os riscos de contaminação associados ao contato direto do embrião com o nitrogênio líquido, foram desenvolvidos comercialmente dispositivos fechados ou semifechados. Antes da imersão no nitrogênio líquido, o dispositivo é inserido em um material semelhante a uma palheta. A velocidade de resfriamento é um pouco mais lenta que nos dispositivos abertos (que possuem a desvantagem de possibilitar contaminação devido a impurezas do nitrogênio líquido), no entanto, rápida o suficiente para que ocorra a vitrificação. Devido ao custo e necessidade de acessórios para a vedação do dispositivo e para a desvitrificação, são utilizados principalmente na reprodução assistida humana.

Alguns laboratórios ou profissionais utilizam esses princípios para confeccionar seus próprios dispositivos. A palheta pode ser manualmente modificada pelo corte da extremidade com auxílio de uma tesoura ou estilete para que forme uma alça. Ponteiras de pipetas descartáveis podem ser achatadas com o auxílio de uma pinça reta aquecida. Vale ressaltar que, sem o processo de industrialização e o controle de qualidade dos produtos comerciais, os resultados podem variar devido a pequenas diferenças nesses dispositivos.

Existe ainda um tipo de vitrificação chamado de lágrima ou de microgota, na qual o embrião, juntamente com um pequeno volume de meio, é depositado diretamente no nitrogênio líquido. A solução torna-se vítrea facilmente, mas a identificação, a manipulação para o armazenamento e o risco de contaminação são aspectos limitantes da técnica.

Independentemente do dispositivo utilizado, o importante é o período de exposição à solução de vitrificação que deve ser muito rápido (30 segundos a 1 minuto), exigindo grande habilidade do manipulador, dificultando a popularização e a expansão comercial da técnica na medicina veterinária. Além disso, se os embriões forem depositados juntamente com excesso de meio, os resultados não serão satisfatórios. Em condições experimentais, ainda são utilizadas grades de microscopia eletrônica e malhas de nylon. Já a criopreservação lenta, por utilizar baixas concentrações de crioprotetores e permitir a transferência direta (discutida adiante), continua sendo a técnica mais eficiente para uso comercial.

Aquecimento/descongelação de embriões

O correto aquecimento é imprescindível para o resultado da transferência de embriões criopreservados. Portanto, é fundamental que o veterinário responsável pela TE tenha as informações referentes ao método de criopreservação do embrião a ser transferido. Esses dados devem estar nas palhetas, nos lacradores e em formulários que contenham informações sobre esses embriões, incluindo origem paterna e materna, método de produção, estágio embrionário, data de criopreservação, tipo de crioprotetor sugerido pela IETS.

O método usado para criopreservar o embrião irá determinar o processo de descongelação. Quando é feita a criopreservação lenta com glicerol, a reidratação é feita em etapas, com exposição do embrião a concentrações decrescentes de crioprotetores e consequente necessidade de manipulação do embrião em estereomicroscópio (lupa) após a descongelação. No entanto, há a vantagem de o embrião ser avaliado quanto à qualidade antes da transferência. Por exemplo, a palheta contendo embrião congelado com 1,4 M de glicerol como crioprotetor deve ser removida do nitrogênio líquido e exposta ao ar por 10 segundos, para evitar ruptura da zona pelúcida e prevenir a explosão da palheta, para posteriormente ser incubada em água entre 25 °C e 30 °C por 20 segundos. O embrião é removido da palheta em uma placa de Petri e transferido para uma gota de meio aquecido entre 37 °C e 38,5 °C, contendo 0,72 M de glicerol (6,6% peso/volume) e 0,3 M de sacarose por 5 minutos. Na sequência, é transferido para uma gota de meio aquecido contendo 0,36 M de glicerol (3,3% p/v) e 0,3 M de sacarose por 5 minutos, em seguida para uma gota de meio aquecido contendo 0,3 M de sacarose por mais 5 minutos e, finalmente, para uma gota contendo tampão PBS com 10% soro fetal bovino (SFB) ou meio de manutenção aquecido para ser novamente envasado e transferido (Figura 7). A remoção abrupta do glicerol provocaria a rápida entrada de água, causando a lise osmótica das células do embrião e a sacarose, funciona como um freio osmótico, permitindo a entrada paulatina da água.

Para evitar a manipulação do embrião após a descongelação e aumentar a velocidade do processo no momento da transferência, podem-se criopreservar os embriões com etilenoglicol. Devido a sua maior velocidade de entrada e saída na célula, por

Figura 7. Representação ilustrativa da descongelação de embriões quando criopreservados pelo método lento, utilizando glicerol como crioprotetor. *Ilustração*: Roberta Leite, 2020.

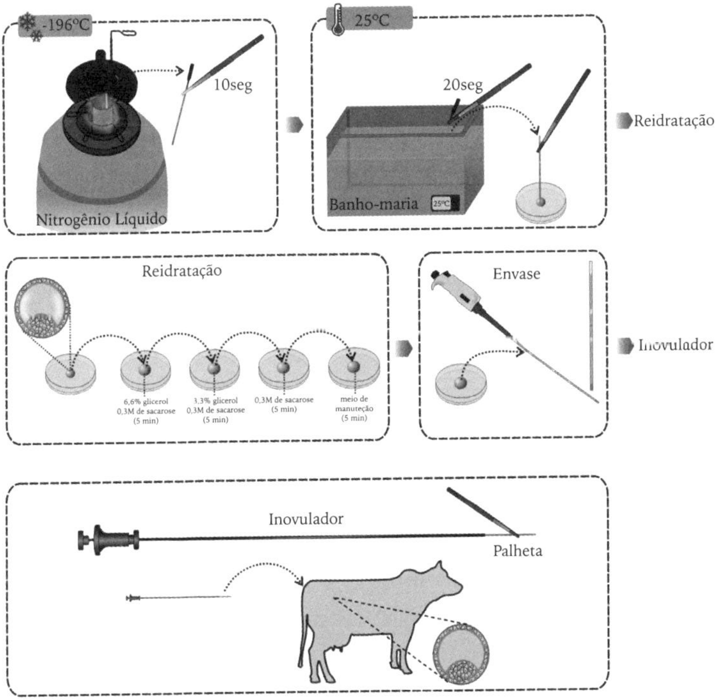

apresentar baixo peso molecular, é possível a reidratação em apenas uma etapa. Se as palhetas contendo os embriões possuírem nas colunas das extremidades meios sem crioprotetor, como PBS acrescido de 10% SFB ou meio de manutenção, a reidratação ocorre dentro da palheta durante a transferência, pelo método conhecido como *one-step* ou transferência direta (*direct transfer*). Com isto, a dinâmica da transferência de embriões na propriedade fica mais rápida, como na IA. Ou seja, após remoção do nitrogênio líquido, 10 segundos no ar e 20 segundos em água à temperatura entre 25 °C e 30 °C, a palheta pode ser acoplada ao inovulador e a TE executada em seguida (Figura 8). Entretanto,

Figura 8. Representação ilustrativa da descongelação para a transferência direta. *Ilustração*: Roberta Leite, 2020.

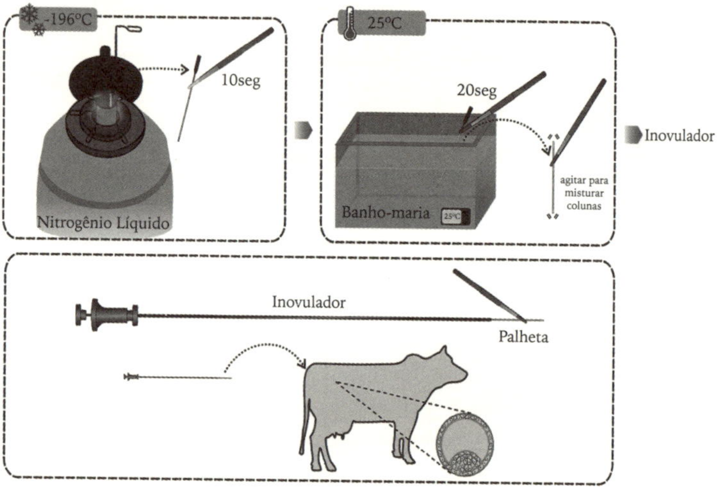

pode-se considerar como uma desvantagem a não observação dos embriões após a descongelação no estereomicroscópio, visto que a avaliação morfológica permitiria o descarte de embriões que sofreram danos significativos ou morreram no processo de criopreservação e descongelação.

No caso de embriões vitrificados, o processo é denominado aquecimento ou desvitrificação e é feito com reidratação em etapas, para evitar a lise osmótica celular, dada a alta concentração de crioprotetores empregada durante o processo de vitrificação. Um exemplo de protocolo de aquecimento de embriões vitrificados é a remoção do embrião do nitrogênio líquido, seguido de exposição por 3 segundos no ar e imediata colocação em meio de manutenção aquecido a 37 ºC, contendo 0,25 M de sacarose por 5 minutos. Em seguida, o embrião é incubado em meio contendo 0,125 M de sacarose por 5 minutos e depois em meio de manutenção sem sacarose por mais 5 minutos, podendo ainda ser colocado em duas gotas sequenciais do meio de manutenção para garantir a remoção dos crioprotetores.

Os protocolos de desvitrificação são mais variados em comparação à descongelação por etapas na criopreservação lenta. Pode-se usar, por exemplo, concentrações maiores de sacarose nas primeiras duas incubações e expor o embrião por tempo menor, como 1 M e 0,5 M por um minuto. Por ser uma técnica que requer grande habilidade do técnico para manipular os embriões, algumas adaptações nos protocolos e dispositivos visaram à realização de *direct transfer* de embriões vitrificados. Desse modo, a reidratação ocorre sem a necessidade de redução gradual da concentração de crioprotetor, acelerando o processo de TE na propriedade.

Tanto a criopreservação lenta como a vitrificação causam alterações microscópicas nos embriões após a descongelação, incluindo lise ou inchaço celular e danos em organelas. Essas alterações são um pouco mais evidentes em embriões de animais *Bos t. indicus* que em *Bos t. taurus*, entretanto não refletem em diferenças nas taxas de fertilização após transferência.

Resultados da criopreservação de embriões gerados *in vivo* e produzidos *in vitro*

Embriões gerados *in vivo* têm grande sucesso após a criopreservação e descongelação, visto que as taxas de prenhez são apenas um pouco menores quando comparadas às da transferência de embriões frescos. Devido ao sucesso de longa data da criopreservação de embriões gerados *in vivo*, os métodos mais usados envolvem o resfriamento lento.

Em contrapartida aos embriões gerados *in vivo*, os primeiros estudos com embriões produzidos *in vitro* (PIV) mostravam que poucos sobreviviam à criopreservação lenta, após a descongelação. Isto conduziu à vitrificação como alternativa para criopreservação dos embriões PIV. Os primeiros estudos apontaram que as taxas de prenhez da TE com embriões PIV vitrificados apresentaram resultados satisfatórios. Porém, os diferentes protocolos de aquecimento e habilidade variável entre técnicos podem dificultar a disseminação generalizada dessa técnica.

Visando, portanto, à maior otimização do processo em larga escala de TE dos embriões PIV, muitas pesquisas foram direcionadas para a criopreservação de embriões PIV com etilenoglicol para a transferência direta em palhetas convencionais. Em um primeiro momento, a criopreservação lenta com etilenoglicol, seguida de transferência direta, apresentou taxa de prenhez abaixo daquela obtida com glicerol com reidratação em etapas. Entretanto, alterações nos processos e meios da produção *in vitro* de embriões propiciaram melhora nessas taxas, com o uso de etilenoglicol e transferência direta. Existem relatos de taxas de concepção similares quando comparados embriões vitrificados e frescos.

Diferenças entre embriões gerados *in vivo* e produzidos *in vitro*

Tendo em vista a discrepância de resultados após a criopreservação, o entendimento das diferenças biológicas dos embriões PIV em relação aos gerados *in vivo* é importante para a adaptação dos processos de produção e protocolos de criopreservação desses embriões. O ponto de partida para estudar essas diferenças é a morfologia. Embriões gerados *in vivo* e PIV são visualmente distinguíveis por técnicos treinados.

Os blastocistos PIV apresentam mais vacúolos, possuem menor quantidade de células na massa celular interna e são mais escuros que os gerados *in vivo*. Essa coloração mais escura reflete maior quantidade de lipídios nos embriões PIV confirmada pela maior quantidade de grânulos lipídicos quando avaliados por microscopia eletrônica ou por colorações com corantes que têm afinidade por lipídios. Não somente a quantidade, mas a composição lipídica é diferente entre embriões PIV e os *in vivo*, como já revelado por análises de espectrometria de massa.

Além dessas diferenças bioquímicas, a partir de aspectos morfológicos, existem diferenças não observáveis. A expressão de alguns genes é diferente, características epigenéticas estão modificadas, há maior incidência de morte celular programada (apoptose) em embriões PIV e há, também, alterações de metabolismo. Considerando este último aspecto, embriões PIV direcionam o excesso de precursores energéticos para a síntese de ácidos graxos. Isso causa o acúmulo de lipídios nos embriões PIV, fato que está associado às baixas taxas de sobrevivência embrionária após a descongelação.

Estratégias para melhorar os resultados de criopreservação de embriões produzidos *in vitro*

Tendo em vista que o sucesso da criopreservação é influenciado pela fluidez da membrana, a qual é influenciada pela composição lipídica, alterações no processo de produção *in vitro* de embriões são pesquisadas com o intuito de melhorar a viabilidade desses embriões pós-aquecimento/descongelação. O primeiro fator observado a influenciar negativamente a criotolerância no sistema de produção *in vitro* foi o soro fetal bovino. A remoção do soro fetal bovino reduziu a quantidade de grânulos lipídicos e aumentou a sobrevivência de embriões após a descongelação em relação aos embriões PIV cultivados com soro. Ainda, por não produzir resultados tão bons quanto os de embriões frescos, novas estratégias vêm sendo investigadas para modular o metabolismo e reduzir ou alterar a composição lipídica dos embriões PIV.

Dentre as possibilidades, o uso de etossulfato de fenazina (phenazine ethosulfate – PES) apresentou resultados promissores. O uso de PES parece reduzir o conteúdo lipídico nos embriões PIV, permitindo maior sobrevivência embrionária *in vitro* após a descongelação ou a desvitrificação. Outra molécula testada é a forscolina, que produziu, experimentalmente, embriões PIV com menos lipídios e maior sobrevivência pós-descongelação, inclusive com relato de taxas melhores de prenhez de embriões vitrificados, quando comparados com embriões cultivados sem forscolina. Existem ainda outras moléculas que vêm sendo testadas com o mesmo propósito, como a carnitina ou o resveratrol, as quais apresentam resultados interessantes com relação à sobrevivência *in vitro* pós-descongelação.

Considerações finais

O sucesso da criopreservação permite maior facilidade logística para a inseminação artificial (IA) e a transferência de embriões (TE), viabilizando o comércio nacional e internacional. A compreensão dos processos biofísicos que ocorrem durante a criopreservação e a descongelação, e a descoberta do glicerol como crioprotetor foram de fundamental importância para o sucesso e a evolução da criopreservação de gametas e embriões. Esses avanços permitiram o estudo e o uso de novos crioprotetores, além de desenvolver dispositivos, equipamentos e protocolos específicos.

A IA é intensamente utilizada em rebanhos comerciais devido à possibilidade do uso de sêmen criopreservado. Isto ocorre apesar de a criopreservação causar perda de aproximadamente 50% das células espermáticas. O entendimento das crioinjúrias e a adaptação de protocolos visando aumentar a sobrevivência pós-descongelação podem aumentar o número de doses por ejaculado de um touro, permitindo maior difusão de material genético de alto valor.

A criopreservação de oócitos ainda não é utilizada em escala comercial, pois os resultados não são satisfatórios. O incremento da sobrevivência oocitária pós-descongelação facilitaria a rotina dos laboratórios, permitindo o aumento da distância entre laboratório e fazenda, o agendamento das manipulações, a otimização de doses de sêmen de alto custo, além de servir como banco de germoplasma. Devido a esses fatores, pesquisas com protocolos de ICSI para a espécie bovina são de suma importância.

Por sua vez, a criopreservação de embriões permite melhor aproveitamento de receptoras excedentes ou sincronizadas e a preservação de embriões quando da falta de receptoras. Além disso, possibilita maior planejamento nas propriedades, em especial pensando nos animais em lactação nas propriedades leiteiras. Outra vantagem é em relação à comercialização dessa genética, devido às barreiras sanitárias. A melhoria dos processos de criopreservação dos embriões produzidos *in vitro*, juntamente com o aumento das taxas de prenhez, resultante da transferência direta, são fundamentais para o uso em larga escala desses embriões.

A área de criobiologia atingiu um sucesso formidável na medicina veterinária. A importância da criopreservação na aplicação das biotecnologias da reprodução é nítida e se confunde com a importância de cada uma dessas técnicas. Apesar do sucesso, ainda há espaço para melhorias. É necessária visão de futuro para vislumbrar o patamar de eficiência a ser atingido, sempre atentando aos passos anteriores que trouxeram o conhecimento ao nível atual.

Referências

ABE, T. et al. Modification of Mitochondrial Function, Cytoplasmic Lipid Content and Cryosensitivity of Bovine Embryos by Resveratrol. *Journal of Reproduction and Development*, v.63, n.5, p.455-61, 2017. Disponível em: https://www.jstage.jst.go.jp/article/jrd/63/5/63_2016-182/_article. Acesso em: 2 ago. 2024.

______ et al. Accumulation of Cytoplasmic Lipid Droplets in Bovine Embryos and Cryotolerance of Embryos Developed in Different

Culture Systems Using Serum-Free or Serum-Containing Media. *Molecular Reproduction and Development*, v.61, n.1, p.57-66, 2002.

______ et al. Fine Structure of Bovine Morulae and Blastocysts *in vivo* and *in vitro*. *Anatomy and Embryology*, v.199, n.6, p.519-27, 1999.

ACCORSI, M. F. et al. Reduction in Cytoplasmic Lipid Content in Bovine Embryos Cultured *in vitro* with Linoleic Acid in Semi-Defined Medium Is Correlated with Increases in Cryotolerance. *Zygote*, v.24, n.4, p.485-94, 2016.

AGCA, Y. et al. Transfer of Fresh and Cryopreserved IVP Bovine Embryos: Normal Calving, Birth Weight and Gestation Lengths. *Theriogenology*, v.50, n.1, p.147-62, jul. 1998. Disponível em: https://linkinghub.elsevier.com/retrieve/pii/S0093691X98001216. Acesso em: 2 ago. 2024.

ALMINANA, C.; CUELO, C. What Is New in the Cryopreservation of Embryos? *Animal Reproduction*, v.12, n.3, p.418-27, 2017.

AMANN, R. P.; PICKETT, B. W. Principle of Cryopreservation and a Review of Stallion Spermatozoa. *Equine Veterinary Science*, v.7, p.145-74, 1987.

AMIRAT, L. et al. Bull Semen *in vitro* Fertility after Cryopreservation Using Egg Yolk LDL: A Comparison with Optidyl, a Commercial Egg Yolk Extender. *Theriogenology*, v.61, n.5, p.895-907, 2004. doi:10.1016/s0093-691x(03)00259-0.

ARAV, A. Cryopreservation of Oocytes and Embryos. *Theriogenology*, v.81, n.1, p.96-102, 2014. doi:10.1016/j.theriogenology.2013.09.011.

______ et al. A New, Simple, Automatic Vitrification Device: Preliminary Results with Murine and Bovine Oocytes and Embryos. *Journal of Assisted Reproduction and Genetics*, v.35, n.7, p.1161-8, 2018. Disponível em: https://doi.org/10.1007/s10815-018-1210-9. Acesso em: 2 ago. 2024.

ASSUMPÇÃO, M. E. O. A. *Avaliação da sobrevivência* in vitro *de embriões bovinos produzidos* in vitro *e congelados pelos métodos controlado, rápido e vitrificação*. São Paulo, 2001. 53p. Tese (Doutorado em Ciências) – Faculdade de Medicina Veterinária e Zootecnia, Universidade de São Paulo (USP).

BALLESTER, J. et al. Post-Thaw Viability of Bull AI-Doses with Low-Sperm Numbers. *Theriogenology*, v.68, p.934-43, 2007.

BARBAS, J.; MASCARENHAS, R. Cryopreservation of Domestic Animal Sperm Cells. *Cell and Tissue Banking*, v.10, p.49-62, 2009.

BARCELÓ-FIMBRES, M.; SEIDEL, G. E. Effects of Fetal Calf Serum, Phenazine Ethosulfate and Either Glucose or Fructose During *in vitro* Culture of Bovine Embryos on Embryonic Development after Cryopreservation. *Molecular Reproduction and Development*, v.74, n.11, p.1.395-405, nov. 2007. Disponível em: http://doi.wiley.com/10.1002/mrd.20699. Acesso em: 2 ago. 2024.

BARFIELD, J. Evaluation of *in vitro*-Produced Bovine Embryos. In: AMERICAN EMBRYO TRANSFER ASSOCIATION. Ceta/Acte & Aeta Joint Convention, out. 2015, Niagara Falls, Ontário. *Proceedings of...* Champaign, Illinois: Aeta, 2020. Disponível em: https://www.aeta.org/docs/Evaluation_of_in_vitro_produced_bovine_embryos.pdf. Acesso em: 2 jul. 2020.

BAUMANN, C. G. et al. The Quiet Embryo Hypothesis: Molecular Characteristics Favoring Viability. *Molecular Reproduction and Development*, v.74, n.10, p.1.345-53, out. 2007. Disponível em: http://doi.wiley.com/10.1002/mrd.20604. Acesso em: 2 ago. 2024.

BEST, B. P. Cryoprotectant Toxicity: Facts, Issues, and Questions. *Rejuvenation Research*, v.18, n.5, p.422-36, 2015. doi:10.1089/rej.2014.1656. [corr. aplic. *Rejuvenation Research*, v.21, n.1, p.87, fev. 2018.]

BRAGA, J. V. et al. Approaches to Reduce Lipids: A Review of its Impacts on *in vitro* Embryo Production. *Revista Brasileira de Reprodução Animal*, v.43, n.1, p.3-7, 2019.

CARNEIRO, C. S.; CAL-VIDAL, J. Estruturação de cristais de gelo em soluções aquosas contendo solutos diversos. *Pesquisa Agropecuária Brasileira*, v.35, n.2, p.423-32, 2000.

CASSOU, R. La Methode des paillletes em plastique adaptée a la generalization de la congelation. In: INTERNATIONAL CONGRESS OF ANIMAL REPRODUCTION & ARTIFICIAL INSEMINATION, 5. Trento, Itália, 1964. *Proceedings...* v.5. Trento: Icar, 1964.

DE SOUZA, D. K. et al. Aspects of Energetic Substrate Metabolism of *in vitro* and *in vivo* Bovine Embryos. *Brazilian Journal of Medical and Biological Research*, v.48, n.3, p.191-7, 2015.

DHALI, A. et al. Cryopreservation of Oocytes and Embryos: Current Status and Opportunities. In: SHERIFF, D. S. (org.). *Infertility, Assisted Reproductive Technologies and Hormone Assays*. Londres: IntechOpen, 2019. Disponível em: https://www.intechopen.com/books/infertility-assisted-reproductive-technologies-and-hormone-assays/cryopreservation-of-oocytes-and-embryos-current-status-and-opportunities. Acesso em: 5 ago. 2024.

DOCHI, O. Direct Transfer of Frozen-Thawed Bovine Embryos and its Application in Cattle Reproduction Management. *Journal of Reproduction and Development*, v.65, n.5, p.389-96, 2019.

______; IMAI, K.; TAKAKURA, H. Birth of Calves after Direct Transfer of Thawed Bovine Embryos Stored Frozen in Ethylene Glycol. *Animal Reproduction Science*, v.38, n.3, p.179-85, 1995.

DOEBBLER, G. F. Crioprotective Compounds: Review and Discussion of Structure and Function of Structure and Function. *Cryobiology*, v.4, p.2-11, 1966.

FAHY, G. M. Analysis of "Solution Effects" Injury: Equations for Calculating Phase Diagram Information of the Ternary System NaCl-Dimethylsulfoxide-Water and NaCl-Glycerol-Water. *Biophysical Journal*, v.32, p.837-50, 1980.

FERRÉ, L. B. et al. Recent Progress in Bovine *in vitro*-Derived Embryo Cryotolerance: Impact of *in vitro* Culture Systems, Advances in Cryopreservation and Future Considerations. *Reproduction in Domestic Animals*, v.55, n.6, p.659-79, fev. 2020.

FICKEL, J.; WAGENER, A.; LUDWIG, A. Semen Cryopreservation and the Conservation of Endangered Species. *European Journal of Wildlife Research*, v.53, p.81-9, 2007.

FOWLER, A.; TONER, M. Cryo-Injury and Biopreservation. *Annals of New York Academy of Science*, v.1.066, n.1, p.119-35, 2006. doi:10.1196/annals.1363.010.

FUKU, E. et al. *In vitro* Fertilization and Development of Frozen-Thawed Bovine Oocytes. *Cryobiology*, v.29, n.4, p.485-92, 1992.

GIRAUD, M. N.; MOTTA, C.; BOUCHER, D. Membrane Fluidity Predicts the Outcome of Cryopreservation of Human Spermatozoa. *Human Reproduction*, v.15, n.10, p.2.160-4, 2000.

GOLDBERG, A. A Brief History of Cryogenic Storage. *Labtag Blog*, 9 maio 2019. Disponível em: https://blog.labtag.com/a-brief-history-of-cryogenic-storage/. Acesso em: 29 jun. 2020.

GÓMEZ, E. et al. Efficient One-Step Direct Transfer to Recipients of Thawed Bovine Embryos Cultured *in vitro* and Frozen in Chemically Defined Medium. *Theriogenology*, v.146, p.39-47, 2020.

GORDON, I. Storage and Cryopreservation of Oocytes and Embryos. In: *Laboratory Production of Cattle Embryos*. Wallingford, Reino Unido: CAB International, 1994.

HAMMERSTEDT, R.; GRAHAM, J.; NOLAN, P. Cryopreservation of Mammalian Sperm: What We Ask them to Survive. *Journal of Andrology*, v.11, p.73-88, 1990.

HASLER, J. F. et al. Production, Freezing and Transfer of Bovine IVF Embryos and Subsequent Calving Results. *Theriogenology*, v.43, n.1, p.141-52, 1995.

HISTORY OF CRYOGENICS. *Cryogenic Society of America*, Oak Park, IL, 2020. Disponível em: https://cryogenicsociety.org/resources/cryo_central/history_of_cryogenics/. Acesso em: 29 jun. 2020.

IUSSIG, B. et al. A Brief History of Oocyte Cryopreservation: Arguments and Facts. *Acta Obstetricia et Gynecologica Scandinavica*, v.98, n.5, p.550-8, 2019. Disponível em: https://doi.org/10.1111/aogs.13569. Acesso em: 5 ago. 2024.

IWASAKI, S. et al. Morphology and Proportion of Inner Cell Mass of Bovine Blastocysts Fertilized *in vitro* and *in vivo*. *Journal of Reproduction and Fertility*, v.90, n.1, p.279-84, 1990.

JANUSKAUSKAS, A. et al. Assessment of the Efficacy of Sephadex G-15 Filtration of Bovine Spermatozoa for Cryopreservation. *Theriogenology*, v.63, p.60-78, 2005.

KASAI, M. et al. A Simple Method for Mouse Embryo Cryopreservation in a Low Toxicity Vitrification Solution, without Appreciable Loss of Viability. *Journal of Reproduction and Fertility*, v.89, n.90-7, 1990.

KATKOV, I. (org.). *Current Frontiers in Cryobiology*. Londres: IntechOpen, 2012.

LAYEK, S. S. et al. Cryopreservation of Bull Semen: Evolution from Egg Yolk Based to Soybean Based Extenders. *Animal Reproduction Science*, v.172, p.1-9, 2016. doi: 10.1016/j.anireprosci.2016.04.013.

LEIBO, S. P. A One-Step Method for Direct Nonsurgical Transfer of Frozen-Thawed Bovine Embryos. *Theriogenology*, v.21, n.5, p.767-90, 1984.

______; LOSKUTOFF, N. M. Cryobiology of *in vitro*-Derived Bovine Embryos. *Theriogenology*, v.39, n.1, p.81-94, jan. 1993. Disponível em: https://linkinghub.elsevier.com/retrieve/pii/0093691X9390025Z. Acesso em: 5 ago. 2024.

______; MAZUR, P. Methods for the Preservation of Mammalian Embryos by Freezing. In: DANIEL JR., J. C. (org.). *Methods in Mammalian Reproduction*. Nova York: Academic Press, 1978.

______; SZTEIN, J. M. Cryopreservation of Mammalian Embryos: Derivation of a Method. *Cryobiology*, v.86, p.1-9, 2019.

LEROY, J. L. M. R. et al. Evaluation of the Lipid Content in Bovine Oocytes and Embryos with Nile Red: A Practical Approach. *Reproduction in Domestic Animals*, v.40, n.1, p.76-8, 2005.

LUYET, B. J.; HODAPP, R. Revival of Frog Spermatozoa Vitrified in Liquid Air. *Proceedings of the Society for Experimental Biology and Medicine*, v.39, p.433-4, 1938.

MARINHO, L. S. R. et al. Pregnancy Rates to Fixed Embryo Transfer of Vitrified IVP Bos Indicus, Bos Taurus or Bos Indicus × Bos Taurus Embryos. *Reproduction in Domestic Animals*, v.50, n.5, p.807-11, 2015.

MARTÍ, J.; AGUILERA, J. M. Efecto de la velocidad de congelación en las características mecánicas y microestructurales del arándano y de la mora silvestre. *Revista Agroquímica Tecnológica Alimentar*, Valência, v.31, n.4, p.493-504, abr. 1991.

MASSIP, A. et al. Calving Outcome Following Transfer of Embryos Produced *in vitro* in Different Conditions. *Animal Reproduction Science*, v.44, n.1, p.1-10, 1996.

MAZUR, P. Freezing of Living Cells: Mechanisms and Implications. *American Journal of Physiology: Cell Physiology*, v.247, p.125-42, 1984.

______. Kinetics of Water Loss from Cells at Subzero Temperatures and the Like-Lihood of Intracellular Freezing. *Journal of General Physiology*, v.47, p.347-69, 1963.

MEDEIROS, C. M. O. et al. Current Status of Sperm Cryopreservation: Why Is not it Better? *Theriogenology*, v.57, p.327-44, 2002.

MILAZZOTTO, M. P. et al. Early Cleavages Influence the Molecular and the Metabolic Pattern of Individually Cultured Bovine Blastocysts. *Molecular Reproduction and Development*, v.83, n.4, p.324-36, abr. 2016. doi: 10.1002/mrd.22619.

MORRIS, G. J. et al. Freezing Injury: The Special Case of the Sperm Cell. *Cryobiology*, v.64, p.71-8, 2012.

PARKINSON, T.; WHITFIELD, C. Optimization of Freezing Conditions for Bovine Spermatozoa. *Theriogenology*, v.27, p.781-97, 1987.

PEGG, D. E. Principles of Cryopreservation. *Methods in Molecular Biology*, v.368, p.39-57, 2007.

POLGE, C.; SMITH, A. U.; PARKES, A. S. Revival of Spermatozoa after Vitrification and Dehydratation a Low Temperatures. *Nature*, v.164, p.666-8, 1949.

PURDY, P. H. A Review on Goat Sperm Cryopreservation. *Small Ruminant Research*, v.63, p.215-25, 2006.

RALL, W. F.; FAHY, G. M. Ice-Free Cryopreservation of Mouse Embryos at –196 Degrees C by Vitrification. *Nature*, v.313, p.573-5, 1985.

REID, D. S. Fundamental Physicochemical Aspects of Freezing. *Food Technology*, Chicago, v.37, n.4, p.110-5, abr. 1983.

RIZOS, D. et al. Developmental, Qualitative, and Ultrastructural Differences between Ovine and Bovine Embryos Produced *in vivo* or *in vitro*. *Molecular Reproduction and Development*, v.62, n.3, p.320-7, 2002.

RODRIGUES, C. F. M. Historical Context of Cattle Embryo Transfer Technique in Brazil. *Animal Reproduction*, v.11, n.3, p.137-40, 2014.

______; GARCIA, J. M. Fecundação *in vitro* em bovinos: aplicação comercial. *Arquivos da Faculdade de Veterinária*, UFRGS, v.28, supl. n.186-7, 2000.

SANCHES, B. V. et al. A New Direct Transfer Protocol for Cryopreserved IVF Embryos. *Theriogenology*, v.85, n.6, p.1.147-51, 2016.

______ et al. Cryosurvival and Pregnancy Rates after Exposure of IVF--Derived *Bos Indicus* Embryos to Forskolin before Vitrification. *Theriogenology*, v.80, n.4, p.372-7, 2013. Disponível em: http://dx.doi.org/10.1016/j.theriogenology.2013.04.026. Acesso em: 5 ago. 2024.

______; ZANGIROLAMO, A. F.; SENEDA, M. Z. Intensive Use of IVF in Large-Scale Dairy Programs. *Animal Reproduction*, v.16, n.3, p.394-401, 2019.

SARAGUSTY, J.; ARAV, A. Current Progress in Oocyte and Embryo Cryopreservation by Slow Freezing and Vitrification. *Reproduction*, v.141, n.1, p.1-19, 2011. Disponível em: https://doi.org/10.1530/REP-10-0236. Acesso em: 5 ago. 2024.

SATHE, S.; SHIPLEY, C. F. Cryopreservation of Semen. In: HOPPER, R. M. (org.). *Bovine Reproduction*. Hoboken, NJ: Wiley, 2014.

SEVERO, N. C. *História ilustrada da inseminação artificial*. São Paulo: Livre Expressão, 2013.

SHIRAI, Y. et al. Effects of Polymers on Secondary Nucleation of Ice Crystals. *Journal of Food Science*, Chicago, v.50, n.2, p.401-6, 1985.

SIEME, H.; OLDENHOF, H.; WOLKERS, W. F. Mode of Action of Cryoprotectants for Sperm Preservation. *Animal Reproduction Science*, v.169, p.2-5, 2016. doi:10.1016/j.anireprosci.2016.02.004.

SNOECK, P. P. N. *Aspectos da criopreservação de sêmen equino*: composição do meio diluidor, curvas de congelação e fertilidade. Belo Horizonte,

2003. 116f. Tese (Doutorado em Medicina Veterinária) – Escola de Veterinária, Universidade Federal de Minas Gerais.

STEWART, B. M. et al. Efficacy of Embryo Transfer in Lactating Dairy Cows During Summer Using Fresh or Vitrified Embryos Produced *in vitro* with Sex-Sorted Semen. *Journal of Dairy Science*, v.94, n.7, p.3.437-45, 2011. Disponível em: http://dx.doi.org/10.3168/jds.2010-4008. Acesso em: 5 ago. 2024.

STRINGFELLOW, D. A.; SEIDEL, S. M. (orgs.). *Manual da Sociedade Internacional de Transferência de Embriões*. Jaboticabal: SBTE, 1998.

SUDANO, M. J. et al. Phosphatidylcholine and Sphingomyelin Profiles Vary in *Bos Taurus Indicus* and *Bos Taurus Taurus in vitro* and *in vivo*-Produced Blastocysts1. *Biology of Reproduction*, v.87, n.6, p.1-11, 2012.

______ et al. Lipid Content and Apoptosis of *in vitro*-Produced Bovine Embryos as Determinants of Susceptibility to Vitrification. *Theriogenology*, v.75, n.7, p.1.211-20, 2011. Disponível em: http://dx.doi.org/10.1016/j.theriogenology.2010.11.033. Acesso em: 5 ago. 2024.

USHIJIMA, H.; YAMAKAWA, H.; NAGASHIMA, H. Cryopreservation of Bovine Pre-Morula-Stage *in vitro* Matured/*in vitro* Fertilized Embryos after Delipidation and before Use in Nucleus Transfer. *Biology of Reproduction*, v.60, n.2, p.534-9, 1999.

VAJTA, G. et al. Open Pulled Straw (OPS) Vitrification: A New Way to Reduce Cryoinjuries of Bovine Ova and Embryos. *Molecular Reproduction and Development*, v.51, n.1, p.53-8, 1998. Disponível em: https://doi.org/10.1002/(SICI)1098-2795(199809)51:1<53::AID-MRD6>3.0.CO;2-V. Acesso em: 5 ago. 2024.

VIANA, J. H. M. 2018 Statistics of Embryo Production and Transfer in Domestic Farm Animals. *Embryo Technology Newsletter*, v.36, n.4, 2019. Disponível em: https://www.iets.org/Portals/0/Documents/Public/Committees/DRC/IETS_Data_Retrieval_Report_2018.pdf. Acesso em: 5 ago. 2024.

VISINTIN, J. A. *Criopreservação de embriões de camundongos em solução de glicerol adicionada de diferentes concentrações de sacarose e de geleia real*. São Paulo, 1996. 112p. Tese (Livre-Docência) – Faculdade de Medicina Veterinária e Zootecnia, Universidade de São Paulo (USP).

VLADIMIROV, I. K.; TACHEVA, D.; DOBRINOV, A. The Present and Future of Embryo Cryopreservation. In: WU, B.; FENG, H. L. *Embryology*: Theory and Practice. Londres: IntechOpen, 2019.

VON HUMBOLDT, A.; GAY-LUSSAC, J. L. Observations sur l'intensité et l'in-clinaison des forces magnétiques, faites en France, en Suisse, en Italie et en Allemagne. *Mémoires de Physique et de Chimie de la Société d'Arcueil*, t.1, p.1-22, 1807.

WATANABE, Y. F. et al. Aspecto comercial de embriões bovinos produzidos *in vitro*. In: DIAS, P. B.; FIGUEIREDO, J. R.; FREITAS, V. J. F. *Biotécnicas aplicadas à reprodução animal*. 2.ed. São Paulo: Roca, 2008.

WHITTINGHAM, D. G. Fertilization *in vitro* and Development to Term of Unfertilized Mouse Oocytes Previously Stored at –196 °C. *Reproduction*, v.49, n.1, p.89-94, 1977. doi:10.1530/jrf.0.0490089.

______; LEIBO, S. P.; MAZUR, P. Survival of Mouse Embryos Frozen to –196 and –269 °C. *Science*, v.178, p.411-4, 1972.

WILMUT, I.; ROWSON, L. E. A. Experiments on the Low-Temperature Preservation of Cow Embryos. *Veterinary Record*, v.92, p.686-90, 1973.

WRIGHT, R. W.; ELLINGTON, J. Morphological and Physiological Differences between *in vivo*- and *in vitro*-Produced Preimplantation Embryos from Livestock Species. *Theriogenology*, v.44, n.8, p.1.167-89, dez. 1995.

6
Produção de clones bovinos por transferência nuclear de células somáticas

Tiago Henrique Camara De Bem
Rafael Vilar Sampaio
Juliano Rodrigues Sangalli
Flávio Vieira Meirelles

Introdução

A clonagem animal por transferência nuclear de células somáticas (TNCS) é uma biotecnologia da reprodução que permite a geração de cópias de indivíduos idênticas. Para clonar um indivíduo, é necessário obter uma célula desse animal e transferi-la para o citoplasma de um oócito receptor, cujo material genético (núcleo) foi previamente removido. Em seguida, esse conjunto oócito enucleado mais a célula precisa ser ativado para iniciar o desenvolvimento. Os presumíveis embriões são cultivados até o estágio de blastocisto e são transferidos para o útero de uma vaca receptora que suportará o desenvolvimento desse embrião clonado a termo. Apesar de simples na essência, foram necessários quase um século de pesquisas para que a clonagem de mamíferos utilizando células somáticas de um animal adulto pudesse se tornar realidade. Neste capítulo, forneceremos um breve histórico da evolução das pesquisas com transferência nuclear que levaram ao nascimento da ovelha Dolly, primeiro mamífero produzido por meio dessa biotécnica reprodutiva. Em seguida, um breve histórico da clonagem de bovinos no Brasil, destacando os principais pesquisadores e suas contribuições. Na sequência, descreveremos todas as etapas necessárias para a produção de embriões bovinos clonados e todas as aplicações que essa biotecnologia possui. Para explicar os motivos da baixa eficiência dessa metodologia, falaremos sobre as barreiras epigenéticas que afetam a clonagem, possíveis maneiras de superá-las e as consequências desses defeitos epigenéticos sobre o desenvolvimento embrionário e fetal. Por fim, iremos descrever os problemas de saúde observados em alguns bezerros clonados, os cuidados e procedimentos que devem ser adotados após o nascimento para maximizar a chance de sobrevivência desses animais.

Histórico e evolução da transferência nuclear

Em 1924, Hans Spemann demonstrou que células embrionárias em diferentes estágios do desenvolvimento podiam ser reprogramadas pela simples exposição ao citoplasma de oócitos de anfíbios. Nesse simples e elegante experimento, o brilhante embriologista dividiu um zigoto de salamandra em duas metades usando um fio de cabelo fino de sua filha ainda bebê. Uma das metades ficou com o núcleo do zigoto enquanto na outra metade restou apenas o citoplasma. Após algumas divisões celulares, a metade com o núcleo se desenvolveu em um embrião, porém a outra permanecia como o seu citoplasma intacto, sem sinais de desenvolvimento. Então, quando Spemann afrouxou o nó do fio de cabelo que separava as duas metades do zigoto, liberando assim uma dessas células avançadas para entrar em contato com o citoplasma do óvulo novamente, foi possível observar o desenvolvimento de um outro embrião (De Robertis, 2006). Esse experimento rudimentar de transferência nuclear provou que cada núcleo celular individual possui todas as informações necessárias para se tornar qualquer tipo celular que compõe o organismo. Mais tarde, em 1938, Spemann propôs um "experimento fantástico", em que uma célula diferenciada em contato com o citoplasma oocitário previamente enucleado poderia iniciar o desenvolvimento de um novo indivíduo (ibid.). A ideia desse experimento deu origem ao que atualmente conhecemos como clonagem.

O grande avanço seguinte na clonagem animal ocorreu várias décadas mais tarde, quando, em 1962, o cientista britânico *sir* John Gurdon, utilizando óvulos de *Xenopus laevis* irradiados com luz ultravioleta para a destruição do núcleo, foi capaz de reprogramar células somáticas retiradas do intestino de um girino e transplantá-las para esses óvulos. Os embriões oriundos dessas células intestinais originaram girinos, comprovando a ideia de que mesmo núcleos de células diferenciadas adultas ainda retêm todas as informações necessárias para gerar um indivíduo.

Após essa descoberta de Gurdon, vários avanços ocorreram ao longo de anos para o aprimoramento da técnica que culminaram em 1996 com o nascimento da ovelha Dolly, o primeiro mamífero clonado de uma célula somática adulta por *sir* Ian Wilmut e sua equipe (Wilmut et al., 2007). Apenas dois anos depois, foi anunciado o nascimento do primeiro bovino clonado (Kato et al., 1998). Toda a sequência de eventos que resultaram no nascimento da ovelha Dolly está descrita em um artigo de revisão, onde McLaren (2000) descreveu muito bem a linha do tempo dessas teorias e técnicas.

Clonagem de bovinos no Brasil

Assim como em outros países, o avanço nas biotecnologias de reprodução e a demanda econômica levaram ao advento da clonagem no Brasil. A "corrida" da clonagem no país foi perpetrada por curiosidades e grandes descobertas. Nada obstante, por ser um dos líderes mundiais na produção *in vitro* de embriões segundo a International Embryo Technology Society (IETS), o Brasil continua na vanguarda dos avanços dessa biotécnica, seja na produção *in loco* ou através de cientistas brasileiros que lideram grupos de pesquisa mundo afora. Dessa forma, este tópico é também para prestar as devidas homenagens a esses atores, brilhantes cientistas brasileiros, envolvidos na construção dessa história de sucesso.

Sir Ian Wilmut, em seu livro *Dolly a segunda criação* (Wilmut; Campbell; Tudge, 2001), destaca a grande contribuição de um aluno de doutorado brasileiro no Instituto Roslin em Edimburgo para o programa de clonagem que culminou com o nascimento da ovelha Dolly.

Após terminar seu doutorado, o agora dr. Lawrence Charles Smith foi contratado como professor na Universidade de Montreal no Canadá, onde viria a se tornar uma das maiores referências e destino de muitos acadêmicos brasileiros para aprender e trazer ao Brasil diversos conhecimentos, entre eles a técnica de clonagem. Outro marco na carreira do dr. Smith juntamente com seu pós-doutorando na época, o dr. Vilceu Bordignon, hoje docente na Universidade McGill, foi a realização com sucesso da clonagem de Starbuck, touro conhecido mundialmente (Ortegon et al., 2007).

A primeira clonagem com desenvolvimento de um animal a termo no Brasil foi realizada em 2001 liderada pelo dr. Rodolfo Rumpf na Embrapa/Cenargem em Brasília-DF. Batizada de Vitória, a bezerra foi gerada por meio da utilização de células extraídas de um embrião, técnica conhecida como transferência nuclear embrionária. Em 2002, o grupo do dr. José Antônio Visintin, da Faculdade de Medicina Veterinária e Zootecnia da Universidade de São Paulo (FMVZ-USP), apresentou à comunidade científica o nascimento de Marcolino, clone desenvolvido através da utilização de células fetais. Também em 2002, o dr. Joaquim Mansano Garcia e sua equipe da Universidade Estadual "Júlio de Mesquita Filho" (Unesp) de Jaboticabal-SP exibiram o primeiro clone realizado a partir de um animal adulto, a Penta, nome em homenagem ao Pentacampeonato da seleção brasileira de futebol conquistado naquele ano.

O dr. Rumpf e seu grupo, em 2003, mostraram que era possível clonar animais mortos. A clonagem de Lenda, nome dado a bezerra, foi realizada utilizando células da granulosa de uma vaca leiteira morta em um acidente. Já em 2004, o mesmo grupo realizou a "clonagem do clone", onde utilizaram células do clone Vitória, mencionada anteriormente, para a geração de seu clone chamada de Vitoriosa.

Os primeiros clones comerciais do Brasil viriam a ser gerados só em 2005, através de uma parceria entre nosso grupo, sediado na Faculdade de Zootecnia e Engenharia de Alimentos da USP em Pirassununga-SP, liderado pelo dr. Flávio Vieira Meirelles e a empresa Vitrogen® de Cravinhos-SP, coordenada pela dra. Yeda Fumie Watanabe. Essa parceria gerou o nascimento de vários clones de touros e vacas consagrados em exposições agropecuárias ao redor do Brasil. Desde então, temos utilizado a técnica de clonagem como uma das ferramentas para entender os mecanismos moleculares envolvidos na reprogramação nuclear.

A partir daí, vários grupos têm se dedicado à clonagem animal; por exemplo, citamos que, em 2010, nasceu a bezerra Canjica, o primeiro clone de um audacioso projeto público-privado para a criação de uma "fábrica de clones". Esse projeto era liderado pelo saudoso dr. Otávio Mitio Ohashi, da Universidade Federal do Pará (UFPA), em colaboração com a USP e a Universidade Norte do Paraná (Unopar).

Bases do processo de produção de animais clonados por TNCS

Com a simples transferência de uma célula para o citoplasma enucleado de um oócito receptor, é possível produzir um animal geneticamente idêntico ao doador dessa célula. Este é o conceito básico da TNCS e todos os procedimentos envolvidos na produção de animais clonados estão esquematizados na Figura 1. É importante destacar que todas as etapas de produção apresentadas neste capítulo são focadas na produção de animais pela técnica de TNCS em bovinos. Dessa forma, algumas variações podem ocorrer dependendo da metodologia empregada, dos protocolos utilizados e, principalmente, das espécies em que a clonagem está sendo aplicada.

Figura 1. Esquema ilustrativo das principais etapas de reconstrução de embriões produzidos por TNCS em bovinos. Os oócitos receptores são normalmente aspirados de ovários de animais abatidos e posteriormente são maturados *in vitro*. No entanto, também podem se utilizar oócitos aspirados *in vivo* por *ovum-pick-up* (OPU). A enucleação (retirada do núcleo) dos oócitos e a introdução da célula doadora são realizadas com o auxílio de micropipetas de vidro acopladas a um sistema de micromanipulação. As células utilizadas para a reconstrução dos oócitos podem ser derivadas de embriões, fetos e até mesmo de animais adultos. Um equipamento específico (eletroporador/eletrofusão) é utilizado para a fusão das membranas plasmáticas do oócito receptor e da célula doadora. Um pulso elétrico despolariza as membranas que são fundidas após a repolarização. Os oócitos fundidos são utilizados para a etapa seguinte de ativação artificial partenogenética. A ativação dos embriões pode ser induzida por tratamento com ionóforos, agentes químicos que induzem pico de cálcio, ou agentes físicos, como pulsos elétricos. Após a ativação, os oócitos são cultivados *in vitro* em meio de cultivo específico sob óleo mineral em incubadoras de CO_2 até o estágio de blastocistos, momento no qual são transferidos para as receptoras previamente sincronizadas. O animal clonado possui material genético idêntico ao do animal doador de núcleo.

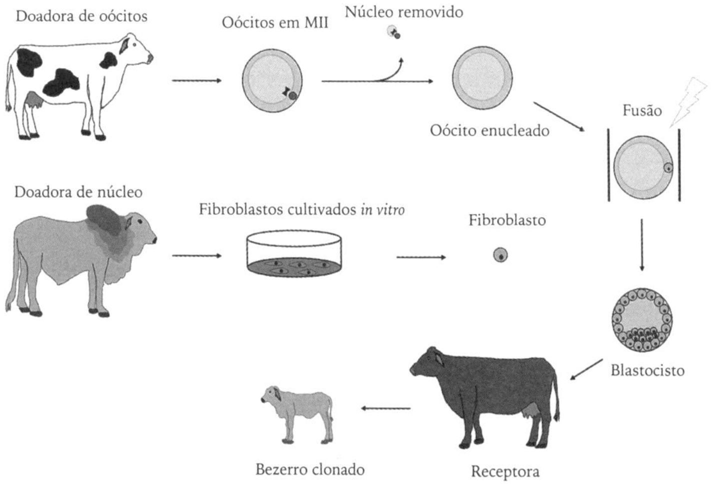

Principais etapas da transferência nuclear de célula somática

- Obtenção, seleção e maturação dos oócitos receptores.
- Enucleação ou remoção do material genético (núcleo) dos oócitos.
- Preparação da célula doadora de núcleo.
- Reconstrução dos embriões por TNCS e eletrofusão.
- Ativação artificial partenogenética.
- Cultivo *in vitro* e transferência dos embriões clonados para as receptoras.

A seguir, serão descritas detalhadamente as principais etapas da produção de embriões bovinos clonados.

Obtenção, seleção e maturação dos oócitos receptores

Os oócitos receptores são considerados os principais componentes da produção de embriões clonados. Isto ocorre porque é no citoplasma dos oócitos que estão presentes os fatores que irão reprogramar o núcleo somático e dar suporte ao desenvolvimento embrionário inicial. Nessa fase, o zigoto/embrião é totalmente dependente dos estoques maternos presentes no citoplasma do oócito, porque somente no estágio de oito células é que a transcrição do genoma se torna ativa e o embrião começa a sintetizar os próprios RNAs e proteínas para suportar o desenvolvimento. Além disso, é necessária a correta sincronização entre o ciclo celular do citoplasma do oócito, que deve estar em metáfase II no momento da enucleação, e do núcleo da célula doadora, que deve estar em G0 e/ou G1, quando introduzida no oócito. As três etapas da TNCS que são dependentes dos componentes dos oócitos são: a maturação, a enucleação e a ativação artificial partenogenética.

Em mamíferos, a maturação dos oócitos começa durante o desenvolvimento fetal das fêmeas, porém a meiose é interrompida no estágio final do diplóteno I da primeira divisão meiótica. A capacidade de retomar a meiose e progredir na maturação além desse estágio é adquirida gradualmente durante o período de crescimento dos oócitos. Uma série de transformações nucleares e citoplasmáticas ocorre nos oócitos e durante a maturação; todas essas alterações em conjunto são importantes para dar suporte ao desenvolvimento embrionário inicial. Alterações também ocorrem nas células do *cumulus*, sendo a expansão destas a característica mais facilmente observada (Figuras 2A e 2B).

A maturação nuclear é caracterizada pela condensação dos cromossomos e pela quebra da vesícula germinativa (VG). Nessa fase, o oócito progride do estágio de diplóteno I até o estágio de MII da segunda divisão meiótica, etapa bem caracterizada

Figura 2. Imagem referente à maturação *in vitro* de oócitos bovinos utilizados para a TNCS. A) Oócitos imaturos com várias camadas de células do *cumulus* e com o citoplasma homogêneo (grau I, de boa qualidade) selecionados para a MIV. B) Oócitos após 18 horas de maturação *in vitro*. É possível observar a expansão das células do *cumulus*, um dos indicativos de que a maturação ocorreu. C) Oócito completamente desnudado com tripsina, sem as células dos *cumulus*. Na imagem é possível observar o 1º Corpúsculo Polar (indicado pela seta) no espaço perivitelínico (entre o citoplasma do oócito e a zona pelúcida).

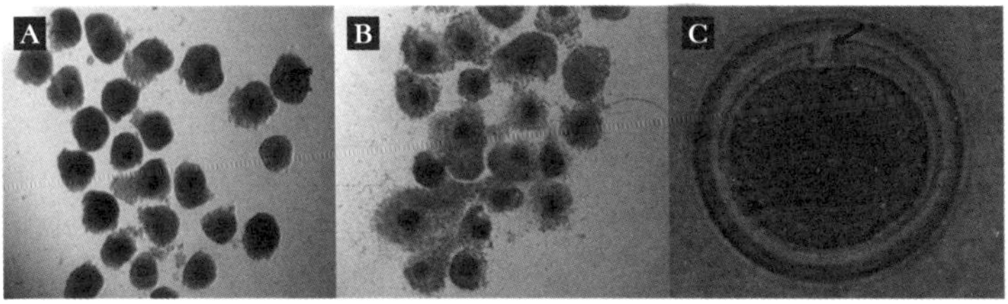

pela formação da placa metafásica. Além disso, também ocorre uma divisão citoplasmática assimétrica, originando duas células com tamanhos diferentes, sendo uma bem pequena chamada de primeiro corpúsculo polar (1º CP) e outra muito maior designada como oócito secundário. A maturação citoplasmática é caracterizada pela complexa reorganização das organelas do citoplasma pelos microtúbulos e microfilamentos. No oócito imaturo, o complexo de Golgi e as mitocôndrias estão localizados na região periférica do citoplasma dos oócitos, porém, com a maturação, elas são redistribuídas e se organizam nas proximidades do núcleo (Hyttel et al., 1997).

A maturação oocitária pode ser realizada *in vivo* ou *in vitro*, dependendo de sua finalidade. Alguns estudos já demonstraram que os oócitos maturados *in vivo* são, em geral, mais competentes e uma proporção maior de oócitos atinge o estágio de blastocisto em comparação àqueles oócitos maturados *in vitro* (Rizos et al., 2002). O que suporta essa hipótese é que oócitos derivados de folículos grandes ou pré-ovulatórios são mais competentes do que aqueles derivados de folículos pequenos (2 mm-8 mm de diâmetro) que são normalmente utilizados na maturação *in vitro*. A maturação *in vivo* é comumente empregada em animais de laboratório e os oócitos maduros são ovulados e recuperados dos ovidutos ou também podem ser aspirados dos folículos pré-ovulatórios. Entretanto, para as rotinas de TNCS em animais domésticos de grande porte normalmente utilizam-se oócitos maturados *in vitro*, uma vez que são mais fáceis de serem obtidos de ovários oriundos de abatedouro.

Outros pontos que devem ser levados em consideração são os altos custos dos equipamentos e materiais utilizados no campo, necessidade de equipe muito bem treinada para realização dos protocolos de indução de crescimento de múltiplos folículos, além de uma grande sincronia entre as equipes do campo e do laboratório. Sendo assim, para a rotina de clonagem de animais de produção, oócitos são recuperados de folículos antrais de ovários que seriam descartados, oriundos de fêmeas abatidas para a produção de carne. Após a coleta, esses ovários são levados até o laboratório e são aspirados para a obtenção dos oócitos que serão os receptores na clonagem.

Os meios de cultivo utilizados normalmente são comerciais, uma vez que já estão bem padronizados. Em geral, utiliza-se TCM 199®, suplementado com hormônios, soro fetal bovino, fatores de crescimento e antibióticos. A maturação *in vitro* (MIV) pode ser realizada em gotas de meio distribuídas uniformemente em placas de *petri* (35 mm de diâmetro) sob óleo mineral, que são mantidas em incubadoras aquecidas a 38,5 °C com a atmosfera controlada. Normalmente utiliza-se a concentração de 5% de CO_2 e 100% de umidade, mas alguns efeitos benéficos como a redução de espécies reativas de oxigênio (EROs) e a melhor qualidade dos oócitos/embriões podem ser observados quando se diminui a tensão de O_2 para 5% (Hashimoto et al., 2000; Bagheri et al., 2018).

Em ruminantes, os oócitos maturados *in vitro* podem começar a extrusão do 1º CP antes mesmo de 15 horas após o início da maturação. No entanto, é bem estabelecido que, para atingir uma maior taxa, o tempo de maturação *in vitro* varia entre 18 horas e 24 horas. Para a rotina de TNCS que utiliza oócitos em MII, preconiza-se iniciar a seleção do 1º CP com aproximadamente 18 horas após o início da MIV. Isto é necessário porque as etapas seguintes (enucleação, reconstrução, eletrofusão e ativação partenogenética) devem respeitar criteriosamente o período correto do ciclo celular do oócito e eventuais atrasos nesses processos podem afetar o sucesso final. Além disso, a micromanipulação dos oócitos é uma atividade bastante laboriosa, que exige um profissional muito bem treinado.

Enucleação

Alguns métodos de enucleação já foram desenvolvidos por pesquisadores e utilizados com sucesso para a produção de animais clonados. A seguir serão detalhados dois principais métodos: o *Hand-made cloning* (em português, clonagem feita à mão) e a clonagem por micromanipulação (Wilmut et al., 2007; Vajta; Lewis; Tecirlioglu, 2006). Porém, antes de realizar a enucleação propriamente dita é necessário remover as células do *cumulus* e selecionar os oócitos com o 1º CP.

A remoção do *cumulus* é realizada pela combinação da ação enzimática e agitação mecânica por pipetagem. Normalmente se utiliza a hialuronidase diluída em PBS (2 mg/mL), porém a utilização de tripsina também tem se mostrado bastante eficaz. Após a MIV, os oócitos são lavados com a solução enzimática de escolha e depositados em uma gota em uma placa de *petri* (35 mm). Com o auxílio de uma micropipeta, ajusta-se o volume adequado e inicia-se uma pipetagem vigorosa de movimentos repetitivos por alguns minutos até os oócitos ficarem completamente desnudos. É muito importante ajustar o volume da pipeta corretamente e sempre calibrar a força empregada para evitar a lise dos oócitos. Após a remoção das células do *cumulus* é necessário selecionar os oócitos maduros, ou seja, aqueles que maturaram e possuem o 1º CP (Figura 2C). Uma vez que não haja mais a presença de células do *cumulus*, também se faz uma seleção visual do citoplasma, descartando os oócitos com o citoplasma heterogêneo ou com sinais de degeneração. Uma alternativa utilizada para desnudar os oócitos é pela agitação por *vórtex*. Os oócitos são colocados em microtubos de 1,5 mL contendo solução enzimática e são agitados vigorosamente (agito máximo) por aproximadamente 3-5 min. Apesar de o agito vigoroso do *vórtex* ser mais rápido, pode-se descorrelacionar o 1º CP e a placa metafásica. Isto dificulta significativamente a enucleação quando se utiliza a técnica de micromanipulação, uma vez que o 1º CP serve como referência para a visualização e remoção da placa metafásica. Além disso, quando isto ocorre, normalmente há a retirada excessiva do citoplasma do oócito, o que pode comprometer a taxa de fusão e o desenvolvimento embrionário posterior. Uma vez que os oócitos maduros estão desnudos e selecionados, inicia-se a enucleação, porém há algumas diferenças dependendo do método utilizado.

O método *Hand-made cloning* foi criado pelo pesquisador Gabor Vajta, com a finalidade de baratear os custos da clonagem (Vajta; Lewis; Tecirlioglu, 2006; Vajta, 2007). Para produzir os embriões clonados é necessário apenas uma lâmina afiada, para literalmente cortar os oócitos ao meio, um estereomicroscópio e um equipamento de eletrofusão. A técnica consiste na remoção da zona pelúcida dos oócitos maturados pela ação enzimática da pronase e o posterior tratamento dos oócitos com demecolcina. A demecolcina induz uma protusão da membrana do citoplasma do oócito que contém a metáfase cromossômica condensada, facilitando a enucleação (Saraiva et al., 2009). Com o auxílio da lâmina, os oócitos são cortados ao meio, um a um. As metades dos oócitos com as metáfases são descartadas e as outras metades sem material genético (citoplastos) são utilizadas para a reconstrução dos zigotos. Na etapa de reconstrução utiliza-se a fitohemaglutinina, substância que atua como uma cola natural fixando a célula doadora entre dois citoplastos enucleados (como se fosse um sanduíche), que posteriormente são fundidos. Por não possuir a zona pelúcida, os zigotos devem ser cultivados em poços feitos individualmente (do inglês, *well of well*) no fundo das placas de *petri*. Embora alguns animais clonados já tenham sido produzidos por essa metodologia (Vajta; Lewis; Tecirlioglu, 2006; Palta; Selokar; Chauhan, 2023; Vajta; Chen; Machaty, 2023; Moulavi; Hosseini, 2023), esta é uma técnica muito laboriosa que exige muito treinamento para ser executada. O cultivo individual dos embriões também é um limitante, e como os blastocistos não possuem a zona pelúcida, estão mais suscetíveis a injúrias mecânicas.

A metodologia de micromanipulação é a técnica mais antiga e a mais utilizada para a enucleação. Essa técnica consiste na aspiração do material genético do oócito, juntamente com uma porção de citoplasma adjacente, utilizando micropipetas de vidro acopladas a um sistema de micromanipulação. Para a enucleação, duas pipetas são utilizadas: uma pipeta maior, comumente chamada de *holding* (contenção), que possui a finalidade de segurar e manter o oócito estático na posição correta para a enucleação, e uma outra pipeta que possui um bisel e é denominada *injection* (injeção), por se assemelhar a uma agulha, e serve para aspirar o material genético e depois introduzir a célula doadora (Figura 3).

Posteriormente ao desnudamento, deve-se tratar os oócitos com citocalasina B (7,5 μg/mL). Esse reagente é uma toxina fúngica que age como um inibidor temporário dos filamentos de actina, e a incubação por apenas 15 minutos é suficiente para despolimerizar os filamentos de actina, proporcionando maior elasticidade e evitando a lise dos oócitos durante a penetração

Figura 3. Esquema ilustrativo da placa de micromanipulação e enucleação dos oócitos. A) Uma gota de meio TCM 199® sob óleo mineral é montada em uma placa de *petri* para a manipulação dos oócitos. B) Vista do microscópio invertido durante a etapa de enucleação de oócitos. Nessa etapa, o 1º CP e a placa metafásica são expostos à luz UV, identificados com o auxílio de um corante de DNA (*Hoechst* 33342) e aspirados pela pipeta de injeção. Durante a enucleação, junto com o núcleo do oócito, uma parte do citoplasma adjacente à placa metafásica também é retirada.

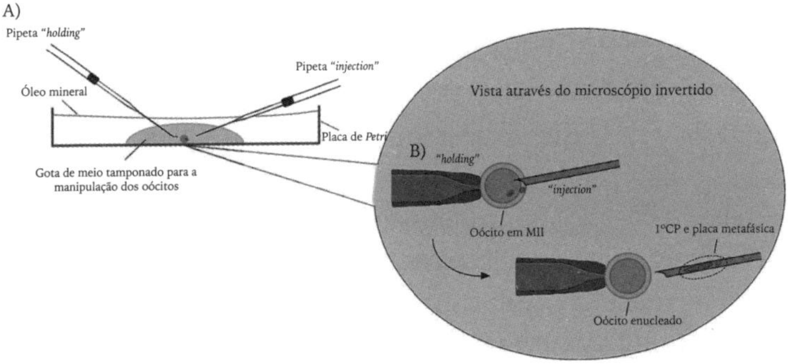

na zona pelúcida e a aspiração da metáfase como o citoplasma adjacente. Na maioria das espécies domésticas, o núcleo não é naturalmente visível, assim, há a necessidade do uso de corantes nucleares como o *Hoechst* 33342 (10 µg/mL) para a visualização da placa metafásica após a exposição à luz ultravioleta. A exposição à UV pode ser prejudicial aos oócitos, por isso deve-se fazer uma exposição rápida, por apenas alguns segundos. Uma segunda exposição pode ser realizada para a confirmação da completa enucleação, porém, nessa segunda exposição é recomendado manter apenas a biópsia no feixe de luz UV preservando ao máximo os oócitos. Apenas uma fração de 10% a 15% de citoplasma total do oócito deve ser retirada e a taxa de sucesso da enucleação de um cientista/técnico bem treinado é em torno de 80% a 90% em bovinos.

Células doadoras de núcleo e sua preparação

É no citoplasma do oócito receptor que se encontra toda a maquinaria molecular responsável por apagar os elementos que compõem o núcleo somático e dar início ao novo programa embrionário. Todo esse aparato, naturalmente responsável por reprogramar o genoma paterno e materno, também é capaz de reprogramar diferentes tipos celulares e até mesmo células em processo de apoptose (Miranda et al., 2012; Keefer, 2007). Contudo, o sucesso na reprogramação está intimamente ligado às células utilizadas como doadoras de núcleo. São nelas que estão as informações genéticas que serão passadas e, caso haja sucesso, replicadas durante o desenvolvimento embrionário. Tão importante quanto o material genético em si, o estado em que esse DNA se encontra está diretamente ligado à eficiência da técnica.

Diversos estudos têm mostrado que o grau de diferenciação celular é inversamente proporcional às taxas de desenvolvimento embrionário iniciais e prenhez, ou seja, quanto mais especializada uma célula é, menor será a capacidade do citoplasma oocitário de reprogramá-la. De fato, os primeiros experimentos de transferência nuclear foram somente possíveis utilizando células embrionárias. Por serem menos diferenciadas, a utilização de células-tronco adultas e embrionárias se mostrou como uma boa fonte doadora de núcleo na clonagem de diferentes espécies, como em camundongos e em humanos. No entanto, até o momento, o mesmo desempenho não foi alcançado em bovinos (Bogliotti et al., 2018).

Os fibroblastos são talvez as células mais utilizadas como doadoras de núcleos, isso se dá tanto pela facilidade de isolamento em diferentes tecidos quanto por sua capacidade proliferativa *in vitro*. Um outro tipo celular com bons resultados na TNCS são as células do *cumulus*. No entanto, apesar de melhores resultados quando comparadas a fibroblastos, seu uso é limitado, pois só é possível a clonagem de fêmeas. Os prováveis motivos para explicar essa melhora quando da utilização de células do *cumulus* como doadoras de núcleo são seu padrão epigenético, discutido mais à frente na seção "O processo de reprogramação nuclear", e sua capacidade proliferativa retida com a saída do ciclo celular.

A descoberta da importância da indução à quiescência da célula doadora foi apontada como uma das razões principais para se chegar a Dolly. Essa indução é necessária para que a célula permaneça nas fases G0/G1 e haja uma sincronização entre o ciclo celular da célula doadora e o citoplasma oocitário responsável pela reprogramação, que está parado em metáfase da meiose II (Cambell, 1999; Wells; Misica; Tervit, 1999).

Uma patente sobre clonagem de Campbell e Wilmut descreve que essa técnica "envolve a transferência do núcleo de uma célula doadora de núcleo quiescente para uma célula receptora adequada", e, na mesma patente, eles explicam que "a célula doadora é quiescente, pois é induzida a sair do ciclo de crescimento e divisão celular em G1 e parar no estado de G0" (Patente número: US20060156424A1).

Entretanto, é sabido que a paralisação do ciclo celular pode levar a mudanças no padrão epigenético (Kallingappa et al., 2016), inclusive na expressão de genes *imprinted* (Baqir; Smith, 2003). Marcas repressivas de cromatina como H3K9me2, H3K9me3 e H3K927me3 têm sido descritas como barreiras epigenéticas para a reprogramação nuclear eficiente em bovinos, camundongos e porcos, respectivamente (Matoba et al., 2014). Esses trabalhos mostraram que essas marcas se apresentam hipermetiladas em embriões clones comparados aos embriões produzidos por fecundação *in vitro*, e que a redução em seus níveis pode levar a um aumento na eficiência da reprogramação nuclear. Entretanto, pouco se sabe sobre o efeito da sincronização do ciclo celular sobre os padrões epigenéticos dessas células antes da reprogramação, especialmente em bovinos.

Dentre as metodologias de indução à quiescência, na clonagem rotineiramente usamos dois métodos: 1) privação de soro fetal bovino (SFB), procedimento no qual o SFB é reduzido de 10% para 0,5% no meio de cultivo, estimulando as células a pararem a divisão celular; e 2) confluência celular, método em que se permite que as células cresçam até ocupar toda a superfície da placa de cultivo, quando ocorre restrição de espaço para o crescimento (confluência), elas inibem umas às outras por contato físico e param o ciclo celular. As células sincronizadas por uma dessas metodologias estão aptas para serem utilizadas como doadoras de núcleo.

Reconstrução dos embriões por TNCS e eletrofusão

A reconstrução dos embriões consiste na introdução da célula doadora de núcleo no espaço perivitelínico do oócito (fase ainda dependente do micromanipulador e das micropipetas) e a posterior fusão das membranas do citoplasma do oócito receptor e da célula doadora (Figura 4).

A célula é normalmente introduzida no espaço perivitelínico na região com menor contato entre a membrana do oócito e a zona pelúcida. Isto é fundamental para que a célula permaneça em contato direto com o citoplasma do oócito e para aumentar as chances de fusão das membranas. Alguns pesquisadores utilizam a fitohemaglutinina (descrita no tópico sobre "Enucleação") para auxiliar esse contato entre as membranas, uma vez que ela atua como um "adesivo", fazendo que a célula fique aderida ao citoplasma do oócito.

Após a reconstrução de todos os oócitos com as células, é o momento de se realizar a eletrofusão. Essa etapa é normalmente iniciada aproximadamente 24 horas após o início da MIV ou 6 horas desde o início da seleção do 1º CP dos oócitos. A eletrofusão é realizada em um meio com baixa concentração de sais

Figura 4. Esquema ilustrativo da reconstrução dos embriões e da eletrofusão. A) Cultivo *in vitro* de fibroblastos retirados do animal doador de núcleo. B) As células cultivadas *in vitro* são desagregadas da placa e, com o auxílio da micropipeta, um único fibroblasto é injetado no espaço perivitelínico do oócito enucleado. C) Os pares (oócito e fibroblasto) são corretamente posicionados entre os eletrodos da câmara de fusão. D) A corrente elétrica é aplicada e as membranas do citoplasma do oócito e das células se despolarizam, permitindo a ocorrência de poros. E) Após a repolarização das membranas ocorre a fusão das membranas, o que possibilita que a célula seja englobada pelo citoplasma do oócito.

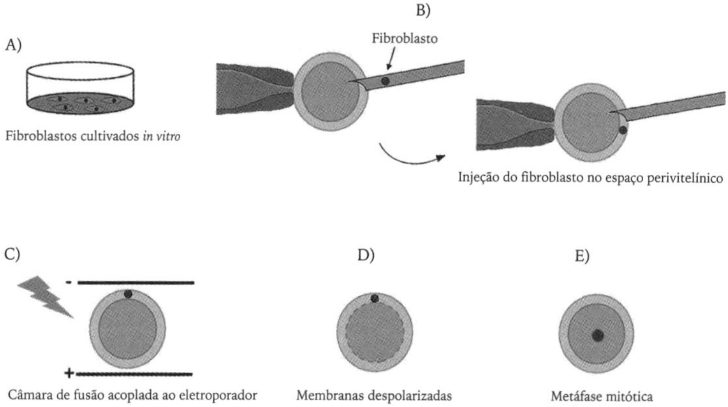

para não afetar a corrente elétrica e minimizar a lise dos oócitos. Primeiramente, os oócitos são lavados três vezes em solução de eletrofusão (manitol 0,28 M, MgSO4 0,1 mM, HEPES 0,5 mM e BSA 0,05% em água, pH 7,4). Essa lavagem é importante, pois remove o excesso de sais dos meios de cultivo anteriores em que os oócitos e as células estavam. Após a lavagem, estes são colocados na parte superior de uma câmara de fusão, também preenchida com solução de eletrofusão. A solução de manitol é levemente hipotônica, fazendo também os citoplasmas dos oócitos (mais concentrados) absorverem um pouco de água por osmose. Isto aumenta levemente o volume dos oócitos e, consequentemente, diminui o espaço perivitelino permitindo um contato mais efetivo com a célula. Os oócitos são então posicionados um a um entre os eletrodos da câmara de fusão. É muito importante posicionar corretamente os oócitos, que devem permanecer perpendicularmente aos eletrodos, como visto na Figura 4C. A descarga elétrica é realizada por um pulso de corrente alternada (0,05 kV/cm por 5 segundos) e dois pulsos de corrente contínua (1,75 kV/cm por 45 μs). A corrente alternada auxilia no posicionamento dos oócitos e a corrente contínua despolariza e abre poros nas membranas. Com o passar do tempo, a polaridade das membranas se estabiliza novamente e ocorre a fusão entre elas (Figuras 4D e 4E).

Um outro método também eficiente para promover a reconstrução de embriões clonados é através de um *piezo drill*. Esse equipamento gera microvibrações na micropipeta *injection*, que causa um orifício da membrana celular e a quebra da tensão do citoplasma do oócito, sem que ocorra a lise. O que facilita muito a penetração da célula e torna o processo de reconstrução mais rápido e eficiente. Esse método é muito utilizado em camundongos e também tem se mostrado muito eficiente na reconstrução de oócitos em grandes animais, como cavalos e bovinos (Galli et al., 2002; Choi et al., 2002). No entanto, é muito importante calibrar corretamente as vibrações para evitar danos nos oócitos. Um ponto negativo é o alto custo do equipamento, o que pode inviabilizar o seu uso.

Ativação artificial partenogenética

A partenogênese é definida como uma forma de reprodução assexuada que resulta no desenvolvimento de um embrião a partir de um gameta feminino (oócito) sem a necessidade da contribuição do gameta masculino (espermatozoide) (Miller, 1957).

Esse fenômeno ocorre naturalmente em várias espécies, como pulgões, crustáceos, rotíferos, nematoides e alguns outros invertebrados. Apesar de a partenogênese não ocorrer naturalmente em mamíferos, ela pode ser induzida artificialmente *in vitro* por estímulos específicos nos oócitos (Kharche; Birade, 2013). Embriões de mamíferos "partenotos" (embrião ou indivíduo resultante do desenvolvimento de um óvulo não fertilizado) dificilmente atingem estágios de desenvolvimento além do período embrionário. No entanto, em 2004, alguns pesquisadores japoneses da Universidade de Agricultura de Tóquio, estudando os efeitos da manipulação de *locus* de genes *imprinted* específicos (H19/IGF2 e DLK1/MEG3), foram capazes de produzir um camundongo partenoto viável. A camundonga foi chamada de *Kaguya* e, ao atingir a vida adulta, apresentou desempenho reprodutivo normal após o acasalamento, dando à luz filhotes saudáveis (Kono et al., 2004).

A ativação artificial partenogenética é uma importante ferramenta para avaliar a maturação, a qualidade citoplasmática oocitária e a cinética do desenvolvimento embrionário inicial em várias espécies de mamíferos. Além disso, essa etapa é fundamental para dar início ao desenvolvimento dos embriões produzidos por TNCS, uma vez que nessa técnica não há a participação do espermatozoide, e somente a introdução da célula doadora de material genético no citoplasma do oócito não é capaz de ativar o citoplasma do oócito receptor (Czolowska et al., 1984; Szöllösi et al., 1986). Sabe-se que o espermatozoide é o ativador natural do oócito, assim, após a maturação, o espermatozoide tem pouco tempo para fecundar e ativar o oócito em MII. Após a fusão do espermatozoide com a membrana citoplasmática do oócito, ocorre o desencadeamento de uma cascata de eventos que culmina com a formação do inositol trifosfato (IP3), que desempenha a função de estimular a liberação de cálcio (Ca^{2+}) no interior do oócito (Hajnóczky; Davies; Madesh, 2003). Com essas oscilações de Ca^{2+}, inicia-se a diminuição da atividade do fator promotor da fase M (MPF), a exocitose dos grânulos corticais, o endurecimento da zona pelúcida, o bloqueio da polispermia, a extrusão do segundo corpúsculo polar, a formação dos pró-núcleos (masculino e feminino) e o início das mitoses (White; Yue, 1996; Kupker; Diedrich; Edwards, 1998).

O MPF é um complexo proteico que ativa várias outras proteínas pelo processo de fosforilação. Ele é responsável por modificações morfológicas nos oócitos durante a maturação, regulando a condensação dos cromossomos, o rompimento do envelope nuclear, e a reorganização dos microtúbulos (Kim et al., 2000). Sendo assim, é o MPF um dos complexos proteicos responsáveis por manter os oócitos bloqueados na fase de MII, e somente com a sua inativação ou degradação, quando há a fecundação ou ativação partenogenética, há a progressão na meiose e o posterior desenvolvimento embrionário.

Uma estratégia muito utilizada para induzir artificialmente a ativação do oócito *in vitro* é aumentar os níveis intracelulares de Ca^{2+}. Para essa indução, podem-se utilizar agentes ativadores físicos (eletrochoques e injeção intracelular de $CaCl_2$) ou químicos, expondo os oócitos a substâncias específicas, como ionomicina, etanol e cloreto de estrôncio (Nussbaum; Prather, 1995; Bos-Mikich et al., 1997; Loi et al., 1998; La Fuente; King, 1998). No entanto, falhas na ativação podem ocorrer, pois esses agentes ativadores não conseguem reproduzir eficazmente os eventos subsequentes à fecundação, principalmente as múltiplas oscilações intracelulares de cálcio e a correta degradação/inibição do MPF. Em decorrência, pode haver a fragmentação e a condensação prematura da cromatina do núcleo somático transplantado, além da incorreta replicação e segregação do material genético.

Uma alternativa para aumentar a eficiência da ativação é a utilização de reagentes inibidores de síntese proteica (CHX; ciclohexamida) ou de inibidores de enzimas cinases (6-DMAP; 6 dimetilaminopurina, roscovitina e butirolactona I). A utilização desses reagentes serve como um complemento ao estímulo

Figura 5. Imagem referente a um oócito bovino antes e após a ativação artificial partenogenética. A) Oócito bovino maturado *in vitro*, desnudado e no estágio de MII. A linha tracejada destaca a placa metafásica. B) Zigoto bovino após a ativação partenogenética com ionomicina seguida de incubação com 6-DMAP. Os dois círculos tracejados no interior delimitam os dois pronúcleos formados após a ativação. O oócito e o zigoto foram fixados (4% de PFA em PBS) e corados com *Hoechst* 33342. Os círculos maiores e contínuos delimitam o citoplasma, representando a zona pelúcida. Também é possível identificar o 1º CP em cada uma das imagens.

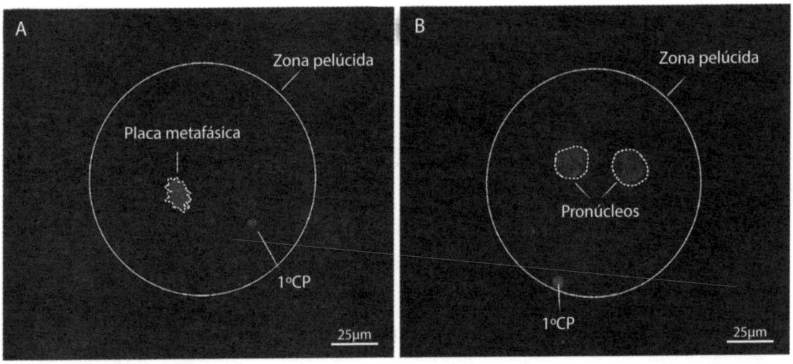

inicial de cálcio, pois a manutenção dos oócitos por algumas horas nessas substâncias inibe o restabelecimento/manutenção do MPF por um período determinado e proporciona um tempo adicional para os oócitos serem ativados (Figura 5). Alguns pesquisadores também utilizam "oócitos envelhecidos" para aumentar a taxa de ativação, a partir de 10 horas da extrusão do 1º CP (aproximadamente 28 horas após o início da maturação *in vitro*). Esses "oócitos envelhecidos" não são mais eficientes na síntese de proteínas que mantêm o complexo MPF ativo, e, como resultado, a ativação pode ocorrer mais eficientemente. Em contrapartida, a utilização desses "oócitos envelhecidos" pode comprometer a reprogramação nuclear e consequentemente prejudicar o desenvolvimento embrionário.

Esses protocolos de ativação são utilizados rotineiramente na TNCS e em várias espécies de mamíferos. No entanto, mais estudos devem ser realizados para melhor avaliar os mecanismos envolvidos em cada etapa e testar os efeitos dos agentes ativadores sobre o desenvolvimento embrionário posterior.

Cultivo *in vitro*

Após a ativação, os oócitos são mantidos no cultivo *in vitro* (CIV) por sete dias (Figura 6A). Nesse momento, D0 (dia zero), os embriões são lavados em meio de cultivo para retirar todos os resquícios dos agentes ativadores que, caso permaneçam por longos períodos, podem comprometer o desenvolvimento embrionário posterior. Normalmente se utiliza meio de cultivo SOF (*synthetic oviductal fluid*) suplementado com SFB, albumina sérica bovina (BSA), aminoácidos e antibióticos. São colocados no CIV em torno de 20 embriões por gotas de 100 μL de meio SOF sob óleo mineral. Assim como na maturação, o CIV é realizado em incubadoras a 38,5 °C e com atmosfera controlada de 5% de CO_2. No entanto, o CIV também pode ser realizado em placas de 4 poços, sem óleo mineral, em baixa tensão de 5% O_2, dependendo da finalidade dos embriões.

A velocidade com que cada embrião se desenvolve não é a mesma, assim, pode haver variação na fase de desenvolvimento de cada embrião. Alguns embriões são mais rápidos e outros mais lentos. Além disso, embriões machos podem ser mais rápidos quanto ao desenvolvimento (Mittwoch, 1993; Peer et al., 2022) e os embriões podem atingir diferentes estágios de desenvolvimento até no mesmo dia de cultivo. A partir de 16 horas iniciam-se as primeiras clivagens, estágio de duas células (dias 1 e 2). A segunda clivagem começa aproximadamente 24 horas depois, dobrando o número de blastômeros para quatro células (dias 2 e 3). No entanto, a taxa de clivagem é avaliada somente

Figura 6. Esquema ilustrativo do cultivo *in vitro*, do desenvolvimento inicial, e do envase dos embriões clonados. A) Após a ativação, os oócitos são lavados em meio SOF e colocados na placa de cultivo, onde permanecem por sete dias. Aproximadamente 20 embriões por cada gota de 100 μL sob óleo mineral. B) Esquema ilustrando o desenvolvimento embrionário inicial. C) Nessa fase, os blastocistos (dia 7) são envasados em palhetas com volume de 0,25 μL para serem transferidos para as receptoras previamente sincronizadas.

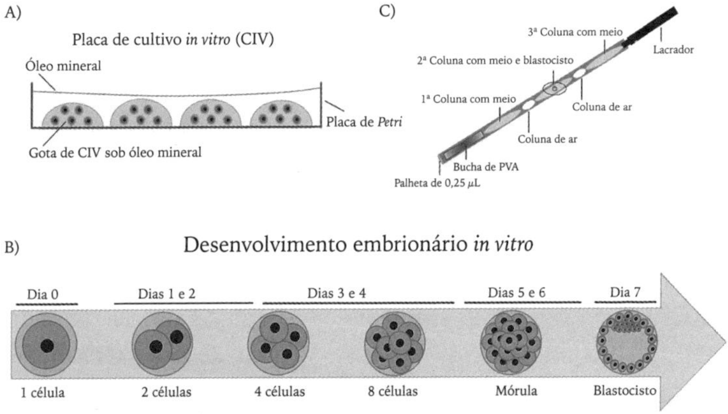

no D3 (dia 3) do desenvolvimento. Normalmente, não removemos os embriões da incubadora antes desse período, pois os embriões são bastante sensíveis a choque térmico e variações no pH nesse período crítico em que ocorre a ativação do genoma embrionário. Em bovinos, é no estágio de oito células que esse processo ocorre, ou seja, quando o embrião passa a produzir os próprios RNAs e as proteínas (dias 2 e 3). No quinto dia do desenvolvimento é possível observar a formação de mórulas (dia 5). Logo no início do D6 (dia 6) é possível observar a formação de alguns blastocistos iniciais. Finalmente, no D7 (dia 7) se observam os blastocistos, bem desenvolvidos e caracterizados por apresentarem blastocele que se forma devido ao grande acúmulo de líquido na cavidade (Figura 6B). Nessa fase do desenvolvimento é possível identificar as duas linhagens de células que compõem os embriões, a trofectoderma, que fica externamente, e a massa celular interna.

É nessa fase que os blastocistos são envasados em palhetas (0,250 μL) para serem transferidos para as receptoras previamente sincronizadas (Figura 6C). Normalmente, é envasado apenas um blastocisto por palheta e o esquema ilustrativo de como os embriões são envasados pode ser observado na Figura 6C. Em bovinos, já foi observado que transferir mais de um embrião por receptora não aumenta a taxa de gestação (Panarace et al., 2007). Além disso, pode aumentar a prevalência de gestações gemelares, o que pode aumentar a taxa de abortos e dificultar consideravelmente o parto dos animais.

Os blastocistos são lavados em meio de envase (SOF com hepes) e são colocados em gotas de 50 μL de meio, um blastocisto por gota. Com o auxílio de uma seringa acoplada às palhetas, aspira-se meio (70 μL) para formar a primeira coluna de meio dentro da palheta. Para formar a próxima coluna, aspira-se um pouco de ar (primeira coluna de ar). A próxima coluna (segunda de meio) é feita com a aspiração dos 50 μL de meio contendo o blastocisto. Novamente se forma uma coluna de ar (segunda coluna de ar). Finalmente, aspira-se mais 70 μL de meio para formar a última coluna de meio (terceira coluna de meio). Com o embrião na coluna do meio e com todas as outras colunas montadas, utiliza-se um lacrador de palhetas na extremidade posterior da "bucha". Ele evita a evaporação de meio, alterações de pH e serve para identificar os embriões. No momento da TE é só retirá-lo e introduzir a palheta corretamente no aplicador. As colunas de ar servem como êmbolos de uma seringa que empurram os blastocistos para fora na palheta quando estão sendo inoculados nas receptoras. Elas também são importantes para prevenir a adesão dos embriões na parede das palhetas e na "bucha" de PVA.

Aplicações da clonagem animal por TNCS

Embora a eficiência da TNCS ainda permaneça baixa, com a possibilidade de reprogramar um núcleo somático e torná-lo novamente indiferenciado, cria-se uma infinidade de aplicações biomédicas e biotecnológicas. Devido a isso, essa tecnologia despertou muitos interesses científicos e comerciais. Algumas das utilidades dessa tecnologia são: I) produção de animais transgênicos por TNCS; II) clonagem terapêutica; III) clonagem de animais de alto mérito genético; IV) clonagem de espécies em risco de extinção. Todas essas aplicações serão discutidas a seguir.

Produção de animais transgênicos por TNCS

A transgenia tem como objetivo gerar animais com a incorporação estável de um fragmento específico de DNA exógeno. Em 1985, os primeiros animais domésticos geneticamente modificados foram produzidos por microinjeção de DNA no pró-núcleo de zigotos (Hammer et al., 1985), um dos métodos mais utilizados para a produção de animais transgênicos. Essa metodologia consiste basicamente em introduzir, com o auxílio de micropipetas, genes de interesse no interior dos pronúcleos de zigotos. Após a singamia há a integração do inserto ao genoma e o indivíduo passa a expressar o gene de forma estável. Apesar de ser possível gerar organismos transgênicos utilizando essa metodologia, a eficiência geral é muito baixa, muitas vezes ficando em torno de 1%. Outro problema encontrado é a geração de animais mosaicos, ou seja, nem todas as células e tecidos do animal possuem a expressão bialélica do gene inserido (Chan et al., 1999).

A possibilidade de se utilizar células cultivadas *in vitro* geneticamente modificadas para gerar animais clonados abriu novas perspectivas para a produção de animais transgênicos por meio da TNCS. Isto porque as células cultivadas *in vitro* podem ser mais facilmente transfectadas e modificadas geneticamente. A edição direcionada de genes específicos pode ser realizada com a introdução/substituição de um gene exógeno (*knock-in*) ou com a remoção/desativação de um gene endógeno (*knock-out*). Além disso, pode-se checar a eficiência da transfecção antes de se utilizar a célula na TNCS. Uma opção viável para essa checagem é realizar o *sorting* (separação) pela citometria de fluxo, selecionando apenas as células que expressam a proteína de interesse. Um exemplo bastante comum é utilizar a *Green fluorescent protein* (GFP) como repórter e, uma vez que a célula fluoresce, é um indicativo de que a transfecção ocorreu corretamente. Esse procedimento de verificação da eficiência da transfecção pode elevar a porcentagem de células transgênicas para até 95%.

A realização da clonagem utilizando células transgênicas já foi utilizada na biomedicina para produção de proteínas de interesse e com modelos animais para estudo de doenças de humanos. Um exemplo é o *knock-out* do gene α-1,3-galactossiltransferase em células de suínos que posteriormente foram utilizadas para a produção de clones suínos (Kolber-Simonds et al., 2004). Esse gene é o responsável pela produção da Galα, que está presente nas células da maioria dos mamíferos; porém os humanos não possuem esse gene. A Galα é apontada como uma das principais causas de rejeição durante os processos de xenotransplantes, quando um ser humano recebe o órgão de um animal de espécie distinta. A utilização da clonagem para gerar animais transgênicos tem se mostrado bastante eficiente em várias espécies de animais domésticos, como: ovinos, caprinos, suínos e bovinos. Além disso, esse método minimiza os custos de produção dos animais. Em contrapartida, erros de reprogramação, alterações epigenéticas e problemas gestacionais inerentes da clonagem podem ser uma barreira e devem ser muito bem ponderados antes da utilização dessa ferramenta.

Uma outra metodologia que tem revolucionado a ciência na obtenção de animais transgênicos, por ser muito mais simples e eficiente para edição genômica, é o sistema Conjunto de Repetições Palindrômicas Curtas Regularmente Espaçadas (CRISPR-Cas9). Essa tecnologia permite modificações específicas no DNA de animais domésticos melhorando características de produção, bem-estar animal, produção de proteína de interesse farmacêutico e investigação da função de genes específicos (Perisse et al., 2021). Em 2013, pesquisadores publicaram, pela primeira vez, um trabalho utilizando CRISPR-Cas9 para edição genômica em mamíferos (Cong et al., 2013). A CRISPR-Cas9 é uma endonuclease bacteriana do tipo II que utiliza uma sequência guia de RNA que forma pares de bases com sequências-alvo no DNA. Isto permite que a Cas9 realize uma quebra de fita dupla em uma região específica do DNA. No entanto, a edição de zigotos diretamente pela CRISPR-Cas9 ainda não tem se mostrado tão eficiente quanto a edição de células cultivadas *in vitro*. Dessa forma, a ideia de se utilizar a clonagem permanece a mesma; utiliza-se a CRISPR-Cas9 para edição mais eficiente dos genes específicos nas células cultivadas *in vitro* e posteriormente realiza-se a TNCS com a célula transgênica para a obtenção dos animais nascidos.

Em novembro de 2021 foi publicado em vários meios de comunicação o xenotransplante de um rim suíno para uma paciente receptora. A mulher, que era doadora de órgãos, apresentava um quadro de morte cerebral irreversível, além de sinais de disfunção renal. A família da paciente autorizou a equipe médica antes da cirurgia e o procedimento foi realizado no centro médico Langone Health da Universidade de Nova York, nos Estados Unidos. O rim do animal ficou conectado às veias e artérias da paciente por três dias, porém o rim foi mantido do lado de fora do organismo da paciente para garantir total acesso pela equipe médica. Com funcionamento aparentemente normal e sem apresentar sinais de rejeição inicial, o rim foi capaz de filtrar o sangue e produzir urina com níveis adequados de creatinina, um indicador de função renal eficiente.

O animal geneticamente modificado foi desenvolvido pela unidade Revivicor da United Therapeutics Corporation. O porco, apelidado de GalSafe, era *knock-out* para a α-1,3-galactossiltransferase, como mencionado anteriormente. Em dezembro de 2020, a agência reguladora dos Estados Unidos (Food and Drug Administration – FDA) aprovou o uso do animal para alimentação de pessoas com alergia à carne e como fonte potencial de terapêutica humana.

Alguns meses depois, o primeiro xenotransplante bem-sucedido de um coração suíno geneticamente modificado foi realizado em um paciente humano. O feito inédito, realizado em 7 de janeiro de 2022, foi anunciado em conjunto pela Faculdade de Medicina e pelo Centro Médico, ambos da Universidade de Maryland, nos Estados Unidos. O paciente transplantado foi David Bennett, um homem de 57 anos de idade portador de insuficiência cardíaca severa e considerado inelegível para um transplante cardíaco convencional ou qualquer outro tipo de procedimento cirúrgico. O transplante não chegou a ser aprovado pela FDA dos Estados Unidos, no entanto, a agência federal autorizou a cirurgia especialmente nesse caso para "uso compassivo", pois não restavam outras opções de tratamento, sendo a única opção para mantê-lo vivo.

A Revivicor, a mesma empresa de medicina regenerativa que produziu o rim transplantado na paciente anterior, forneceu o porco geneticamente modificado para o xenotransplante de David. O porco doador possuía no total dez genes editados em seu genoma. Quatro desses genes foram "*knocked-out*", sendo três responsáveis pela rejeição aguda em humanos e um quarto gene também foi removido para controlar o crescimento do animal e, consequentemente, do seu coração para torná-lo anatomicamente mais compatível com o corpo humano. Os demais seis genes foram inseridos no genoma do animal e tratava-se de genes humanos.

Após a cirurgia, o coração transplantado funcionou muito bem por várias semanas sem nenhum sinal de rejeição. No entanto, dois meses após o transplante, o estado de saúde do paciente se deteriorou muito e David veio a óbito. Em um comunicado oficial, o porta-voz do hospital disse que a equipe médica ainda não identificou a causa exata da morte de David e que, aparentemente, não havia sinais de rejeição do coração. De fato, David Bennett entrou para a história da ciência por se tornar o primeiro ser humano a receber um xenotransplante e viver por um período tão longo sem sinais de rejeição. Embora esse procedimento tenha sido inovador e considerado um sucesso do ponto de vista médico, os pesquisadores alertaram que ainda existem barreiras a serem quebradas e muitos outros estudos e pesquisa precisam ser realizados antes de tornar essa terapia amplamente disponível (Moazami et al., 2023).

Clonagem terapêutica

Embora a metodologia inicial seja a mesma que na clonagem reprodutiva, a clonagem terapêutica não tem como finalidade simplesmente replicar indivíduos, mas a produção de embriões para isolamento de células em diferentes estágios de desenvolvimento, bem como a geração de células-tronco embrionárias (CTE). As células-tronco são células que possuem a capacidade de se autorreplicar e de se diferenciar em diferentes tecidos. Quanto maior essa capacidade de diferenciação, maior será o potencial de aplicação dessas células para terapia celular visando à regeneração de um órgão ou tecido.

O mecanismo biológico responsável por essa regeneração ainda não está totalmente elucidado, porém alguns estudos indicam que há duas principais formas de ocorrer: através da substituição das células danificadas ou por uma indução local dos mecanismos de cicatrização no ambiente afetado. Contudo, uma das maiores limitações desse tipo de terapia é a rejeição causada por uma incompatibilidade imunológica entre o doador celular e o paciente tratado. Uma forma de evitar essa restrição é a utilização de células do próprio paciente, conhecida como transplante autólogo.

Células-tronco adultas isoladas da medula óssea ou do tecido adiposo são as principais fontes nesse tipo de terapia. Entretanto, células-tronco isoladas do tecido adulto possuem capacidade limitada de diferenciação celular quando comparadas àquelas isoladas de embriões. Por isso, a clonagem terapêutica permitiria uma terapia celular autóloga com maior potencial, pois as CTE geradas a partir da clonagem de um paciente poderiam ser utilizadas no seu próprio tratamento.

Em humanos, o grupo do dr. Mitalipov foi o primeiro a demonstrar que era possível isolar e manter linhagens de células-tronco a partir de embriões gerados por clonagem (Tachibana et al., 2013). Nesse trabalho, eles mostraram também que essas linhagens celulares eram mais similares epigeneticamente às linhas oriundas de embriões de FIV (controle) do que as células-tronco induzidas pluripotente (iPSCs), um tipo celular com características embrionárias gerado a partir da manipulação de genes de pluripotência (ibid.). Eles concluíram que mesmo as células iPSCs sendo uma ótima alternativa, por não depender de oócitos e embriões para sua produção, as células-tronco derivadas de clones têm a vantagem de possuir um genoma mais bem reprogramado (ibid.).

A aplicação de células-tronco em diferentes tipos de lesões tem se tornado cada vez mais comum na medicina veterinária. Assim como em humanos, as células mais utilizadas nesse tipo de tratamento são células-tronco adultas. Uma razão para essa limitação é devido à dificuldade em isolar CTE verdadeiras em animais domésticos e de produção. Apenas em 2018 surgiu o primeiro trabalho demonstrando a geração de células-tronco embrionárias verdadeiras em bovinos (Bogliotti et al., 2018). Nesse trabalho, o dr. Ross e sua equipe mostraram também que, além da possibilidade de estabelecer linhagens de CTE, foi possível utilizá-las como doadoras de núcleo e isolar uma nova linhagem de CTE a partir desses embriões clonados.

Devido à limitação ética das pesquisas em humanos, a terapia celular na medicina veterinária tem se tornado cada vez mais pioneira nesse campo. Por outro lado, o avanço da clonagem terapêutica está diretamente ligado à expansão das pesquisas com CTE, criando assim uma demanda de trabalhos nessa área.

Clonagem reprodutiva de animais de alto mérito genético

Uma outra maneira que a clonagem pode auxiliar no aumento da produção animal é pela geração de cópias de animais conhecidos como "animais de elite" ou "melhoradores do rebanho". Através dos programas de melhoramento animal, indivíduos com alto mérito genético, capazes de gerar progênies com maior ganho de peso, crescimento acelerado, maior produção leiteira, entre outras características, são selecionados e destinados a servirem como doadores de sêmen ou como matrizes/doadoras de oócitos. A clonagem reprodutiva proporciona aceleramento nesse processo, pois os animais superiores são replicados e, consequentemente, mais criadores têm acesso ao material genético e mais indivíduos altamente produtivos são gerados.

Outra aplicação da clonagem reprodutiva é a produção de clones de animais atletas, que durante a idade reprodutiva participavam de competições e não podiam se reproduzir. Quando encerram a carreira de atleta, muitas vezes os gametas já se encontram envelhecidos e com baixa viabilidade. Os clones desses indivíduos possuem a fertilidade perfeita e podem gerar descendentes diretos desses campeões.

Clonagem de espécies em risco de extinção

A replicação de indivíduos por clonagem possui uma baixa contribuição na diversidade genética, uma vez que a meiose durante a reprodução sexuada é um passo importante na evolução para proporcionar maior variabilidade genética das espécies. Entretanto, em casos críticos, a clonagem pode ser uma importante ferramenta na recuperação e manutenção de espécies ameaçadas de extinção. Assim, a possibilidade de se utilizar a TNCS com essa finalidade aumenta as aplicações da clonagem muito além dos interesses da produção agrícola e da biomedicina.

A primeira vez que a clonagem foi utilizada para essa finalidade foi em 1998, quando pesquisadores clonaram o último exemplar de um animal macho da raça Enderby Island, raça de gado que permanecia isolada em estado selvagem na ilha ao sul da Nova Zelândia (Wells et al., 1998). Nessa ocasião, foram utilizados oócitos e células doadoras de animais da mesma raça (clonagem intraespécie). Posteriormente, nascimentos de outros clones desse mesmo animal foram obtidos, o que possibilitou que os clones fossem cruzados com fêmeas da mesma e de outras raças aumentando dessa maneira sua população.

Uma outra possibilidade, porém, mais audaciosa, para a conservação de espécies ou até mesmo trazer de volta animais já extintos é a chamada clonagem interespécies. Nessa técnica, utiliza-se geralmente o oócito receptor de uma espécie doméstica comum e a célula doadora de núcleo de outra espécie, geralmente em risco de extinção. Quanto mais próximos evolutivamente estiverem o oócito receptor e a linhagem celular doadora de núcleo, maior a chance de se obter sucesso na clonagem. Esse tipo de clonagem interespécies já foi realizada utilizando células doadoras de ovinos, suínos, macacos e ratos que foram introduzidas em oócitos receptores de bovinos ou coelhos, gerando alguns embriões em estágios iniciais de desenvolvimento, mas nenhuma gestação foi obtida (Dominko et al., 1999).

A primeira vez que a clonagem interespécies foi utilizada com sucesso foi em 2000, quando pesquisadores clonaram um gauro (*Bos gaurus*). O gauro é uma espécie de gado asiático com a população selvagem em declínio. Para esse experimento, os pesquisadores usaram células (fibroblastos) congeladas de um animal (*Bos gaurus*) e reconstruíram-nas em oócitos de vaca doméstica (*Bos taurus*). Vacas domésticas também foram utilizadas como receptoras recebendo os embriões transferidos. Um dos embriões conseguiu se desenvolver a termo, porém o bezerro morreu poucos dias após o nascimento por complicações não decorrentes da clonagem. O procedimento foi considerado bem-sucedido e abriu novos debates sobre o tema e sobre as possibilidades de clonar espécies em declínio ou até mesmo sem nenhum indivíduo, desde que se tenha amostras de células criopreservadas corretamente. No entanto, a maior dificuldade em se realizar a clonagem interespécies é em relação à compatibilidade do citoplasma do oócito receptor e do núcleo somático introduzido.

Quando se utilizam oócitos e células da mesma espécie, clonagem intraespécies, há a compatibilidade total entre o citoplasma, núcleo e nucléolos. O oposto ocorre na clonagem interespécies, e mesmo a sequência gênica sendo altamente conservada entre as espécies de mamíferos, não há garantias de que o citoplasma possa reprogramar eficazmente o núcleo de uma espécie diferente. O citoplasma do oócito é capaz de bloquear a *de novo* transcrição de genes específicos do núcleo somático, no entanto, nem mesmo quando há compatibilidade completa, o citoplasma do oócito não pode silenciar efetivamente todos os genes da célula doadora. Esse fenômeno é conhecido como memória epigenética (Ng; Gurdon, 2005), e pode contribuir para falhas no desenvolvimento embrionário posterior (Smith et al., 2021) (*ver* a seção a seguir). Para tentar minimizar esses problemas é fundamental que os oócitos receptores utilizados sejam coletados de fêmeas filogeneticamente próximas ao animal em extinção que será clonado.

De fato, vários projetos encontram-se em andamento e com resultados promissores. Em 2020, os cientistas relataram a clonagem do cavalo selvagem Przewalski, que se encontra em risco de extinção. O clone foi obtido de células congeladas em 1980, e puderam ser reprogramadas e gerarem um potro saudável. Um grupo de pesquisas em Harvard, liderado pelo cientista George Church, pretende recriar o mamute utilizando o DNA do elefante asiático para reconstruir o genoma do animal extinto. Em projeto similar, cientistas australianos pretendem utilizar o DNA dos numbats para reconstruir o genoma do extinto tigre da Tasmânia. Por fim, em 2021, foi anunciada a clonagem de um furão, que tinha morrido mais de trinta anos antes, mas que possuía células congeladas. A geração desse novo animal pode introduzir diversidade genética na população atual que é altamente consanguínea e se encontra em risco de extinção. Mesmo com todas as dificuldades apresentadas, a clonagem interespécies é uma realidade e pode ser uma alternativa na obtenção de indivíduos clonados em espécies em risco de extinção, principalmente em espécies selvagens, uma vez que a disponibilidade de oócitos receptores é limitada. No entanto, isto não exclui o incentivo e a necessidade de criação de programas de conservação animal e do meio ambiente.

O processo de reprogramação nuclear e das modificações epigenéticas em embriões clonados

Como mencionado anteriormente, é no citoplasma do oócito que se encontra toda a maquinaria responsável por reprogramar tanto os espermatozoides, tarefa original, quanto as células a serem clonadas. Nesse caso, as células somáticas precisam "esquecer" sua identidade somática e dar origem a um novo programa embrionário.

Entretanto, devido às diferenças intrínsecas moleculares entre os gametas e as células somáticas, o processo de apagamento dessa identidade é falho na maioria das vezes. Essa identidade celular é composta por elementos distintos que vão além do código genético. Marcas epigenéticas como metilação de DNA, modificação de histonas e RNAs não codificantes regulam muitos processos que determinam as características de cada tipo celular (Barrero; Boué; Izpisúa Belmonte, 2010; Perino; Veenstra, 2016).

Após a TNSC, a memória epigenética herdada da célula somática e retida no embrião leva a uma expressão gênica anormal (Ng; Gurdon, 2005), causando com isso uma reprogramação ineficiente (Pasque et al., 2011). Quando comparados aos embriões fertilizados *in vitro* (FIV), os embriões clonados frequentemente mostram um padrão aberrante de expressão gênica durante a ativação do genoma embrionário (AGE). Como consequência, os genes reguladores do desenvolvimento embrionário também são expressos de forma errônea (Suzuki et al., 2009; Vassena et al., 2007). Trabalhos anteriores demonstraram que falhas na desmetilação tanto do DNA quanto de histonas durante o desenvolvimento embrionário estão entre as principais causas de erros na clonagem (Dean et al., 2001; Santos et al., 2002). Portanto, esses erros epigenéticos podem levar a problemas como aborto, anormalidades placentárias e fetais (Smith et al., 2012).

Dentre as marcas epigenéticas, as mais estudadas são a metilação do DNA e as modificações nas histonas. O resíduo de lisina na posição 9 na histona H3 é um dos locais mais investigados. Atenção especial foi dada à metilação da histona, uma vez que modificações na lisina 9 da histona 3 (H3K9) foram implicadas como a principal barreira que afeta a eficiência da reprogramação da TNCS (Matoba et al., 2014; Ng; Gurdon, 2005; Chen et al., 2013). Essas modificações epigenéticas são reguladas por enzimas específicas que são nomeadas de acordo com suas funções. As enzimas que catalisam modificações químicas são chamadas de "escritores", os domínios que as identificam e interpretam são "leitores", e as enzimas responsáveis por remover essas marcas são chamadas de "apagadores" (Biswas; Rao, 2018).

Recentemente, áreas genômicas refratárias à reprogramação foram identificadas e denominadas "regiões resistentes à reprogramação" (RRR) (Matoba et al., 2014). Nesse trabalho, os níveis de H3K9me3 residual retido do núcleo somático mostraram ser o principal empecilho para que ocorra a reprogramação eficiente das RRRs, apoiando a evidência de que a metilação do H3K9 é crítica para a reprogramação nuclear. Surpreendentemente, o silenciamento das enzimas histona metiltransferase por *siRNA* nas células levou à redução dessa marca nas células doadoras e, após a TNCS, os oócitos foram capazes de reativar genes presentes nessa região, aumentando dramaticamente o desenvolvimento embrionário (ibid.).

Diferentes estratégias foram tentadas para transpor as barreiras formadas por essas marcas epigenéticas. A abordagem mais amplamente aplicada é o tratamento de células somáticas doadoras de núcleo antes da clonagem ou dos zigotos nos estágios iniciais com inibidores das histonas desacetilases ou das metiltransferases (Akagi et al., 2011; Kishigami et al., 2006; Martinez-Diaz et al., 2010). No entanto, os resultados são controversos, sendo que resultados promissores foram obtidos em camundongos (Kishigami et al., 2006) e suínos (Zhao et al., 2009, 2010), enquanto em bovinos os resultados não mostraram melhora no desenvolvimento embrionário (Hosseini et al., 2016; Sangalli et al., 2012, 2014; Galli et al., 2014).

Outra marca epigenética descrita como uma barreira para a eficiência da reprogramação é a H3K9me2. A presença excessiva de H3K9me2 no núcleo somático pode afetar todo o processo de reprogramação (Liu et al., 2018; Santos et al., 2003). A EHMT2 e a molécula relacionada EHMT1 (também conhecida como G9a e GLP) são as principais enzimas responsáveis por catalisar H3K9me2 (Tachibana et al., 2002). A partir desse conhecimento, pequenas moléculas foram usadas para inibir EHMT1/2 em uma tentativa de reduzir os níveis globais de H3K9me2 e facilitar a reprogramação após a TNCS. Como resultado, foi demonstrado que a inibição catalítica de EHMT1/2 em células doadoras nucleares e embriões clonados reduziu os níveis de H3K9me2 e de H3K9me3 no estágio de blastocisto (Sampaio et al., 2020). Além disso, foram observadas alterações em outras marcas epigenéticas, como 5-metilcitosina e 5-hidroximetilcitosina. Embora essa abordagem tenha reduzido os níveis dessas marcas de histonas, nenhuma melhora no desenvolvimento do embrião pré-implantação foi observada. Isto sugere que o estágio de blastocisto pode não ser o melhor estágio para modular os níveis de H3K9me2 em busca de melhorias no desenvolvimento embrionário em clones.

Por outro lado, a redução dos níveis de H3K9me3 durante o EGA bovino melhorou a eficiência da SCNT (Liu et al., 2018) indicando que, nessa espécie, o estágio de 8/16 células pode ser o melhor período para testar abordagens baseadas na redução de H3K9me3. Em seu trabalho, Liu e colaboradores mostraram que a indução na expressão da enzima KDM4E, uma desmetilase específica da lisina H3K9, melhorou não apenas a taxa de blastocisto, mas também a taxa de nascimento e sobrevivência dos bezerros (ibid.). Outro trabalho do mesmo grupo descreveu que a H3K27me3 também pode ser uma barreira para a reprogramação eficiente de bovinos (Zhou et al., 2019). Usando a mesma estratégia, eles aumentaram a expressão de KDM6A, uma desmetilase específica para essa modificação, melhorando com isso a taxa de blastocisto. Também descobriram que a redução dos níveis de H3K27me3 aumentou a expressão de genes envolvidos na adesão celular, metabolismo celular e genes ligados ao cromossomo X (ibid.). Todos esses estudos citados abriram caminho para elucidar as principais barreiras epigenéticas que dificultam a adequada reprogramação nuclear e forneceram alvos para serem modulados geneticamente ou por meio de moléculas químicas, e levar a uma melhoria na técnica.

Estabelecimento de gestação e perdas gestacionais

Embora várias espécies de mamíferos já tenham sido clonadas até o momento, muitos grupos de pesquisa ainda apresentam dificuldades para obter animais clonados nascidos vivos. Em bovinos, estima-se que a porcentagem de oócitos reconstruídos que se desenvolvem em descendentes saudáveis permanece abaixo de 6%, frequentemente podendo variar entre 0% e 12% (Well; Misica; Tervit, 1999; Panarace et al., 2007; Wells et al., 2004; Keefer, 2008; Oback, 2008; Meirelles et al., 2010). Isto ocorre porque os embriões clonados apresentam, na maioria dos casos, aumento das taxas de aborto, problemas gestacionais, aumento do crescimento fetal e redução da viabilidade neonatal (Cibelli et al., 1998; Kato et al., 1998; Chavatte-Palmer et al., 2012).

Gestações concebidas naturalmente apresentam uma taxa significativa de perdas gestacionais iniciais (em torno de 40%) que podem ocorrer devido às alterações do ambiente uterino materno, inadequadas interações materno-fetais e por anormalidades embrionárias e placentárias (Wilmut; Sales; Ashworth, 1986; Forde; Lonergan, 2017). No entanto, em animais produzidos por biotécnicas reprodutivas que utilizam o cultivo *in vitro* e principalmente por TNCS, é observado um aumento significativo da incidência de anormalidades embrionárias e perdas gestacionais (Wells et al., 1998; Wakayama et al., 1998; Young; Sinclair; Wilmut, 1998).

Nos animais clonados, em torno de 80% das gestações estabelecidas são perdidas no primeiro trimestre da gestação (Hill et al., 2000). As perdas gestacionais que ocorrem no início do desenvolvimento podem ser absorvidas no útero ou os embriões mortos podem ser eliminados por abortos. Porém, falhas de desenvolvimento também ocorrem durante os estágios mais avançados do desenvolvimento (ibid.).

Muitas das patologias (fetais e placentárias) estão associadas a erros epigenéticos inerentes à metodologia de clonagem. Em geral, isto ocorre porque o oócito evoluiu para reprogramar a cromatina do espermatozoide, que mais se assemelha à de uma célula-tronco, enquanto, na clonagem, comumente é utilizado um fibroblasto, que possui uma cromatina mais restritiva. Dentre todos os genes que apresentam defeitos em embriões clonados, uma classe de genes que são particularmente afetados são os genes *imprinted* (Bressan et al., 2009). Esses genes possuem expressão alelo-específica, dependendo se são oriundos do pai ou da mãe. Eles são cruciais para a formação da placenta e crescimento embrionário. Os genes *imprinted* frequentemente apresentam expressão bialélica ou padrão aberrante de expressão, que se acredita serem os responsáveis pelos defeitos observados na placenta e nos fetos, culminando em clones de baixa viabilidade e aborto (ibid.).

Alguns indicadores da mortalidade embrionária precoce aparecem logo no primeiro mês de gestação, sendo possível detectar por ultrassom o aumento da densidade do líquido uterino, aparência anormal do embrião e a presença de membranas fetais descoladas do útero (De Bem et al., 2017; Kohan-Ghadr et al., 2007). Com isso, alguns pesquisadores estão focando em encontrar biomarcadores não invasivos (PAGs e miRNA circulantes) para predição da qualidade da gestação em embriões de fertilização *in vitro* e clones bovinos (De Bem et al., 2017; Pohler et al., 2013, 2017; Ionnidis; Donadeu, 2016; Ionnidis; Risse; Donadeu, 2018).

Além desses marcadores moleculares, outras características morfológicas também podem ser observadas e fornecem indícios sobre a evolução da gestação. No final do primeiro trimestre (aproximadamente 80 dias de gestação), é possível detectar um número reduzido de placentônios que frequentemente apresentam tamanhos anormais (hipertrofiados). Isto compromete o desenvolvimento e vascularização da placenta, aumenta o volume do líquido alantoide e a ocorrência de bordas hiperecoicas irregulares (Kohan-Ghadr et al., 2008; Constant et al., 2006).

Na segunda metade das gestações por TNCS, aproximadamente aos 150 dias de gestação, os problemas mais comuns que costumam elevar a mortalidade fetal são os edemas das membranas fetais, o acúmulo rápido e descontrolado de líquido alantoide (hidroalantoide) e uma vascularização menos desenvolvida (Chavatte-Palmer et al., 2012; Kohan-Ghadr et al., 2008; Constant et al., 2006; Miglino et al., 2007). Todas as anormalidades placentárias mencionadas anteriormente estão relacionadas a outros problemas que levam a lesões fetais, aumento do calibre do cordão umbilical, a ascite (acúmulo excessivo de líquido na cavidade abdominal), hipertrofia do miocárdio, esteatose hepática e lesões renais (hidronefrose) (Chavatte-Palmer et al., 2004, 2006, 2012).

O peso no nascimento de bezerros produzidos pelo TNCS também tende a ser mais elevado em comparação ao peso de bezerros concebidos naturalmente. Esse aumento de peso é devido à Large Offspring Syndrome (LOS), em português conhecida como a síndrome do bezerro grande. Devido ao aumento de peso, a LOS também está associada a um aumento significativo de perdas no período (terço final) restante da gestação. Como mencionado anteriormente, a reprogramação anormal do núcleo somático pode afetar os padrões de marcas epigenéticas e causar alteração de genes *imprinted*. Em bovinos, a LOS pode ocorrer devido à desregulação de vários genes *imprinted*, incluindo os genes H19 e IGF2R, que são de expressão materna, e o gene SNRPN, que possui expressão paterna (Smith et al., 2012). É importante destacar que as células utilizadas como doadoras de núcleo nas rotinas de TNCS são normalmente coletadas de animais de alto mérito genético e que frequentemente nascem mais pesados do que a média da população (Meirelles et al., 2010). De qualquer forma, a avaliação sistemática do tamanho de um feto é de extrema importância para o planejamento do parto dos bezerros.

Além do tamanho do bezerro, outros parâmetros também são levados em consideração para a indicação da cesariana. A visualização de estruturas hiperecoicas nos fluidos alantoideano ou amnióticos durante a ultrassonografia, a detecção de um feto hiperativo, edema placentário ou volume excessivo de fluido fetal (hidrâmnio ou hidroalantoide), a ausência de dilatação da cérvix e outros sinais de parto da vaca receptora também podem ser usados como indicadores para a necessidade da cirurgia. Tendo tudo isso em vista, para bezerros grandes, geralmente é preconizado o parto por cesariana, pois esses animais são menos capazes de suportar a hipóxia induzida por distocia (Chavatte-Palmer et al., 2004).

Nascimento e cuidados pós-natais

Nesta seção, vamos descrever alguns dos procedimentos clínicos e de manejo adotados, além das questões relacionadas ao cuidado peri e pós-natal de bezerros Nelore (*Bos indicus*) que, em nossa experiência, ajudaram a melhorar as taxas de sobrevivência dos animais clonados por nosso laboratório. Será dada uma atenção especial aos sinais clínicos relacionados aos problemas mais comuns encontrados pela nossa equipe. No entanto, destacamos que existem variações entre as espécies (raças, laboratórios, equipe e procedimentos clínicos) e que a clonagem por TNCS pode resultar em diferentes fenótipos, exigindo constante adaptação a cada parâmetro específico apresentado. Informações adicionais e mais detalhadas dos procedimentos clínicos e de manejo dos bezerros clonados podem ser encontradas no artigo *Delivery of Cloned Offspring: Experience in Zebu Cattle (Bos indicus)* (Meirelles et al., 2010), publicado pelo nosso grupo de pesquisa e que é a base para esta seção.

Cuidados iniciais

Os bezerros clonados necessitam de atenção especial e intensiva imediatamente após o parto. Essa prática é preconizada uma vez que a maioria das mortes perinatais de bezerros clonados ocorrem nas primeiras horas de vida. Além disso, as condições de saúde dos clones podem se deteriorar rapidamente, mesmo daqueles animais que estão aparentemente saudáveis e estáveis (Nagy, 2009).

As primeiras avaliações monitoradas são normalmente o tempo para respiração espontânea e o Apgar ao nascimento. Essas avaliações são fundamentais para a checagem da viabilidade neonatal e servem também como um indicador de sinais precoces de asfixia. Após serem limpos e muito bem secos com panos, os bezerros são transportados para um ambiente com temperatura controlada (em torno de 30 °C) para o melhor conforto térmico, evitando assim um possível quadro de hipotermia que prejudica consideravelmente outros parâmetros que serão discutidos no tópico a seguir. Além disso, outras avaliações também são realizadas, tais como: índice de Apgar após 5 minutos do nascimento (Herfen; Bostedt, 1999), frequência respiratória e cardíaca inicial, temperatura retal inicial, hora da eliminação do primeiro mecônio, peso ao nascimento, hemorragia no cordão umbilical, estado de alerta, reflexo de sucção e tempo para amamentação, tempo para ficar em pé, medições iniciais de sangue (ou seja, glicose, lactato, volume de células concentradas, concentração de proteína total, equilíbrio ácido-base e gasometria arterial) e medidas iniciais da saturação de oxigênio no sangue (Meirelles et al., 2010). Outros parâmetros críticos checados durante o exame para a detecção de doenças respiratórias incluem a coloração das mucosas (mucosa nasal e vulvar), o caráter e frequência do esforço respiratório e a ausculta torácica (Poulsen; McGuirk, 2009). Ao final desse período inicial, as primeiras decisões clínicas são tomadas e, dependendo da condição do neonato, alguns cuidados iniciais são prescritos e monitorados ao longo do tempo.

Adaptação à vida extrauterina

Em condições fisiológicas, o feto bovino sobrevive em um ambiente uterino levemente hipóxico (P_a O_2 38 mmHg) quando comparado aos animais adultos (P_a O_2 100 mmHg). A adaptação a esse ambiente ocorre devido à eficiente troca de O_2 do sangue materno da placenta com o sangue fetal (Poulsen; McGuirk, 2009).

Entretanto, após o nascimento, os bezerros precisam se adaptar rapidamente ao ambiente extrauterino sendo capazes de trocar o O_2 diretamente com o ambiente através do seu próprio sistema respiratório completamente funcional e desenvolvido, e, em clones, os fatores que mais afetam a sobrevivência de um bezerro recém-nascido são as complicações do sistema respiratório. Os bezerros devem fazer movimentos respiratórios ativos logo no primeiro minuto após o parto e, caso a apneia primária (é definida como a ausência de respiração espontânea por 1 min-5 min) seja detectada, são recomendadas intervenções para estimular a respiração do bezerro o mais rápido possível. A drenagem de fluidos das vias aéreas pode ser realizada pela indução do reflexo de espirro, inserindo um objeto cilíndrico limpo nas narinas, ou com o uso de dispositivos de sucção auxiliar para remoção dos fluidos remanescentes. Pendurar os bezerros pelas pernas traseiras (aproximadamente 1 minuto e 30 segundos) também pode ser usado para desobstruir as vias respiratórias superiores. Uma outra alternativa que pode ser bastante útil é o uso de pontos de acupuntura no focinho (Rogers, 1977). Além disso, derramar água fria sobre as orelhas do bezerro estimula os termorreceptores na pele e a respiração (Nagy, 2009). É importante manter os bezerros em decúbito esternal para garantir uma posição correta, respiração harmoniosa e a perfusão de oxigênio adequada.

É fundamental realizar o monitoramento dos parâmetros sanguíneos (gases sanguíneos arteriais, equilíbrio ácido-base, concentrações de lactato e glicose) ao longo do tempo. Caso seja diagnosticada asfixia, hipóxia, hipercapnia (acidose respiratória) devido à dificuldade respiratória, é necessária a intervenção e um cateter intranasal é realizado para a suplementação de O_2 a uma taxa de 5-7 L min^{-1}, dependendo do tamanho do bezerro. Se o índice de Apgar não melhorar significativamente na segunda avaliação, pode ser administrado 5-7 mg/kg^{-1} de aminofilina a cada 12 horas nos primeiros dias de vida. O O_2 é mantido até que a $P_a O_2$ esteja perto das condições fisiológicas (ou seja, 65 mmHg) (Bleul, 2009); momento que se inicia a retirada gradual de O_2. Um hemogasômetro é fundamental para a correta tomada de decisão, porém, caso não haja a disponibilidade de um equipamento, recomenda-se manter a suplementação de O_2 por pelo menos 24 horas com titulação gradual de 5-7 L min^{-1}, dependendo do progresso clínico do animal.

O uso de agentes analépticos pode ser uma boa alternativa quando a hipoventilação ou apneia persiste por muito tempo. O cloridrato de Doxapram estimula os quimiorreceptores periféricos e os centros respiratórios do sistema nervoso central (SNC). Além disso, esse medicamento estimula os centros respiratórios medulares por meio dos quimiorreceptores do corpo aórtico e carotídeo. A administração de uma dose intravenosa de 0,5 mg kg^{-1}, ou com uma injeção de 5-10 mg kg^{-1} na base da língua, pode ser realizada para ressuscitação de emergência e anoxia (Meirelles et al., 2010). O cloridrato de Doxapram tem uma ampla margem de segurança e tem sido usado com sucesso para estimular a respiração (Nagy, 2009). Além disso, alguns estudos demonstram melhora nos parâmetros respiratórios e na sobrevivência em ruminantes (ovinos e bovinos) após a administração intravenosa ou sublingual de Doxapram (Meirelles et al., 2010; Nagy, 2009).

O monitoramento deve ser constante, uma vez que complicações leves podem frequentemente causar mudanças clínicas significativas nos bezerros após o nascimento. Perturbações metabólicas de moderadas a graves podem ser um reflexo das mudanças da temperatura corpórea (Nagy, 2009). Uma vez mantida a temperatura corporal adequada nos neonatos clonados, um quadro mais estável de troca gasosa, equilíbrio ácido-base e concentração de açúcar no sangue também é observado. Dessa forma, com o bezerro mais estabilizado, o colostro começa a ser oferecido gradualmente.

O colostro fornece a imunidade passiva e, além disso, também reduz a morbidade e mortalidade em bezerros jovens (Cortese, 2009). Assim que o trato digestivo é estimulado pela ingestão de qualquer material, a população de células epiteliais do sistema digestório começa a se transformar e vão perdendo a capacidade de absorção. Após 6 horas do nascimento, apenas 50% da capacidade de absorção permanece; após 8 horas apenas 33% permanece e após 24 horas não há mais absorção, o que é geralmente referido como "fechamento do intestino" (ibid.). O colostro é normalmente oferecido em pequenos frascos até que os animais recebam aproximadamente 10% do peso corporal no primeiro dia de vida. Se os animais não apresentarem o reflexo de sucção, o equivalente a 5% do peso do bezerro no colostro é introduzido por meio de um cateter esofágico nas primeiras 5 horas de vida.

As concentrações de glicose são avaliadas a cada hora durante as primeiras 8 horas de vida ou após 30 minutos da ingestão de colostro. Aproximadamente metade dos bezerros são hipoglicêmicos nas primeiras 4 a 8 horas de vida. Alguns animais são capazes de regular os níveis de glicose logo após a ingestão de colostro, enquanto outros desenvolvem hipoglicemia, especialmente após a ingestão de colostro, exigindo cuidados mais intensivos por 36-48 horas adicionais. Finalmente, atenção especial deve ser dada à saturação de oxigênio, frequência cardíaca e equilíbrio ácido-base. Esses parâmetros fornecem informações importantes sobre o prognóstico e devem continuar a ser monitorados de perto para determinar a extensão dos cuidados adicionais que o animal pode precisar.

Cuidado adicional

As alterações cardíacas e respiratórias são os problemas mais comuns encontrados em bezerros clonados. É muito provável que esses problemas estejam associados aos distúrbios placentários durante o período final da gestação e pela incorreta troca de O_2 durante o periparto. Neonatos hipóxicos também apresentam fraco reflexo de sucção ou até mesmo a ausência completa desse reflexo, dificuldade em manter a postura esternal, além de demorar mais para adquirir a perfeita posição de estação (Dufty; Sloss, 1977). A acidose respiratória pode ser controlada pela administração de O_2 e $NaHCO_3$. Porém, os animais que não são capazes de reverter rapidamente esse quadro e realizar corretamente as trocas gasosas podem desenvolver uma condição crônica de acidose metabólica. Os efeitos prolongados dessa condição deprimem ou causam edemas no sistema nervoso central (SNC). Além disso, a hipóxia interrompe o metabolismo oxidativo, eleva o consumo de glicose e a produção de lactato. Isto agrava significativamente o quadro, que com o passar do tempo se torna um mau prognóstico, e, no geral, resulta na morte do bezerro. O tratamento com surfactantes pode ser uma boa alternativa caso a origem do problema respiratório seja a imaturidade pulmonar e a oxigenoterapia e/ou administração de aminofilina não apresente efeito positivo. Em nossa experiência, esse tratamento pode melhorar a oxigenação do sangue dos bezerros que aspiraram mecônio. Estudos prévios já demonstraram que o uso de surfactantes crus, extraídos dos pulmões de bovinos e suínos, são bastante eficazes para esse tratamento (Karapinar; Dabak, 2008). No entanto, esse medicamento possui um custo muito elevado, o que pode limitar o seu uso no tratamento dos bezerros.

A administração de 300 mg-1 g de surfactante deve ser realizada por via intratraqueal na primeira hora de vida dos bezerros. Após a injeção, o animal é virado em três posições diferentes para permitir a difusão do surfactante para as posições caudais e para cada pulmão. O ideal é realizar o monitoramento, por hemogasometria, da resposta do bezerro a qualquer terapia que seja implementada. O efeito benéfico do surfactante é observado quando sua administração é realizada na primeira hora de vida do bezerro, porém, se a administração for após 24 horas, nenhum efeito é observado (Meirelles et al., 2010). Cuidados adicionais são necessários para diminuir a chance de edema pulmonar, favorecendo também a eliminação de muco e/ou mecônio presentes no alvéolo. Caso o edema pulmonar seja diagnosticado, o uso de diuréticos como a furosemida pode ajudar a diminuir os seus efeitos negativos. No entanto, é importante manter um estado de hidratação adequado durante esse tratamento.

Apesar de todos os esforços, uso de medicamentos e terapias para aumentar a taxa de sobrevivência, alguns animais não respondem a nenhum tratamento e morrem invariavelmente. Em parte, esse prognóstico está relacionado a defeitos congênitos em tecidos, órgãos ou sistemas vitais. Em um dos casos que nossa equipe presenciou, quase todo o ventrículo esquerdo do coração estava ausente. Em outro caso, o bezerro apresentou cardiomiopatia dilatada que resultou em um coração com "dois ápices". Outros achados *post-mortem* incluem atelectasia, hemorragia umbilical e anasarca.

Considerações finais

A TNCS é uma ferramenta poderosa e útil para responder desde questões básicas sobre biologia do desenvolvimento a como trazer de volta à vida animais extintos há décadas. No entanto, ela ainda é uma técnica que possui eficiência limitada na obtenção de animais nascidos saudáveis. Nesse sentido, a elucidação de todos os mecanismos epigenéticos aberrantes será necessária para que possamos desenvolver novas estratégias ou modificações no protocolo para corrigir esses erros e viabilizar a TNCS em larga escala. Com um protocolo eficiente, esperamos que ela possa ser utilizada rotineiramente para: 1) produzir animais biorreatores expressando proteínas valiosas para uso industrial ou farmacológico; 2) editar genes através da tecnologia CRISPR-Cas9 em células doadoras introduzindo ou removendo genes específicos ou mutações desejáveis com o objetivo de melhorar a produção animal ou alterar características fenotípicas; 3) produzir células-tronco embrionárias de gado para acelerar os programas de melhoramento genético criando-se gametas *in vitro*; 4) resgatar animais em perigo ou ameaçados de extinção; e 5) clonar animais superiores para padronizar e aumentar a produção de alimentos, entre outras inúmeras aplicações.

Referências bibliográficas

AKAGI, S. et al. Treatment with a Histone Deacetylase Inhibitor after Nuclear Transfer Improves the Preimplantation Development of Cloned Bovine Embryos. *Journal of Reproduction and Development*, v.57, n.1, p.120-6, 2011. Disponível em: https://doi.org/10.1262/jrd.10-058A. Acesso em: 8 ago. 2024.

BAGHERI, D. et al. Low Oxygen Tension Promotes Invasive Ability and Embryo Implantation Rate. *Reproductive Biology*, v.18, n.3, p.295-300, 2018. Disponível em: https://doi.org/10.1016/j.repbio.2018.05.003. Acesso em: 8 ago. 2024.

BAQIR, S.; SMITH, L. C. Growth Restricted *in vitro* Culture Conditions Alter the Imprinted Gene Expression Patterns of Mouse Embryonic Stem Cells. *Cloning and Stem Cells*, v.5, n.3, p.199-212, 2003.

Disponível em: https://doi.org/10.1089/153623003769645866. Acesso em: 8 ago. 2024.

BARRERO, M. J.; BOUÉ, S.; IZPISÚA BELMONTE, J. C. Epigenetic Mechanisms that Regulate Cell Identity. *Cell Stem Cell*, v.7, n.5, p.565-70, 2010. Disponível em: https://doi.org/10.1016/j.stem.2010.10.009. Acesso em: 8 ago. 2024.

BISWAS, S.; RAO, C. M. Epigenetic Tools (The Writers, The Readers and The Erasers) and their Implications in Cancer Therapy. *European Journal of Pharmacology*, v.837, p.8-24, 2018. Disponível em: https://doi.org/10.1016/j.ejphar.2018.08.021. Acesso em: 8 ago. 2024.

BLEUL, U. Respiratory Distress Syndrome in Calves. *Veterinary Clinics of North America: Food Animal Practice*, v.25, n.1, p.179-93, 2009. Disponível em: https://doi.org/10.1016/j.cvfa.2008.10.002. Acesso em: 8 ago. 2024.

BOGLIOTTI, Y. S. et al. Efficient Derivation of Stable Primed Pluripotent Embryonic Stem Cells from Bovine Blastocysts. *Pnas – Proceedings of the National Academy of Sciences*, v.115, n.9, p.2.090-5, 2018. Disponível em: https://doi.org/10.1073/pnas.1716161115. Acesso em: 8 ago. 2024.

BOS-MIKICH, A.; WHITTINGHAM, D. G.; JONES, K. T. Meiotic and Mitotic Ca^{2+} Oscillations Affect Cell Composition in Resulting Blastocysts. *Developmental Biology*, v.182, n.1, p.172-9, 1997. Disponível em: https://doi.org/10.1006/dbio.1996.8468. Acesso em: 8 ago. 2024.

BRESSAN, F. F. et al. Unearthing the Roles of Imprinted Genes in the Placenta. *Placenta*, v.30, n.10, p.823-34, 2009. Disponível em: https://doi.org/10.1016/j.placenta.2009.07.007. Acesso em: 8 ago. 2024.

CAMPBELL, K. H. S. Nuclear Equivalence, Nuclear Transfer, and the Cell Cycle. *Cloning*, v.1, n.1, p.3-15, 1999. Disponível em: https://doi.org/10.1089/15204559950020058. Acesso em: 8 ago. 2024.

CHAN, A. W. S. et al. Timing of DNA Integration, Transgenic Mosaicism, and Pronuclear Microinjection. *Molecular Reproduction & Development*, v.52, n.4, p.406-13, 1999. Disponível em: https://doi.org/10.1002/(SICI)1098-2795(199904)52:4<406::AID-MRD9>3.0.CO;2-P. Acesso em: 8 ago. 2024.

CHAVATTE-PALMER, P. et al. Review: Placental Perturbations Induce the Developmental Abnormalities often Observed in Bovine Somatic Cell Nuclear Transfer. *Placenta*, v.33, supl., p.S99-S104, 2012.

Disponível em: https://doi.org/10.1016/j.placenta.2011.09.012. Acesso em: 8 ago. 2024.

______ et al. Ultrasound Fetal Measurements and Pregnancy Associated Glycoprotein Secretion in Early Pregnancy in Cattle Recipients Carrying Somatic Clones. *Theriogenology*, v.66, n.4, p.829-40, 2006. Disponível em: https://doi.org/10.1016/j.theriogenology.2006.01.061. Acesso em: 8 ago. 2024.

______ et al. Review: Health Status of Cloned Cattle at Different Ages. *Cloning and Stem Cells*, v.6, n.2, p.94-100, 2004. Disponível em: https://doi.org/10.1089/1536230041372274. Acesso em: 8 ago. 2024.

CHEN, J. et al. H3K9 Methylation Is a Barrier During Somatic Cell Reprogramming into iPSCs. *Nature Genetics*, v.45, p.34-42, 2013. Disponível em: https://doi.org/10.1038/ng.2491. Acesso em: 8 ago. 2024.

CHOI, Y. H. et al. Production of Nuclear Transfer Horse Embryos by Piezo-Driven Injection of Somatic Cell Nuclei and Activation with Stallion Sperm Cytosolic Extract1. *Biology of Reproduction*, v.67, n.2, p.561-7, 2002. Disponível em: https://doi.org/10.1095/biolreprod67.2.561. Acesso em: 8 ago. 2024.

CIBELLI, J. B. et al. Cloned Transgenic Calves Produced from Nonquiescent Fetal Fibroblasts. *Science*, v.280, n.5.367, p.1.256-8, 1998. Disponível em: https://doi.org/10.1126/science.280.5367.1256. Acesso em: 8 ago. 2024.

CONG, L. et al. Multiplex Genome Engineering Using CRISPR/Cas Systems. *Science*, v.339, n.6.121, p.819-23, 2013. Disponível em: https://doi.org/10.1126/science.1231143. Acesso em: 8 ago. 2024.

CONSTANT, F. et al. Large Offspring or Large Placenta Syndrome? Morphometric Analysis of Late Gestation Bovine Placentomes from Somatic Nuclear Transfer Pregnancies Complicated by Hydrallantois. *Biology of Reproduction*, v.75, n.1, p.122-30, 2006. Disponível em: https://doi.org/10.1095/biolreprod.106.051581. Acesso em: 8 ago. 2024.

CORTESE, V. S. Neonatal Immunology. *Veterinary Clinics of North America: Food Animal Practice*, v.25, n.1, p.221-7, 2009. Disponível em: https://doi.org/10.1016/j.cvfa.2008.10.003. Acesso em: 8 ago. 2024.

CZOLOWSKA, R.; MODLINSKI, J. A.; TARKOWSKI, A. K. Behaviour of Thymocyte Nuclei in Non-Activated and Activated Mouse

Oocytes. *Journal of Cell Science*, v.69, n.1, p.19-34, 1984. Disponível em: https://doi.org/10.1242/jcs.69.1.19. Acesso em: 8 ago. 2024.

DEAN, W. et al. Conservation of Methylation Reprogramming in Mammalian Development: Aberrant Reprogramming in Cloned Embryos. *Pnas – Proceedings of the National Academy of Science*, v.98, n.24, p.13.734-8, 2001. Disponível em: https://doi.org/10.1073/pnas.241522698. Acesso em: 8 ago. 2024.

DE BEM, T. H. C. et al. Low Levels of Exosomal-miRNAs in Maternal Blood Are Associated with Early Pregnancy Loss in Cloned Cattle. *Scientific Reports*, v.7, art.14319, 2017. Disponível em: https://doi.org/10.1038/s41598-017-14616-1. Acesso em: 8 ago. 2024.

DE ROBERTIS, E. M. Spemann's Organizer and Self-Regulation in Amphibian Embryos. *Nature Reviews Molecular Cell Biology*, v.7, p.296-302, 2006. Disponível em: https://doi.org/10.1038/nrm1855. Acesso em: 7 ago. 2024.

DOMINKO, T. et al. Bovine Oocyte Cytoplasm Supports Development of Embryos Produced by Nuclear Transfer of Somatic Cell Nuclei from Various Mammalian Species. *Biology of Reproduction*, v.60, n.6, p.1.496-502, 1998. Disponível em: https://doi.org/10.1095/biolreprod60.6.1496. Acesso em: 8 ago. 2024.

DUFTY, J. H.; SLOSS, V. Anoxia in the Bovine Foetus. *Australian Veterinary Journal*, v.53, n.6, p.262-7, 1977. Disponível em: https://doi.org/10.1111/j.1751-0813.1977.tb00211.x. Acesso em: 8 ago. 2024.

FORDE, N.; LONERGAN, P. Interferon-Tau and Fertility in Ruminants. *Reproduction*, v.154, n.5, p.F33-F43, 2017. Disponível em: https://doi.org/10.1530/REP-17-0432. Acesso em: 8 ago. 2024.

GALLI, C. et al. Ovum Pick Up, Intracytoplasmic Sperm Injection and Somatic Cell Nuclear Transfer in Cattle, Buffalo and Horses: from the Research Laboratory to Clinical Practice. *Theriogenology*, v.81, n.1, p.138-51, 2014. Disponível em: https://doi.org/10.1016/j.theriogenology.2013.09.008. Acesso em: 8 ago. 2024.

______ et al. Comparison of Microinjection (Piezo-Electric) and Cell Fusion for Nuclear Transfer Success with Different Cell Types in Cattle. *Cloning and Stem Cells*, v.4, n.3, p.189-96, 2002. Disponível em: https://doi.org/10.1089/15362300260339476. Acesso em: 8 ago. 2024.

HAJNÓCZKY, G.; DAVIES, E.; MADESH, M. Calcium Signaling and Apoptosis. *Biochemical and Biophysical Research Communications*, v.304, n.3, p.445-54, 2003. Disponível em: https://doi.org/10.1016/S0006-291X(03)00616-8. Acesso em: 8 ago. 2024.

HAMMER, R. E. et al. Production of Transgenic Rabbits, Sheep and Pigs by Microinjection. *Nature*, v.315, p.680-3, 1985. Disponível em: https://doi.org/10.1038/315680a0. Acesso em: 8 ago. 2024.

HASHIMOTO, S. et al. Low Oxygen Tension During *in vitro* Maturation Is Beneficial for Supporting the Subsequent Development of Bovine Cumulus-Oocyte Complexes. *Molecular Reproduction & Development*, v.57, n.4, p.353-60, 2000. Disponível em: https://doi.org/10.1002/1098-2795(200012)57:4<353::AID-MRD7>3.0.CO;2-R. Acesso em: 8 ago. 2024.

HERFEN, K.; BOSTEDT, H. [Acid-Base Status in Newborn Calves during the First Days of Life Considering Different States of Vitality]. *Berliner Münchener Tierärztliche Wochenschrift*, v.112, n.5, p.166-71, 1999. Disponível em: https://pubmed.ncbi.nlm.nih.gov/10399402/. Acesso em: 9 ago. 2024.

HILL, J. R. et al. Evidence for Placental Abnormality as the Major Cause of Mortality in First-Trimester Somatic Cell Cloned Bovine Fetuses. *Biology of Reproduction*, v.63, n.6, p.1.787-94, 2000. Disponível em: https://pubmed.ncbi.nlm.nih.gov/11090450/. Acesso em: 9 ago. 224.

HOSSEINI, S. M. et al. Epigenetic Modification with Trichostatin A Does not Correct Specific Errors of Somatic Cell Nuclear Transfer at the Transcriptomic Level; Highlighting the Non-Random Nature of Oocyte-Mediated Reprogramming Errors. *BMC Genomics*, v.17, art.16, 2016. Disponível em: https://doi.org/10.1186/s12864-015-2264-z. Acesso em: 8 ago. 2024.

HYTTEL, P. et al. Oocyte Growth, Capacitation and Final Maturation in Cattle. *Theriogenology*, v.47, n.1, p.23-32, 1997; Disponível em: https://doi.org/10.1016/S0093-691X(96)00336-6. Acesso em: 8 ago. 2024.

IOANNIDIS, J.; DONADEU, F. X. Circulating MiRNA Signatures of Early Pregnancy in Cattle. *BMC Genomics*, v.17, art.184. p.1-12, 2016. Disponível em: https://doi.org/10.1186/s12864-016-2529-1. Acesso em: 8 ago. 2024.

______; RISSE, J.; DONADEU, F. X. Profiling of MicroRNAs in the Biofluids of Livestock Species. In: YING, S. Y. (org.). *MicroRNA Protocols*: Methods in Molecular Biology. Nova York: Humana Press,

2018. Disponível em: https://doi.org/10.1007/978-1-4939-7601-0_5. Acesso em: 8 ago. 2024.

KALLINGAPPA, P. K. et al. Quiescence Loosens Epigenetic Constraints in Bovine Somatic Cells and Improves their Reprogramming into Totipotency. *Biology of Reproduction*, v.95, n.1, p.1-10, 2016. Disponível em: https://doi.org/10.1095/biolreprod.115.137109. Acesso em: 8 ago. 2024.

KARAPINAR, T.; DABAK, M. Treatment of Premature Calves with Clinically Diagnosed Respiratory Distress Syndrome. *Journal of Veterinary Internal Medicine*, v.22, n.2, p.462-6, 2008. Disponível em: https://doi.org/10.1111/j.1939-1676.2008.0074.x. Acesso em: 9 ago. 2024.

KATO, Y. et al. Eight Calves Cloned from Somatic Cells of a Single Adult. *Science*, v.282, n.5.396, p.2.095-8, 1998. Disponível em: https://doi.org/10.1126/science.282.5396.2095. Acesso em: 7 ago. 2024.

KEEFER, C. L. Lessons Learned from Nuclear Transfer (Cloning). *Theriogenology*, v.69, n.1, p.48-54, 2008. Disponível em: https://doi.org/10.1016/j.theriogenology.2007.08.033. Acesso em: 8 ago. 2024.

KHARCHE, S. D.; BIRADE, H. S. Parthenogenesis and Activation of Mammalian Oocytes for *in vitro* Embryo Production: A Review. *Advances in Bioscience and Biotechnology*, v.4, n.2, p.170-82, 2013. Disponível em: https://doi.org/10.4236/abb.2013.42025. Acesso em: 8 ago. 2024.

KIM, N.-H. et al. The Distribution and Requirements of Microtubules and Microfilaments in Bovine Oocytes During *in vitro* Maturation. *Zygote*, v.8, n.1, p.25-32, 2000. Disponível em: https://doi.org/10.1017/S0967199400000794. Acesso em: 8 ago. 2024.

KISHIGAMI, S. et al. Significant Improvement of Mouse Cloning Technique by Treatment with Trichostatin A after Somatic Nuclear Transfer. *Biochemical and Biophysical Research Communications*, v.340, n.1, p.183-9, 2006. Disponível em: https://doi.org/10.1016/j.bbrc.2005.11.164. Acesso em: 8 ago. 2024.

KOHAN-GHADR, H. R. et al. Ultrasonographic and Histological Characterization of the Placenta of Somatic Nuclear Transfer-Derived Pregnancies in Dairy Cattle. *Theriogenology*, v.69, n.2, p.218-30, 2008. Disponível em: https://doi.org/10.1016/j.theriogenology.2007.09.028. Acesso em: 8 ago. 2024.

KOLATA, G. *Clone*: The Road to Dolly, and the Path Ahead. Reino Unido: Perfect Bound, 1999. [Ed. bras.: *Clone*: os caminhos para Dolly. Rio de Janeiro: Campus, 1998.]

KOLBER-SIMONDS, D. et al. Production of α-1,3-Galactosyltransferase Null Pigs by Means of Nuclear Transfer with Fibroblasts Bearing Loss of Heterozygosity Mutations. *Pnas – Proceedings of the National Academy of Sciences*, v.101, n.19, p.7.335-40, 2004. Disponível em: https://doi.org/10.1073/pnas.0307819101. Acesso em: 8 ago. 2024.

KONO, T. et al. Birth of Parthenogenetic Mice that Can Develop to Adulthood. *Nature*, v.428, p.860-4, 2004. Disponível em: https://doi.org/10.1038/nature02402. Acesso em: 8 ago. 2024.

KUPKER, W.; DIEDRICH, K.; EDWARDS, R. G. Principles of Mammalian Fertilization. *Human Reproduction*, v.13, supl.1, p.20-32, 1998. Disponível em: https://doi.org/10.1093/humrep/13.suppl_1.20. Acesso em: 8 ago. 2024.

LA FUENTE, R. de; KING, W. A. Developmental Consequences of Karyokinesis without Cytokinesis During the First Mitotic Cell Cycle of Bovine Parthenotes. *Biology of Reproduction*, v.58, n.4, p.952-62, 1998. Disponível em: https://doi.org/10.1095/biolreprod58.4.952. Acesso em: 8 ago. 2024.

LIU, X. et al. H3K9 Demethylase KDM4E Is an Epigenetic Regulator for Bovine Embryonic Development and a Defective Factor for Nuclear Reprogramming. *Development*, v.145, n.4, 2018. Disponível em: https://doi.org/10.1242/dev.158261. Acesso em: 8 ago. 2024.

LOI, P. et al. Development of Parthenogenetic and Cloned Ovine Embryos: Effect of Activation Protocols. *Biology of Reproduction*, v.58, n.5, p.1.177-87, 1998. Disponível em: https://doi.org/10.1095/biolreprod58.5.1177. Acesso em: 8 ago. 2024.

MARTINEZ-DIAZ, M. A. et al. Pre- and Postimplantation Development of Swine-Cloned Embryos Derived from Fibroblasts and Bone Marrow Cells after Inhibition of Histone Deacetylases. *Cellular Reprogramming*, v.12, n.1, p.85-94, 2010. Disponível em: https://doi.org/10.1089/cell.2009.0047. Acesso em: 8 ago. 2024.

MATOBA, S. et al. Embryonic Development Following Somatic Cell Nuclear Transfer Impeded by Persisting Histone Methylation. *Cell*, v.159, n.4, p.884-95, 2014. Disponível em: https://doi.org/10.1016/j.cell.2014.09.055. Acesso em: 8 ago. 2024.

MCLAREN, A. Cloning: Pathways to a Pluripotent Future. *Science*, v.288, n.5.472, p.1.775-80, 2000. Disponível em: https://doi.org/10.1126/science.288.5472.1775. Acesso em: 7 ago. 2024.

MEIRELLES, F. V. et al. Delivery of Cloned Offspring: Experience in Zebu Cattle (*Bos Indicus*). *Reproduction, Fertility and Development*, v.22, n.1, p.88-97, 2010. Disponível em: https://doi.org/10.1071/RD09229. Acesso em: 8 ago. 2024.

MIGLINO, M. A. et al. Placentation in Cloned Cattle: Structure and Microvascular Architecture. *Theriogenology*, v.68, n.4, p.604-17, 2007. Disponível em: https://doi.org/10.1016/j.theriogenology.2007.04.060. Acesso em: 8 ago. 2024.

MILLER, R. S. Beatty, R. A. *Parthenogenesis and Polyploidy in Mammalian Development*, Cambridge Monographs in Experimental Biology, n.7. Nova York: Cambridge University Press, 1957. *Journal of Mammalogy*, v.38, n.4, Review, p.536-7, 1957. Disponível em: https://doi.org/10.2307/1376424. Acesso em: 8 ago. 2024.

MIRANDA, M. S. et al. Nuclear Transfer with Apoptotic Bovine Fibroblasts: Can Programmed Cell Death Be Reprogrammed? *Cellular Reprogramming*, v.14, n.3, p.217-24, 2012. Disponível em: https://doi.org/10.1089/cell.2011.0080. Acesso em: 8 ago. 2024.

MITTWOCH, U. Blastocysts Prepare for the Race to Be Male. *Human Reproduction*, v.8, n.10, p.1.550-5, 1993. Disponível em: https://doi.org/10.1093/oxfordjournals.humrep.a137889. Acesso em: 8 ago. 2024.

MOAZAMI, N. et al. Pig-to-Human Heart Xenotransplantation in Two Recently Deceased Human Recipients. *Nature Medicine*, v.29, p.1.989-97, 2023. Disponível em: https://doi.org/10.1038/s41591-023-02471-9. Acesso em: 8 ago. 2024.

MOULAVI, F.; HOSSEINI, S. M. A Modified Handmade Cloning Method for Dromedary Camels. *Methods in Molecular Biology*, v.2.647, p.283-303, 2023. Disponível em: https://doi.org/10.1007/978-1-0716-3064-8_16. Acesso em: 8 ago. 2024.

NAGY, D. W. Resuscitation and Critical Care of Neonatal Calves. *Veterinary Clinics of North America: Food Animal Practice*, v.25, n.1, p.1-11, 2009. Disponível em: https://doi.org/10.1016/j.cvfa.2008.10.008. Acesso em: 8 ago. 2024.

NG, R. K.; GURDON, J. B. Epigenetic Memory of Active Gene Transcription Is Inherited through Somatic Cell Nuclear Transfer. *Pnas – Proceedings of the National Academy of Sciences*, v.102, n.6, p.1.957-62,

2005. Disponível em: https://doi.org/10.1073/pnas.0409813102. Acesso em: 8 ago. 2024.

NUSSBAUM, D. J.; PRATHER, R. S. Differential Effects of Protein Synthesis Inhibitors on Porcine Oocyte Activation. *Molecular Reproduction & Development*, v.41, n.1, p.70-5, 1995. Disponível em: https://doi.org/10.1002/mrd.1080410111. Acesso em: 8 ago. 2024.

OBACK, B. Climbing Mount Efficiency Small Steps, Not Giant Leaps Towards Higher Cloning Success in Farm Animals. *Reproduction in Domestic Animals*, v.43, supl.2, p.407-16, 2008. Disponível em: https://doi.org/10.1111/j.1439-0531.2008.01192.x. Acesso em: 8 ago. 2024.

ORTEGON, H. et al. Genomic Stability and Physiological Assessments of Live Offspring Sired by a Bull Clone, Starbuck II. *Theriogenology*, v.67, n.1, p.116-26, 2007. Disponível em: https://doi.org/10.1016/j.theriogenology.2006.09.035. Acesso em: 7 ago. 2024.

PALTA, P.; SELOKAR, N. L.; CHAUHAN, M. S. Production of Water Buffalo SCNT Embryos by Handmade Cloning. *Methods in Molecular Biology*, v.2.647, p.245-58, 2023. Disponível em: https://doi.org/10.1007/978-1-0716-3064-8_13. Acesso em: 8 ago. 2024.

PANARACE, M. et al. How Healthy Are Clones and their Progeny: 5 Years of Field Experience. *Theriogenology*, v.67, n.1, p.142-51, 2007. Disponível em: https://doi.org/10.1016/j.theriogenology.2006.09.036. Acesso em: 8 ago. 2024.

PASQUE, V. et al. Epigenetic Factors Influencing Resistance to Nuclear Reprogramming. *Trends in Genetics*, v.27, n.12, p.516-25, 2011. Disponível em: https://doi.org/10.1016/j.tig.2011.08.002. Acesso em: 8 ago. 2024.

PEER, A. et al. Male Genome Influences Embryonic Development as Early as Pronuclear Stage. *Andrology*, v.10, n.3, p.525-33, 2022. Disponível em: https://doi.org/10.1111/andr.13133. Acesso em: 8 ago. 2024.

PERINO, M.; VEENSTRA, G. J. C. Chromatin Control of Developmental Dynamics and Plasticity. *Developmental Cell*, v.38, n.6, p.610-20, 2016. Disponível em: https://doi.org/10.1016/j.devcel.2016.08.004. Acesso em: 8 ago. 2024.

PERISSE, I. V. et al. Improvements in Gene Editing Technology Boost its Applications in Livestock. *Frontiers in Genetics*, v.11, 2011. Disponível em: https://doi.org/10.3389/fgene.2020.614688. Acesso em: 8 ago. 2024.

POHLER, K. G. et al. Circulating MicroRNA as Candidates for Early Embryonic Viability in Cattle. *Molecular Reproduction & Development*, v.84, n.8, p.731-43, 2017. Disponível em: https://doi.org/10.1002/mrd.22856. Acesso em: 8 ago. 2024.

______ et al. Circulating Bovine Pregnancy Associated Glycoproteins Are Associated with Late Embryonic/Fetal Survival but not Ovulatory Follicle Size in Suckled Beef Cows. *Journal of Animal Science*, v.91, n.9, p.4.158-67, 2013. Disponível em: https://doi.org/10.2527/jas.2013-6348. Acesso em: 8 ago. 2024.

POULSEN, K. P.; MCGUIRK, S. M. Respiratory Disease of the Bovine Neonate. *Veterinary Clinics of North America: Food Animal Practice*, v.25, n.1, p.121-37, 2009. Disponível em: https://doi.org/10.1016/j.cvfa.2008.10.007. Acesso em: 8 ago. 2024.

RIZOS, D. et al. Consequences of Bovine Oocyte Maturation, Fertilization or Early Embryo Development *in vitro* versus *in vivo*: Implications for Blastocyst Yield and Blastocyst Quality. *Molecular Reproduction & Development*, v.61, n.2, p.234-48, 2002. Disponível em: https://doi.org/10.1002/mrd.1153. Acesso em: 8 ago. 2024.

ROGERS, P. A. Revival in Collapse, Shock, Respiratory Failure and Narcotic Overdose. *Veterinary Record*, v.101, n.11, p.215, 1977. Disponível em: https://pubmed.ncbi.nlm.nih.gov/919263/. Acesso em: 8 ago. 2024.

SAMPAIO, R. V. et al. Catalytic Inhibition of H3K9me2 Writers Disturbs Epigenetic Marks During Bovine Nuclear Reprogramming. *Scientific Reports*, v.10, art.11493, 2020. Disponível em: https://doi.org/10.1038/s41598-020-67733-9. Acesso em: 8 ago. 2024.

SANGALLI, J. R. et al. Development to Term of Cloned Cattle Derived from Donor Cells Treated with Valproic Acid. *PLoS One*, v.9, p.e101022, 2014. Disponível em: https://doi.org/10.1371/journal.pone.0101022. Acesso em: 8 ago. 2024.

______ et al. Treatment of Nuclear-Donor Cells or Cloned Zygotes with Chromatin-Modifying Agents Increases Histone Acetylation but Does not Improve Full-Term Development of Cloned Cattle. *Cellular Reprogramming*, v.14, n.3, p.235-47, 2012. Disponível em: https://doi.org/10.1089/cell.2011.0079. Acesso em: 8 ago. 2024.

SANTOS, F. et al. Epigenetic Marking Correlates with Developmental Potential in Cloned Bovine Preimplantation Embryos. *Current Biology*, v.13, n.13, p.1.116-21, 2003. Disponível em: https://doi.org/10.1016/S0960-9822(03)00419-6. Acesso em: 8 ago. 2024.

______ et al. Dynamic Reprogramming of DNA Methylation in the Early Mouse Embryo. *Developmental Biology*, v.241, n.1, p.172-82, 2002. Disponível em: https://doi.org/10.1006/dbio.2001.0501. Acesso em: 8 ago. 2024.

SARAIVA, N. Z. et al. Demecolcine Effects on Microtubule Kinetics and on Chemically Assisted Enucleation of Bovine Oocytes. *Cloning and Stem Cells*, v.11, n.1, p.141-52, 2009. Disponível em: https://doi.org/10.1089/clo.2008.0044. Acesso em: 8 ago. 2024.

SMITH, L. C. et al. Developmental and Epigenetic Anomalies in Cloned Cattle. *Reproduction in Domestic Animals*, v.47, supl.4, p.107-14, 2012. Disponível em: https://doi.org/10.1111/j.1439-0531.2012.02063.x. Acesso em: 8 ago. 2024.

SUZUKI, J. et al. *In vitro* Culture and Somatic Cell Nuclear Transfer Affect Imprinting of SNRPN Gene In Pre- and Post-Implantation Stages of Development in Cattle. *BMC Developmental Biology*, v.9, art.9, 2009. Disponível em: https://doi.org/10.1186/1471-213X-9-9. Acesso em: 8 ago. 2024.

SZÖLLÖSI, D. et al. Remodelling of Thymocyte Nuclei in Activated Mouse Oocytes: An Ultrastructural Study. *European Journal of Cell Biology*, v.42, n.1, p.140-51, 1986. Disponível em: https://pubmed.ncbi.nlm.nih.gov/3792340/. Acesso em: 8 ago. 2024.

TACHIBANA, M. et al. Human Embryonic Stem Cells Derived by Somatic Cell Nuclear Transfer. *Cell*, v.153, n.6, p.1.228-38, 2013. Disponível em: https://doi.org/10.1016/j.cell.2013.05.006. Acesso em: 8 ago. 2024.

______ et al. G9a Histone Methyltransferase Plays a Dominant Role in Euchromatic Histone H3 Lysine 9 Methylation and Is Essential for Early Embryogenesis. *Genes & Development*, v.16, p.1.779-91, 2002. Disponível em: https://doi.org/10.1101/gad.989402. Acesso em: 8 ago. 2024.

VAJTA, G. Handmade Cloning: The Future Way of Nuclear Transfer? *Trends in Biotechnology*, v.25, n.6, p.250-3, 2007. Disponível em: https://doi.org/10.1016/j.tibtech.2007.04.004. Acesso em: 8 ago. 2024.

______; CHEN, W. B.; MACHATY, Z. Production of Cloned Pigs by Handmade Cloning. *Methods in Molecular Biology*, v.2.647, p.183-95, 2023. Disponível em: https://doi.org/10.1007/978-1-0716-3064-8_9. Acesso em: 8 ago. 2024.

______; LEWIS, I. M.; TECIRLIOGLU, R. T. Handmade Somatic Cell Cloning in Cattle. *Methods in Molecular Biology*, v.348, p.183-96, 2006. Disponível em: https://doi.org/10.1007/978-1-59745-154-3_12. Acesso em: 8 ago. 2024.

VASSENA, R. et al. Deficiency in Recapitulation of Stage-Specific Embryonic Gene Transcription in Two-Cell Stage Cloned Mouse Embryos. *Molecular Reproduction & Development*, v.74, n.12, p.1.548-56, 2007. Disponível em: https://doi.org/10.1002/mrd.20723. Acesso em: 8 ago. 2024.

WAKAYAMA, T. et al. Full-Term Development of Mice from Enucleated Oocytes Injected with Cumulus Cell Nuclei. *Nature*, v.394, p.369-74, 1998. Disponível em: https://doi.org/10.1038/28615. Acesso em: 8 ago. 2024.

WELLS, D. N. et al. Review: The Health of Somatic Cell Cloned Cattle and their Offspring. *Cloning and Stem Cells*, v.6, n.2, p.101-10, 2004. Disponível em: https://doi.org/10.1089/1536230041372300. Acesso em: 8 ago. 2024.

______ et al. Adult Somatic Cell Nuclear Transfer Is Used to Preserve the Last Surviving Cow of the Enderby Island Cattle Breed. *Reproduction, Fertility and Development*, v.10, n.4, p.369-78, 1998. Disponível em: https://doi.org/10.1071/R98109. Acesso em: 8 ago. 2024.

______; MISICA, P. M.; TERVIT, H. R. Production of Cloned Calves Following Nuclear Transfer with Cultured Adult Mural Granulosa Cells. *Biology of Reproduction*, v.60, n.4, p.996-1.005, 1999. Disponível em: https://doi.org/10.1095/biolreprod60.4.996. Acesso em: 8 ago. 2024.

WHITE, K. L.; YUE, C. Intracellular Receptors and Agents that Induce Activation in Bovine Oocytes. *Theriogenology*, v.45, n.1, p.91-100, 1996. Disponível em: https://doi.org/10.1016/0093-691X(95)00358-F. Acesso em: 8 ago. 2024.

WILMUT, I. et al. Viable Offspring Derived from Fetal and Adult Mammalian Cells. *Cloning and Stem Cells*, v.9, n.1, p.3-7, 2007. Disponível em: https://doi.org/10.1089/clo.2006.0002. Acesso em: 7 ago. 2024.

______; CAMPBELL, K.; TUDGE, C. *The Second Creation*: Dolly & The Age of Biological. Cambridge: Harvard University Press, 2001. [Ed. bras.: *Dolly a segunda criação e a era do controle*. Rio de Janeiro: Objetiva, 2000.]

______; SALES, D. I.; ASHWORTH, C. J. Maternal and Embryonic Factors Associated with Prenatal Loss in Mammals. *Reproduction*, v.76, n.2, p.851-64, 1986. Disponível em: https://doi.org/10.1530/jrf.0.0760851. Acesso em: 8 ago. 2024.

YOUNG, L. E.; SINCLAIR, K. D.; WILMUT, I. Large Offspring Syndrome in Cattle and Sheep. *Reviews of Reproduction*, v.3, n.3, p.155-63, 1998. Disponível em: https://doi.org/10.1530/ror.0.0030155. Acesso em: 8 ago. 2024.

ZHAO, J. et al. Histone Deacetylase Inhibitors Improve *in vitro* and *in vivo* Developmental Competence of Somatic Cell Nuclear Transfer Porcine Embryos. *Cellular Reprogramming*, v.12, n.1, p.75-83, 2010. Disponível em: https://doi.org/10.1089/cell.2009.0038. Acesso em: 8 ago. 2024.

______ et al. Significant Improvement in Cloning Efficiency of an Inbred Miniature Pig by Histone Deacetylase Inhibitor Treatment after Somatic Cell Nuclear Transfer. *Biology of Reproduction*, v.81, n.3, p.525-30, 2009. Disponível em: https://doi.org/10.1095/biolreprod.109.077016. Acesso em: 8 ago. 2024.

ZHOU, C. et al. H3K27me3 Is an Epigenetic Barrier While KDM6A Overexpression Improves Nuclear Reprogramming Efficiency. *Faseb Journal*, v.33, n.3, p.4.638-52, 2019. Disponível em: https://doi.org/10.1096/fj.201801887R. Acesso em: 8 ago. 2024.

7
Modificação do genoma em animais

Vicente José de Figueirêdo Freitas
Luciana Magalhães Melo
Luiz Sérgio de Almeida Camargo

Introdução

Os métodos tradicionais de seleção em animais necessitam de muitas gerações de acasalamentos direcionados para obter a característica desejada, tais como o aumento na produção de leite, maior ganho de peso ou frequência de postura. Essa combinação de acasalamento e seleção, embora muito lenta, foi muito bem-sucedida. Essa afirmativa é tão verdadeira que as atuais características de base biológica na produção pecuária podem ser atribuídas a esse processo (Simm, 1998). No entanto, a partir do momento em que uma linhagem genética eficiente foi estabelecida, torna-se difícil introduzir uma nova característica genética por meio de métodos de cruzamento/seleção.

A modificação do genoma de mamíferos é, possivelmente, a tecnologia mais fascinante desenvolvida nos últimos cinquenta anos. Essa tecnologia permite manipular material genético *in vivo* de genes individuais ou até mesmo o genoma inteiro. A ideia de modificar ou editar genes para alterar a sequência de nucleotídeos remonta à década de 1970, quando foram descobertas as enzimas de restrição (Arber, 1978), as quais servem para defesa de bactérias contra agentes que as infectam. Essas enzimas clivam o DNA exógeno em locais específicos, conhecidos por locais de restrição (4 a 12 nucleotídeos), que estão ausentes em seu próprio genoma. A modificação ou edição (comparação com a redação de um texto) gênica recebe esse nome pois é capaz de "deletar" trechos específicos do DNA e corrigir imperfeições ou inserir novos genes no local. Assim, tanto células germinativas quanto somáticas podem ser editadas (Tobita et al., 2015). No caso das células germinativas (oócitos e espermatozoides) e precursoras, as modificações genéticas são transmitidas aos descendentes. Alguns pesquisadores também incluem sob essa designação embriões no estádio inicial de formação. Por sua vez, em células somáticas, as modificações não são passadas aos descendentes, a menos que sejam usadas como doadoras de núcleos para a clonagem animal (Furtado, 2019). Neste capítulo, será abordado o estado da arte das diferentes técnicas de modificação do genoma em animais, dando especial atenção aos trabalhos realizados no Brasil.

Conceitos

Animais transgênicos podem ser definidos como aqueles que têm um ou mais genes exógenos incorporados estavelmente ao seu genoma através de intervenção humana. Esse segmento específico de DNA recombinante de fita dupla é denominado "transgene" (Houdebine, 2009). Adicionalmente, os animais transgênicos podem ser separados em outras duas categorias: aqueles que são resultado da inserção aleatória no genoma (geralmente através de métodos de microinjeção ou infecção viral) e aqueles que são produzidos por recombinação homóloga para se promover inserção controlada no genoma (*knock-in*) em um local determinado para expressar o transgene em contexto regulatório específico.

A modificação do genoma também pode ser obtida por uma técnica revolucionária denominada "edição gênica", a qual é diferente da transgênese convencional, uma vez que permite uma modificação precisa em um local determinado no genoma. Essa tecnologia superou dificuldades normalmente encontradas na transgênese clássica, como integração aleatória e ausência de expressão da proteína. A edição gênica também é mais acessível, consome menos tempo e é mais barata que a transgênese (Menchaca et al., 2016). Ferramentas de edição genética permitem modificações precisas no genoma animal e podem ser aliadas da pecuária em regiões tropicais e subtropicais. Alelos associados à produção ou tolerância ao calor podem ser transferidos entre raças sem a necessidade de cruzamento. Juntamente com as biotecnologias de reprodução assistida e a seleção do genoma, a edição genética pode acelerar o ganho genético de raças indígenas, como o gado Zebu (Camargo et al., 2023). Qualquer que seja a estratégia utilizada para obter a modificação do genoma, as possibilidades são enormes para uso em medicina, pecuária e indústria farmacêutica (Figura 1).

A obtenção de animais domésticos transgênicos, como bovinos, caprinos e ovinos, é um trabalho que depende do domínio de diversas técnicas, tais como: biologia molecular, cultivo celular, embriologia e biotécnicas da reprodução. Nas seções a seguir são apresentados os métodos utilizados com sucesso em diferentes espécies domésticas para a obtenção de animais transgênicos.

Figura 1. Aplicações e objetivos da modificação do genoma em animais, tais como: 1) introduzir características economicamente importantes ou resistência a doenças em animais; 2) produzir proteínas de interesse à medicina humana e animal; 3) investigar funções dos genes ou obter modelos para estudo de doenças em humanos; e 4) produzir hospedeiros para pesquisa com xenotransplante.

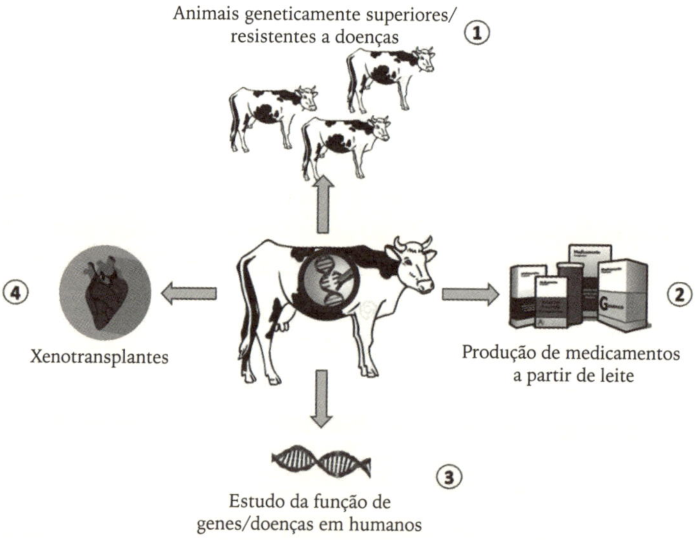

Microinjeção em embriões pronucleares

Esse método foi relatado pela primeira vez em 1981, com a obtenção do primeiro camundongo transgênico, por meio da microinjeção de uma construção de DNA em embriões pronucleares (Gordon; Ruddle, 1981). O procedimento consiste na colheita cirúrgica de zigotos recém-fecundados e injeção de DNA exógeno purificado em um dos pronúcleos (Figura 2). Os embriões resultantes são transferidos para o oviduto de fêmeas receptoras com ciclo sincronizado, as quais darão continuidade à prenhez. Após o nascimento, as crias serão genotipadas para identificar aquelas transgênicas. Em camundongos, a eficiência da microinjeção pronuclear é de cerca de 10% das crias nascidas; porém, o DNA microinjetado pode integrar um local aleatório, como também é possível a integração em mais de um local do genoma (Wall, 2001).

Figura 2. Momento da microinjeção da construção de DNA em um embrião pronuclear caprino. O embrião é contido pela pipeta *holding* enquanto a outra injeta a construção de DNA. (Foto: L. Andreeva.)

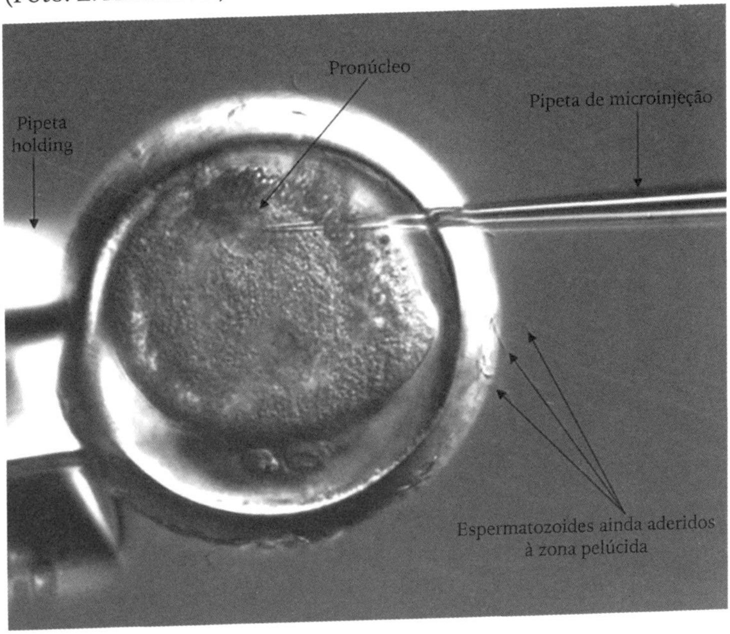

Figura 3. Caprinos transgênicos para o fator estimulante de colônia de granulócitos humano (hG-CSF). Fêmea fundadora, cria transgênica obtida por transferência de embriões e cabra receptora (A). Macho fundador com suas crias transgênicas obtidas por inseminação artificial (B). (Foto: V. J. F. Freitas.)

No Brasil, o Laboratório de Animais Transgênicos da Escola Paulista de Medicina, em pesquisa do dr. João Bosco Pesquero, produziu Vítor, o primeiro camundongo transgênico brasileiro, o qual foi criado para estudo de doenças cardíacas (Ortiz, 2003).

No que se refere aos animais de produção, as pesquisas realizadas na Universidade Estadual do Ceará (Uece) resultaram no nascimento dos primeiros caprinos transgênicos na América Latina. Utilizando a técnica de microinjeção pronuclear, Freitas et al. (2012) obtiveram um casal de caprinos transgênicos para o fator estimulante de colônias de granulócitos humano (*human granulocyte colony stimulating factor* – hG-CSF). Nesse experimento, a fêmea transgênica fundadora, após lactação induzida, secretou em média 0,63 g de hG-CSF por litro de leite. Posteriormente, esses animais provaram ser férteis com o nascimento de cerca de 50% das crias detectadas como transgênicas (Figura 3). As fêmeas da primeira geração (F1) demonstraram um nível de secreção do hG-CSF no leite semelhante àquele produzido pela fêmea fundadora (Moura et al., 2013). Também no Ceará, o grupo liderado pelo dr. Marcelo Bertolini obteve, por microinjeção pronuclear, caprinos transgênicos secretando no leite lisozima humana biologicamente ativa (Carneiro et al., 2018).

Como essa técnica apresenta vários problemas (baixa eficiência, integração aleatória, mosaicismo e variações nos padrões de expressão do transgene), buscou-se o desenvolvimento de técnicas alternativas para melhorar a eficiência na produção de animais geneticamente modificados.

Transferência nuclear de células somáticas

A transferência nuclear de células somáticas (TNCS) ou clonagem animal surgiu com os experimentos que originaram a ovelha Dolly a partir de uma célula de glândula mamária (Wilmut et al., 1997). Além de objetivos como a multiplicação de animais superiores para a formação de rebanhos altamente produtivos e conservação de espécies ou raças em via de extinção, a TNCS atraiu ampla atenção para uso em programas de modificação genética de animais de produção (Baguisi et al., 1999).

Com essa técnica, o transgene pode ser introduzido em células somáticas que serão doadoras para clonagem, permitindo a caracterização das células transgênicas (local de integração do DNA exógeno e número de cópias) antes da introdução em oócitos previamente enucleados. O procedimento consiste primeiramente na enucleação de oócitos em metáfase II (MII) por meio da aspiração de uma pequena porção do citoplasma com os cromossomos MII. Os cromossomos podem ser visualizados sob a luz ultravioleta após incubação do oócito com corante Hoechst. Posteriormente os oócitos enucleados recebem a célula doadora por meio de microinjeção perivitelínica (Figura 4). Como doadoras de núcleo, diversas células somáticas têm sido utilizadas, porém o fibroblasto fetal tem sido a célula de escolha devido à maior capacidade proliferativa (Cibelli et al., 1998). Em seguida, promove-se a fusão das membranas dos pares oócito enucleado-célula doadora usando um breve pulso elétrico de alta voltagem. Após a fusão, os embriões reconstruídos são quimicamente ativados com ionomicina e/ou cicloheximida. Finalmente, esses embriões são transferidos imediatamente para o oviduto de fêmeas receptoras sincronizadas ou mantidos até estágio de blastocisto em cultivo *in vitro* padrão quando então serão transferidos para as receptoras (Pereira; Freitas, 2009).

Figura 4. Diferentes momentos das etapas de transferência nuclear de células somáticas em caprinos. Enucleação do oócito (A), confirmação pela marcação com Hoechst 33342 (B) e transferência da célula doadora para um oócito enucleado. (Foto: A. F. Pereira.)

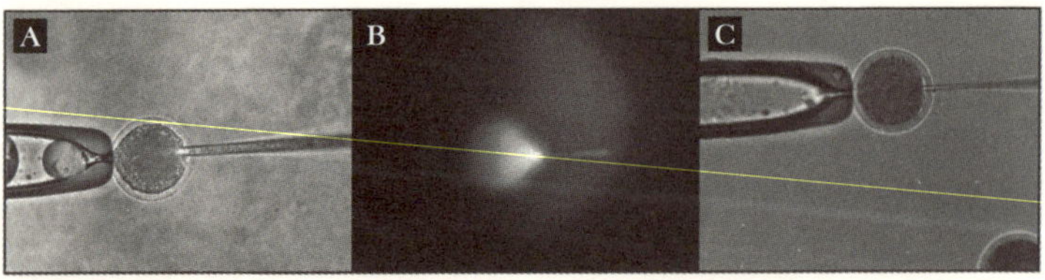

Uma outra maneira de obtenção de animais transgênicos com o uso da clonagem é através da produção de clones de fundadores transgênicos, como descrito por Pereira et al. (2013), que utilizaram a técnica de *handmade cloning* (HMC) na tentativa de clonar uma cabra fundadora transgênica para o hG-CSF.

O método de TNCS já foi utilizado em várias espécies de animais domésticos apresentando várias vantagens por permitir a seleção do sexo (exemplo: fêmeas para expressão de proteínas no leite), a seleção do histórico genético das células doadoras (exemplo: fêmeas com conhecida produção leiteira) e a garantia de que o local de inserção do transgene permaneça estável entre os clones (Hodges; Stice, 2003). Contudo, a eficiência da TNCS em obter clones permanece baixa (~10%), principalmente devido à reprogramação incompleta ou incorreta das células somáticas diferenciadas em um estádio totipotente, o que resulta em modificações epigenéticas anormais, como metilação aberrante do DNA e modificação de histonas (Huili et al., 2014).

Transgênese mediada por vetores virais

Esse método utiliza a capacidade do retrovírus em realizar a integração estável de seu material genético nos cromossomos das células transduzidas. As principais características são a sua eficácia e simplicidade para a integração de uma cópia. Porém, uma vez que a transdução retroviral não ocorre na fase de zigoto, os animais resultantes são mosaicos, ou seja, nem todas as suas células possuem o transgene, e ainda há casos em que pode ocorrer o silenciamento do transgene. Além disso, somente sequências de DNA menores do que 8 kb podem ser integradas e, em geral, apenas construções de DNA complementar (cDNA) podem ser usadas (Rodríguez et al., 2019; Jeong et al., 2023).

Vetores virais têm sido usados para mediar a transgênese por entrega e integração do transgene no genoma do hospedeiro. Tais vetores podem ser divididos em não integrados (adenovirais) e integrados, que são derivados de um retrovírus, lentivírus ou vírus adeno-associado (Pfeifer; Hofmann, 2009). O avanço científico permitiu o aprimoramento dos vetores lentivirais, como a autoinativação do promotor viral, deleção de genes associados com infecção e menores chances de gerar vírus competentes por recombinação (Pauwels et al., 2009), tornando-os mais seguros para aplicações em animais (Cornetta et al., 2013). A eficiência dos vetores lentivirais em gerar animais domésticos geneticamente modificados fica clara na publicação de Lillico et al. (2011) do Roslin Institute, o mesmo instituto que produziu Dolly, quando afirmam que em um único ano produziram 32 animais fundadores para seis diferentes transgenes, uma quantidade maior do que a soma de todos os 25 anos de pesquisa da instituição. Tal eficiência aponta para os vetores lentivirais entre os procedimentos preferidos para a geração de animais biorreatores.

Várias estratégias têm sido utilizadas para o uso de vetores virais como veículos ou transportadores para entregar construções de DNA exógeno em posições direcionadas de expressão (Curcio et al., 2019). Uma das estratégias básicas que usa vetores virais é a injeção intramamária diretamente no canal da teta para a produção transitória de proteínas de valor farmacêutico no leite. Assim, Tavares et al. (2016) produziram glicocerebrosidase (hGCase) por meio da injeção direta de adenovírus recombinante na glândula mamária de cabra não transgênica. A enzima, que é utilizada para o tratamento da doença de Gaucher em humanos, foi secretada no leite durante seis dias em um nível de até 111,1 ± 8,1 mg/L.

Os vetores virais também podem ser usados para mediar a transgênese em zigotos por duas principais formas: transdução viral de embriões sem zona pelúcida e injeção no espaço perivitelino (Pfeifer; Hofmann, 2009). No Brasil, essa técnica foi utilizada na Embrapa Gado de Leite para se obter embriões bovinos transgênicos expressando a proteína verde fluorescente (*green fluorescent protein* – GFP) (Camargo et al., 2013).

Transgênese mediada por espermatozoides

Brackett et al. (1971) demonstraram que um DNA exógeno poderia ser transferido do espermatozoide para um oócito após fecundação. Porém, somente em 1989 foi relatado o nascimento de camundongos usando a transferência gênica com espermatozoides (Lavitrano et al., 1989), e, ainda assim, de maneira controversa (Brinster et al., 1989). Posteriormente foi relatada a produção de porcos com um gene humano para uma proteína de membrana que protege as células da ativação de complementos autólogos (Lavitrano et al., 2002).

Essa técnica foi tema de uma recente revisão (Shakweer et al., 2023) e apresenta a vantagem de ser um método aparentemente simples, no qual os espermatozoides são expostos à construção gênica e, em seguida, usados para fecundar os oócitos. Entretanto, os resultados não reproduzíveis em diferentes experimentos indicaram a necessidade do uso de biotecnologias reprodutivas mais avançadas, como a injeção espermática intracitoplasmática (*intracytoplasmic sperm injection* – ICSI) para favorecer a entrada do espermatozoide contendo o transgene nas espécies caprina (Shadanloo et al., 2010) e bovina (Sánchez-Villalba et al., 2018). Uma etapa adicional no protocolo, a ativação química haploide, gerou embriões pré-implantacionais transgênicos em ovinos, suínos, felinos, equinos e bovinos (Pereyra-Bonnet et al., 2008). Porém, a eficiência da associação entre esses procedimentos é controversa, uma vez que a ICSI tem apresentado limitações em gerar animais transgênicos de algumas espécies domésticas, como bovinos, caprinos e ovinos (Salamone et al., 2017). Uma segunda alternativa é a associação entre espermatozoides e vetores virais para serem usados na inseminação artificial ou fecundação *in vitro*. Camundongos (Chandrashekran et al., 2014) e suínos (Zhang et al., 2012) expressando GFP já foram produzidos por associação entre sêmen fresco e vetores lentivirais. Em bovinos, contudo, estudo recente no Brasil com coincubação de sêmen descongelado com vetores lentivirais durante a fecundação *in vitro* encontrou menor taxa de desenvolvimento embrionário e sem sucesso em gerar embriões transgênicos (Lemos et al., 2021).

Novas tecnologias em transgênese animal

O avanço dos estudos científicos e tecnológicos tem permitido que novas metodologias sejam propostas para a geração de animais geneticamente modificados, envolvendo diferentes áreas da ciência. Nos parágrafos seguintes serão apresentados alguns dos métodos mais modernos nessa área.

RNA de interferência

O RNA de interferência (RNAi) é um mecanismo natural que já foi aplicado em programas de manipulação genética devido à sua capacidade de reduzir (*knockdown*) a expressão do gene silenciando o mRNA do gene-alvo. Essa técnica tem sido utilizada principalmente para entender os papéis biológicos e funcionais de genes específicos, investigar efeitos inibitórios da expressão gênica, suprimir a expressão de genes patogênicos e inibir a expressão de genes que regulam negativamente fenótipos desejáveis.

Golding et al. (2006) utilizaram a tecnologia com lentivírus para fornecer o transgene GFP com um *short hairpin* RNA (shRNA) projetado para suprimir a expressão da proteína príon caprina e bovina em fibroblastos. Nessas células, os autores produziram um feto caprino clonado por TNCS e compararam seus tecidos com um caprino comum. Todos os tecidos do feto clonado expressaram GFP e a análise do cérebro por *western blot* demonstrou uma diminuição de 90% na expressão da proteína príon. Posteriormente, foram apresentados ovinos transgênicos *knockdown* para miostatina combinando a tecnologia de shRNA em fibroblasto com TNCS em oócitos. Nesse trabalho, três cordeiros foram obtidos expressando o shRNA direcionado à miostatina no músculo e com uma inibição significativa na expressão da proteína (Hu et al., 2013).

Transposons

Transposons são sequências de DNA móveis que podem se autorreplicar em um determinado genoma e estão sendo utilizados como importante ferramenta para transgênese em moscas, peixes, sapos, camundongos e ratos. Muitas das desvantagens dos métodos clássicos para obtenção de animais transgênicos podem ser superadas pela transferência de genes mediada por transposição, o que aumenta a eficiência da integração cromossômica e facilita a inserção de uma única cópia. No entanto, a principal vantagem da transgênese mediada por transposons é que a integração do DNA exógeno é direcionada para as regiões eucromáticas acessíveis, nas quais o silenciamento do transgene é evitado. O uso de transposons combinado com a TNCS já conseguiu o nascimento de suínos transgênicos (Jakobsen et al., 2011).

Um outro sistema de transposon foi aplicado por Bai et al. (2012) em cabras Cashmere. O sistema *PiggyBac* foi utilizado para mediar a expressão do gene GFP e produzir linhas celulares estavelmente transfectadas com o uso de fibroblastos de feto caprino. As linhas de células geradas mostraram um alto nível de GFP mRNA. Além disso, as células transfectadas com o mesmo conjunto de vetores foram usadas como células doadoras para produzir caprinos transgênicos via TNCS. Nesse experimento nasceu um caprino clonado com forte expressão de GFP nos chifres, cascos, nariz e pelos (Bai et al., 2017).

Posteriormente, foram identificados vários transposons que medeiam a introdução de DNA exógeno de maneira estável e hereditária em espécies de mosquitos, incluindo membros dos gêneros *Aedes, Anopheles* e *Culex*. O elemento mais versátil, *Piggybac*, é funcional em todos esses gêneros. A transgênese mediada por transposons tem sido usada para definir fragmentos funcionais de sequências de genes e introduzir produtos codificadores de DNA exógeno de interesse em medicina (Bottino-Rojas; James, 2023).

A revolução da edição gênica

Nucleases

A inserção controlada de um DNA exógeno no genoma tende a ser extremamente rara em células somáticas, e várias estratégias têm sido desenvolvidas para melhorar sua eficiência. Em vez de esperar pelo acontecimento espontâneo e raro, a frequência de recombinação homóloga pode ser consideravelmente aumentada com a introdução de uma quebra na fita dupla de DNA no local desejado. Enzimas endonucleolíticas, altamente específicas, têm sido desenvolvidas para alcançar esse objetivo. A enzima FokI, uma endonuclease, é associada a proteínas com domínio específico à sequência-alvo do DNA, criando moléculas híbridas que podem ser usadas para clivar uma sequência específica do genoma e, assim, causar o silenciamento do gene ou permitir a introdução de uma modificação gênica por recombinação homóloga (Urnov et al., 2010). Nucleases dedos de zinco (*zinc-finger nucleases* – ZFNs) e nucleases efetoras tipo ativador de transcrição (*transcription activator-like effector nucleases* – Talens) foram as moléculas híbridas utilizadas para modificar o genoma de ovinos (Zhang et al., 2014) e caprinos (Song et al., 2015). Em bovinos, o sistema Talens foi usado para promover a introgressão de alelo responsável pela ausência de chifres em células somáticas que foram então utilizadas na TNCS, gerando dois machos sem chifres (Carlson et al., 2016).

CRISPR/Cas9

Na última década, avanços promissores foram relatados no campo da modificação genética. Essa revolução culminou com o surgimento do sistema de Repetições Palindrômicas Curtas Agrupadas e Regularmente Interespaçadas (*Clustered Regularly Interspaced Short Palindromic Repeats* – CRISPR). Estes são mecanismos simples que agem em procariotos como um sistema imunológico adaptativo contra infecções de bacteriófagos e DNA exógeno pela cooperação das sequências CRISPR com nucleases (Mojica; Montoliu, 2016). Dessa forma, os sistemas CRISPR (Figura 5) foram desenvolvidos a partir do conhecimento dos mecanismos de defesa adaptativos procarióticos para serem usados como ferramentas de edição gênica (Doudna; Charpentier, 2014). Esse sistema requer uma RNA-guia para identificar a sequência-alvo no genoma e uma nuclease para promover a quebra da fita de DNA, sendo a Cas9 a mais comum das nucleases. No reparo do DNA quebrado podem ocorrer mutações no gene que impedem a expressão de uma proteína funcional (*knock-out*) ou a introdução de sequências direcionada por homologia (*knock-in*) quando se usa uma fita de DNA molde (ibid.). O sistema CRISPR tem sido a técnica de eleição para a edição gênica, pois é mais fácil, simples e acessível do que os sistemas de edição gênica mostrados anteriormente.

O sistema CRISPR/Cas ultrapassou rapidamente os sistemas Talens e ZFNs na função de edição do genoma. Estes dois

Figura 5. Mecanismo de edição do sistema CRISPR/Cas9 – O RNA-guia (sgRNA) é projetado para reconhecer a sequência-alvo a ser modificada na fita de DNA e introduzir modificações. A nuclease Cas9 é ativada quando se liga ao sgRNA. Quando o sgRNA reconhece uma sequência no DNA, a nuclease promove a quebra da dupla fita. As quebras são reparadas por sistemas intracelulares que refazem a fita de DNA. O reparo pode ocorrer por união não homóloga das pontas quebradas promovendo inserções e/ou deleções de nucleotídeos de forma aleatória (à esquerda na figura) ou pode ser direcionado por homologia, onde uma fita de DNA-modelo com sequência ou gene desejado é inserida por recombinação homóloga no ponto de quebra da fita, promovendo uma modificação precisa no genoma (à direita na figura).

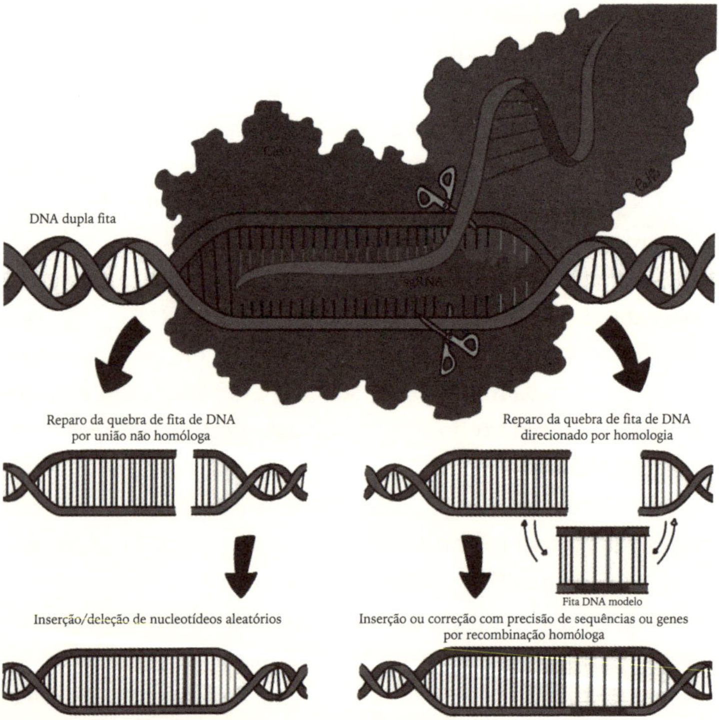

últimos usam a ligação proteína-DNA em vez de hibridização RNA-DNA para edição de genoma específico, requerem um novo projeto de proteína e a validação para cada experimento, restringindo sua ampla adoção. Por outro lado, o sistema CRISPR--Cas9 oferece simplicidade e eficácia em praticamente todos os tipos de organismos, abrangendo células e modelos animais de interesse médico, amplamente utilizados na pesquisa científica e espécies domésticas relevantes para produção animal. Como exemplo, na pecuária pode ser usado para aumentar em poucas gerações a frequência de alelos associados a produção ou saúde animal (Tait-Burkard et al., 2018), e assim contribuir para acelerar o melhoramento genético.

Os sistemas CRISPR foram utilizados primeiramente em genomas de mamíferos (Cong et al., 2013; Mali et al., 2013). Posteriormente, novos sistemas CRISPR foram descobertos, estendendo assim a caixa de ferramentas de edição de genes com outras opções para direcionamento e/ou manipulação mais precisa (Komor et al., 2017). O sistema CRISPR também foi utilizado com sucesso em animais de produção, como suínos (Hai et al., 2014), caprinos (Ni et al., 2014) e ovinos (Crispo et al., 2015) para promover o *knock-out* de genes.

Recentemente, evidenciou-se um número crescente de pacientes com doenças degenerativas do disco devido ao envelhecimento da população. Assim, camundongos editados geneticamente com uso do sistema CRISPR têm sido amplamente utilizados nos estudos sobre degeneração de disco e apresentando resultados animadores (Lu et al., 2023).

No Brasil, quanto à regulamentação da técnica, o conceito legal de Organismo Geneticamente Modificado (OGM) é normatizado pela Lei de Biossegurança e a Comissão Técnica Nacional de Biossegurança (CTNBio), a qual é o órgão que tem a competência para avaliar os produtos. A CTNBio aprovou a Resolução Normativa n.16, de 15 de janeiro de 2018, sobre Técnicas Inovadoras de Melhoramento de Precisão (Timp). Para a

CTNBio, as Timp abrangem um conjunto de novas metodologias e abordagens para edição gênica que diferem da transgênese por resultar na ausência de DNA/RNA recombinante no produto final. O sistema CRISPR-Cas9, dependendo de sua utilização, pode ser considerado pela CTNBio uma Timp, desde que se enquadre nos critérios estabelecidos pela Resolução Normativa n.16, da CTNBio. No que se refere ao uso do sistema, algumas instituições brasileiras já o fazem como demonstrado em publicações recentes (Oliveira et al., 2019).

Considerações finais

O conhecimento sobre a sequência gênica, função e sequência completa do genoma permite colocar em prática a engenharia do genoma, a qual poderá melhorar ou introduzir muitas características desejáveis nos animais domésticos.

No Brasil, alguns modelos de animais geneticamente modificados foram desenvolvidos durante as últimas décadas e essa biotécnica será ainda mais viável nos próximos anos. No entanto, esses modelos estão praticamente restritos a camundongos, para aplicações biomédicas, e em caprinos como biorreatores para produção de proteínas de interesse em medicina humana.

O uso da edição gênica, particularmente o sistema CRISPR/Cas, irá desenvolver-se nas áreas de pesquisa básica e médica utilizando camundongos, enquanto em animais de produção deverá substituir as técnicas convencionais de transgênese, com aplicações em biomedicina, produção de fármacos e pecuária.

Agradecimentos

Os autores agradecem à Fundação Cearense de Apoio ao Desenvolvimento Científico e Tecnológico (Funcap), à Fundação de Amparo à Pesquisa do Estado de Minas Gerais (Fapemig) e ao Conselho Nacional de Desenvolvimento Científico e Tecnológico (CNPq) pelo apoio às pesquisas envolvendo a produção de embriões e animais geneticamente modificados nos laboratórios de Fisiologia e Controle da Reprodução da Universidade Estadual do Ceará (Uece) e de Biotecnologia e Reprodução Animal da Embrapa Gado de Leite.

Referências

ARBER, W. Restriction Endonucleases. *Angewandte Chemie International Edition*, v.17, n.2, p.73-9, 1978.

BAGUISI, A. et al. Production of Goats by Somatic Cell Nuclear Transfer. *Nature Biotechnology*, v.17, n.5, p.456-61, 1999.

BAI, D. P. et al. Generation of a Transgenic Cashmere Goat Using the PiggyBac Transposition System. *Theriogenology*, v.93, p.1-6, 2017.

______ et al. PiggyBac Transposon-Mediated Gene Transfer in Cashmere Goat Fetal Fibroblast Cells. *Bioscience, Biotechnology and Biochemistry*, v.76, n.5, p.933-7, 2012.

BOTTINO-ROJAS, V.; JAMES, A. A. Use of Insect Promoters in Genetic Engineering to Control Mosquito-Borne Diseases. *Biomolecules*, v.13, n.1, p.16, 2023.

BRACKETT, B. G. et al. Uptake of Heterologous Genome by Mammalian Spermatozoa and its Transfer to Ova through Fertilization. *Pnas – Proceedings of the National Academy of Sciences*, v.68, n.2, p.353-7, 1971.

BRINSTER, R. L. et al. No Simple Solution for Making Transgenic Mice. *Cell*, v.59, n.2, p.239-41, 1989.

CAMARGO, L. S. A. et al. Perspectives of Gene Editing for Cattle Farming in Tropical and Subtropical Regions. *Animal Reproduction*, v.19, n.4, art.e20220108, 2023.

______ et al. Effect of Lentiviral Vectors Microinjection into Perivitelline Space of Bovine Early Zygotes on Embryo Development and Transgene Expression. In: TRANSGENIC ANIMAL RESEARCH CONFERENCE, 9. Tahoe City, 11-15 ago. 2013. *Abstracts*... Califórnia: [s.n.], 2013.

CARLSON, D. F. et al. Production of Hornless Dairy Cattle from Genome-Edited Cell Lines. *Nature Biotechnology*, v.34, n.5, p.479-81, 2016.

CARNEIRO, I. S. et al. Milk from Transgenic Goat Expressing Human Lysozyme for Recovery and Treatment of Gastrointestinal Pathogens. *European Journal of Pharmaceutical Sciences*, v.112, p.79-86, 2018.

CHANDRASHEKRAN, A. et al. Efficient Generation of Transgenic Mice by Lentivirus-Mediated Modification of Spermatozoa. *Faseb Journal*, v.28, n.2, p.569-76, 2014.

CIBELLI, J. B. et al. Cloned Transgenic Calves Produced from Nonquiescent Fetal Fibroblasts. *Science*, v.280, n.5.367, p.1.256-8, 1998.

CONG, L. et al. Multiplex Genome Engineering Using CRISPR/Cas Systems. *Science*, v.339, n.6.121, p.819-23, 2013.

CORNETTA, K. et al. Transgenic Sheep Generated by Lentiviral Vectors: Safety and Integration Analysis of Surrogates and their Offspring. *Transgenic Research*, v.22, n.4, p.737-45, 2013.

CRISPO, M. et al. Efficient Generation of Myostatin Knock-Out Sheep Using CRISPR/Cas9 Technology and Microinjection into Zygotes. *PLoSOne*, v.10, n.8, art.e0136690, 2015.

CURCIO, A. G. et al. Efficiency of Transgene Expression in Bovine Cells Varies According to Cell Type and Gene Transfer Method. *Revista Colombiana de Ciencias Pecuarias*, v.32, n.1, p.34-42, 2019.

DOUDNA, J. A.; CHARPENTIER, E. The New Frontier of Genome Engineering with CRISPR-Cas9. *Science*, v.346, n.6.213, art.1258096, 2014.

FREITAS, V. J. F. et al. The Establishment of Two Transgenic Goat Lines for Mammary Gland hG-CSF Expression. *Small Rum. Res.*, v.105, n.1-3, p.105-13, 2012.

FURTADO, R. N. Edição genética: riscos e benefícios da modificação do DNA humano. *Revista Bioética*, v.27, n.2, p.223-3, 2019.

GOLDING, M. C. et al. Suppression of Prion Protein in Livestock by RNA Interference. *Pnas – Proceedings of the National Academy of Sciences*, v.103, n.14, p.5.285-90, 2006.

GORDON, J. W.; RUDDLE, F. H. Integration and Stable Germline Transmission of Genes Injected into Mouse Pronuclei. *Science*, v.214, n.4.526, p.1.244-6, 1981.

HAI, T. et al. One-Step Generation of Knockout Pigs by Zygote Injection of CRISPR/Cas System. *Cell Research*, v.24, n.3, p.372-5, 2014.

HODGES, C. A.; STICE, S. L. Generation of Bovine Transgenics Using Somatic Cell Nuclear Transfer. *Reproductive Biology and Endocrinology*, v.1, p.81, 2003.

HOUDEBINE, L. M. Production of Pharmaceutical Proteins by Transgenic Animals. *Comparative Immunology, Microbiology and Infectious Diseases*, v.32, n.2, p.107-21, 2009.

HU, S. et al. Knockdown of Myostatin Expression by RNAi Enhances Muscle Growth in Transgenic Sheep. *PLoSOne*, v.8, n.3, art.e58521, 2013.

HUILI, J.; HAOSHENG, L.; DENGKE, P. Epigenetic Reprogramming by Somatic Cell Nuclear Transfer: Questions and Potential Solutions. *Yi Chuan*, v.36, n.12, p.1.211-8, 2014.

JAKOBSEN, J. E. et al. Pig Transgenesis by Sleeping Beauty DNA Transposition. *Transgenic Research*, v.20, n.3, p.533-45, 2011.

JEONG, M. et al. Viral Vector-Mediated Transgene Delivery with Novel Recombinase Systems for Targeting Neuronal Populations Defined by Multiple Features. *Neuron*, v.112, n.1, p.56-72, 2023.

KOMOR, A. C.; BADRAN, A. H.; LIU, D. R. CRISPR-Based Technologies for the Manipulation of Eukaryotic Genomes. *Cell*, v.168, n.1-2, p.20-36, 2017.

LAVITRANO, M. et al. Efficient Production by Sperm-Mediated Gene Transfer of Human Decay Accelerating Factor (hDAF) Transgenic Pigs for Xenotransplantation. *Pnas – Proceedings of the National Academy of Sciences*, v.99, n.22, p.14.230-5, 2002.

______ et al. Sperm Cells as Vectors for Introducing Foreign DNA into Eggs: Genetic Transformation of Mice. *Cell*, v.57, n.5, p.717-23, 1989.

LEMOS, D. R. et al. Lentivirus Vectors Fail to Deliver Transgenes into Bovine Zygotes after Co-Incubation with Sperm During *in vitro* Fertilization. *Arquivo Brasileiro de Medicina Veterinária e Zootecnia*, v.73, n.1, p.256-60, 2021.

LILLICO, S. et al. Lentiviral Transgenesis in Livestock. *Transgenic Research*, v.20, n.3, p.441-2, 2011.

LU, Z.-Y. et al. Constitutive and Conditional Gene Knockout Mice for the Study of Intervertebral Disc Degeneration: Current Status, Decision Considerations, and Future Possibilities. *JOR Spine*, v.6, n.1, art.e1242, 2023.

MALI, P. et al. RNA-Guided Human Genome Engineering Via Cas9. *Science*, v.339, n.621, p.823-6, 2013.

MENCHACA, A. et al. New Insights and Current Tools for Genetically Engineered (GE) Sheep and Goats. *Theriogenology*, v.86, n.1, p.160-9, 2016.

MOJICA, F. J. M.; MONTOLIU, L. On the Origin of CRISPR-Cas Technology: From Prokaryotes to Mammals. *Trends Microbiology*, v.24, n.10, p.811-20, 2016.

MOURA, R. R. et al. Dynamics of Recombinant hG-CSF in Transgenic Goat: Preliminary Study in the Founder during Hormonally Induced Lactation. *Animal Biotechnology*, v.24, n.1, p.10-4, 2013.

NI, W. et al. Efficient Gene Knockout in Goats Using CRISPR/Cas9 System. *PLoSOne*, v.9, n.9, art.e106718, 2014.

OLIVEIRA, V. C. et al. Edition of TFAM Gene by CRISPR/Cas9 Technology in Bovine Model. *PLoSOne*, v.14, n.3, art.e0213376, 2019.

ORTIZ, L. C. A produção brasileira de camundongos transgênicos favorece a pesquisa. *Ciência e Cultura*, v.55, n.3, p.9-10, 2003.

PAUWELS, K. et al. State-of-the-Art Lentiviral Vectors for Research Use: Risk Assessment and Biosafety Recommendations. *Current Gene Therapy*, v.9, n.6, p.459-74, 2009.

PEREIRA, A. F. et al. Analysis of Factors Contributing to the Efficiency of the *in vitro* Production of Transgenic Goat Embryos (*Capra hircus*) by Handmade Cloning (HMC). *Small Ruminant Research*, v.109, n.2-3, p.163-72, 2013.

______; FREITAS, V. J. F. Clonagem em ruminantes: progressos e perspectivas atuais. *Revista Brasileira de Reprodução Animal*, v.33, n.3, p.118-28, 2009.

PEREYRA-BONNET, F. et al. A Unique Method to Produce Transgenic Embryos in Ovine, Porcine, Feline, Bovine and Equine Species. *Reproduction, Fertility and Development*, v.20, n.7, p.741-9, 2008.

PFEIFER, A.; HOFMANN, A. Lentiviral Transgenesis. *Methods in Molecular Biology*, v.530, p.391-405, 2009.

RODRÍGUEZ, M. C. et al. Production of Therapeutic Enzymes by Lentivirus Transgenesis. *Advances in Experimental Medicine and Biology*, v.1.148, p.25-54, 2019.

SALAMONE, D. F.; CANEL, N. G.; RODRÍGUEZ, M. B. Intracytoplasmic Sperm Injection in Domestic and Wild Mammals. *Reproduction*, v.154, n.6, p.F111-F124, 2017.

SÁNCHEZ-VILLALBA, E. et al. Improved Expression of Green Fluorescent Protein in Cattle Embryos Produced by ICSI-Mediated Gene

Transfer with Spermatozoa Treated with Streptolysin-O. *Animal Reproduction Science*, v.196, p.130-7, 2018.

SHADANLOO, F. et al. Sperm Status and DNA Dose Play Key Roles in Sperm/ICSI-Mediated Gene Transfer in Caprine. *Molecular Reproduction & Development*, v.77, n.10, p.868-75, 2010.

SHAKWEER, W. M. E. et al. A Review of Transgenic Animal Techniques and their Applications. *Journal of Genetic Engineering and Biotechnolology*, v.21, n.1, p.55, 2023.

SIMM, G. Genetic Improvement of Cattle and Sheep. Edimburgo: Cabi, 1998.

SONG, Y. et al. Expression, Purification and Characterization of Zinc--Finger Nuclease to Knockout the Goat Beta-Lactoglobulin Gene. *Protein Expression and Purification*, v.112, p.1-7, 2015.

TAIT-BURKARD, C. et al. Livestock 2.0 – Genome Editing for Fitter, Healthier, and more Productive Farmed Animals. *Genome Biology*, v.19, n.1, p.204, 2018.

TAVARES, K. C. S. et al. Transient Expression of Functional Glucocerebrosidase for Treatment of Gaucher's Disease in the Goat Mammary Gland. *Molecular Biotechnology*, v.58, n.1, p.47-55, 2016.

TOBITA, T.; GUZMAN-LEPE, J.; L'HORTET, A.C. From Hacking the Human Genome to Editing Organs. *Organogenesis*, v.11, n.4, p.173-82, 2015.

URNOV, F. D. et al. Genome Editing with Engineered Zinc Finger Nucleases. *Nature Reviews Genetics*, v.11, n.9, p.636-46, 2010.

WALL, R. J. Pronuclear Microinjection. *Cloning & Stem Cells*, v.3, n.4, p.209-20, 2001.

WILMUT, I. et al. Viable Offspring Derived from Fetal and Adult Mammalian Cells. *Nature*, v.385, n.6.619, p.810-3, 1997.

ZHANG, C. et al. Targeted Disruption of the Sheep MSTN Gene by Engineered Zinc-Finger Nucleases. *Molecular Biology Reports*, v.41, n.1, p.209-15, 2014.

______ et al. Production of Transgenic Pigs Mediated by Pseudotyped Lentivirus and Sperm. *PLoS One*, v.7, n.4, art.e35335, 2012.

8
Micromanipulação embrionária

Higor da Silva Ferreira
Gabriella Borba de Oliveira
Thomaz Kranen Cunha
Marcelo Bertolini
José Luiz Rodrigues

Introdução

A convivência entre os homens e os animais remonta há mais de 40 mil anos, e entre os testemunhos dessas relações estão as pinturas rupestres conservadas em diferentes sítios arqueológicos, como a caverna de Lascaux na França. Posteriormente, durante a Idade da Pedra Lascada – há 10 mil anos –, ocorreu a chamada revolução neolítica ou revolução agrária, período em que o homem se torna sedentário, dá início às atividades agrícolas e à domesticação dos animais, primeiro com os caprinos (±7 mil anos) e depois continuando com os caninos, ovinos, bovinos e equinos. A partir desse momento da sua história, os homens que se dedicaram ao cuidado da terra e dos animais procuraram explicações de como as plantas e os animais se multiplicavam e como as características fenotípicas eram transmitidas de uma geração à seguinte. O lento desenvolvimento e o acúmulo do conhecimento, produto do árduo trabalho de inúmeras gerações de cientistas, permitiram o esclarecimento dos fenômenos reprodutivos.

As concepções aristotélicas foram as primeiras que procuraram descrever conceitos de reprodução. Os gregos acreditavam, por exemplo, que, se antes do coito o homem amarrasse o testículo esquerdo, o produto seria um varão, daí nasceu a ideia de que direito é masculino e esquerdo, feminino. Pensadores gregos, como Hipócrates, e, posteriormente, os romanos, aceitavam que características adquiridas podiam ser transmitidas à prole, sob o conceito de pangênese, elaborada com mais propriedade pelo próprio Charles Darwin, autor da teoria da evolução, na segunda metade do século XIX.

Aristóteles (384-322 a.C.), filósofo, humanista, biólogo taxonomista, descreveu a reprodução das plantas e dos animais, classificando-a em três diferentes grupos: a partir de um indivíduo, a partir de dois indivíduos e a partir da matéria inanimada (geração espontânea). Ele também procurou esclarecer o que proporcionava a formação do ser humano. Naquela época, as jovens após a menarca logo se casavam. Aristóteles observou que, quando os ciclos menstruais eram interrompidos, elas usualmente estavam grávidas, e concluiu que os fetos tinham origem no sangue menstrual. A doutrina aristotélica, posteriormente incorporada aos escritos sagrados da Igreja Católica Apostólica Romana, constituiu-se em um dos entraves ao desenvolvimento das ciências, o que caracterizou a Idade Média como a idade das trevas. O conceito da geração espontânea só foi refutado de forma incontestável pelos elegantes experimentos conduzidos por Louis Pasteur na França em meados do século XIX. Portanto, a verdade aristotélica vigeu durante mais de 22 séculos, o que nos faz refletir em termos da epistemologia (filosofia da ciência): o que é a verdade científica? Levando-se em consideração a história da ciência, pode-se considerar a seguinte assertiva: *"a verdade científica usualmente é uma mentira que a maioria, em determinado momento, aceita como verdade"*.

Nas últimas décadas, o conhecimento da biologia molecular acerca da fecundação, da expressão do genoma e da diferenciação celular embrionária conduziram as pesquisas para áreas emergentes, como a medicina regenerativa, as terapias de substituição e reconstituição celular e os xenotransplantes. Nesses recentes procedimentos, diferentes células embrionárias são empregadas, com identidade própria ou na presença de outros genomas, por exemplo em organismos quiméricos.

Os objetivos deste capítulo são descrever os procedimentos e o estado da arte da micromanipulação embrionária, incluindo a bipartição de embriões, a produção de quimeras, a obtenção de biópsias embrionárias e o diagnóstico e triagem pré-implantacional.

Conceitos gerais

Na reprodução sexuada dos mamíferos, o indivíduo da espécie tem origem em duas células haploides, os gametas (o oócito e o espermatozoide), que durante o processo da fecundação transformam-se no zigoto, iniciando as divisões celulares, que progridem através da embriogênese e da organogênese, permitindo que essa célula inicial se diferencie nas mais de 230 células de um organismo adulto.

Atualmente, estão sendo elucidados os mecanismos moleculares, que envolvem os processos biológicos da diferenciação celular. Alguns desses conceitos consideramos importante esclarecer para permitir o entendimento dos modelos experimentais que descreveremos.

Os processos biológicos de expressão gênica que levam uma célula com menor grau de especialização a se dividir e originar outras células especializadas é o que conceituamos como diferenciação celular. Em termos didáticos, podemos caracterizar a diferenciação em três estágios: comprometimento celular, especificação celular (reversível) e determinação celular (irreversível).

Outros dois conceitos são fundamentais na organização e crescimento de tecidos e órgãos: a indução celular embrionária e a apoptose celular. A indução celular é caracterizada por processos de sinalização entre as células embrionárias que conduzem a rotas específicas de diferenciação. Esse fenômeno foi observado e descrito por Hans Spemann (1869-1941), embriologista alemão, cujos resultados experimentais foram publicados postumamente no livro *Desenvolvimento embrionário e indução* (Spemann, 1962). A descoberta desse comportamento celular durante o desenvolvimento embrionário rendeu-lhe reconhecimento com a outorga em 1935 do Prêmio Nobel de Fisiologia ou Medicina. Spemann é também reconhecido como o pai da clonagem, pelos seus clássicos experimentos de micromanipulação de embriões de salamandra (Figura 1), que descortinaram o cenário da clonagem por transferência nuclear. O envelhecimento e a morte são dois processos que fazem parte da existência dos seres vivos, sendo o controle da multiplicação e reposição celular efetuado através da apoptose, que pode ser traduzida como a morte celular programada.

Levando-se em consideração a formação do embrião mamífero, podemos de maneira geral caracterizar, pela ótica da plasticidade e da função, diferentes tipos de células. As divisões celulares do zigoto, assim chamado até o aparecimento da primeira célula diferenciada, momento em que passa a ser denominado embrião, é variável entre as espécies, por exemplo, ocorrendo no camundongo no estádio de desenvolvimento entre 4-8 células, e nos bovinos entre 8-16 células, com a ativação do genoma embrionário (AGE). Essas divisões celulares são mitoses particulares chamadas clivagens, pois, até a formação do blastocisto, as células

Figura 1. Bissecção embrionária com um fio de cabelo de uma criança, conforme executado por Hans Spemann e ilustrado em um livro de embriologia por seu estudante, Viktor Hamburger (Hamburger, 1942).

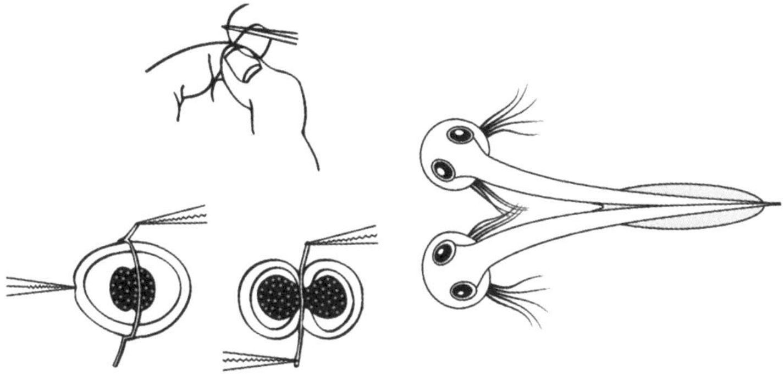

Fonte: Modificado de Betteridge (2003).

aumentam em número, reduzem o tamanho e mantêm o volume total do embrião, envolto pela zona pelúcida.

A primeira grande decisão do embrião, onde todas as células (blastômeros) são totipotentes, é se diferenciar em dois tipos celulares, sendo um a massa celular interna (*inner cell mass* – ICM) e o outro o trofoectoderma. Totipotência é a propriedade da célula de dar origem a todas as diferentes células embrionárias. As que irão originar o indivíduo, as células da ICM, já não são mais totipotentes e passam a ser denominadas pluripotentes, pois deixam de apresentar a habilidade de se diferenciarem em trofoectoderma. As células do trofoectoderma, externas ao embrião, irão se derivar em trofoblasto, que posteriormente será a camada celular externa do córion e o revestimento interno do âmnion, após o envelopamento pelo mesoderma extraembrionário, derivado do hipoblasto, que, por sua vez, deriva da ICM.

O percurso para o embrião chegar ao estádio de blastocisto, com a presença das duas linhagens celulares, é longo e ainda não totalmente esclarecido. Durante o século XIX, oitenta anos após ser refutada a teoria da pré-formação dos mamíferos, já existia entre os cientistas, dentre eles o alemão August Weismann (1834-1914), a proposição da teoria da polaridade do citoplasma celular, afirmando que haveria uma polaridade do zigoto logo após a fecundação, sendo cada polo do citoplasma responsável pelo desenvolvimento de um dos lados do indivíduo, o direito e o esquerdo. Os experimentos conduzidos por outro embriologista alemão, Hans Adolf Eduard Driesch (1867-1941), revelaram que a separação mecânica dos blastômeros do ouriço do mar levava ao desenvolvimento completo de embriões e de larvas com menores dimensões. A totipotência dos blastômeros nos estádios iniciais do desenvolvimento embrionário (Figura 2a) foi comprovada pelos clássicos experimentos de Hans Spemann (Figura 1), que, separando com o auxílio de um fio de cabelo blastômeros de embriões de salamandras, permitia que individualmente se desenvolvessem em embriões. Ao mesmo tempo, ainda perduravam dúvidas quanto à forma e a dinâmica que esses blastômeros totipotentes se diferenciavam nas células da ICM e do trofoectoderma. Hans-Werner Denker propôs em 1956 uma das teorias para o esclarecimento dessa diferenciação celular, a qual levava em consideração a polaridade do zigoto de uma célula, que, dependente da região do citoplasma que originaria as células, levaria à diferenciação em ICM ou trofoectoderma.

A outra teoria esclarecia o fenômeno dessa diferenciação celular, levando em consideração a posição (*in-side, out-side*) dos blastômeros durante as clivagens (Figura 2b). Os blastômeros que permaneciam no interior do embrião sem contato com a zona pelúcida originariam a ICM, e aqueles que ficassem em contato com a parte externa do embrião se diferenciariam em trofoectoderma. Até hoje, o evento da primeira diferenciação do embrião mamífero não está totalmente esclarecido, pois existem aspectos do processo que não permitem negar de maneira incontestável a teoria da polaridade. Por outro lado, a teoria da

Figura 2. Teorias da origem da diferenciação celular em zigotos mamíferos. (a) Teoria da polaridade do zigoto na diferenciação celular. (b) Teoria da posição dos blastômeros (*in-side, out-side*) durante a clivagem na diferenciação celular.

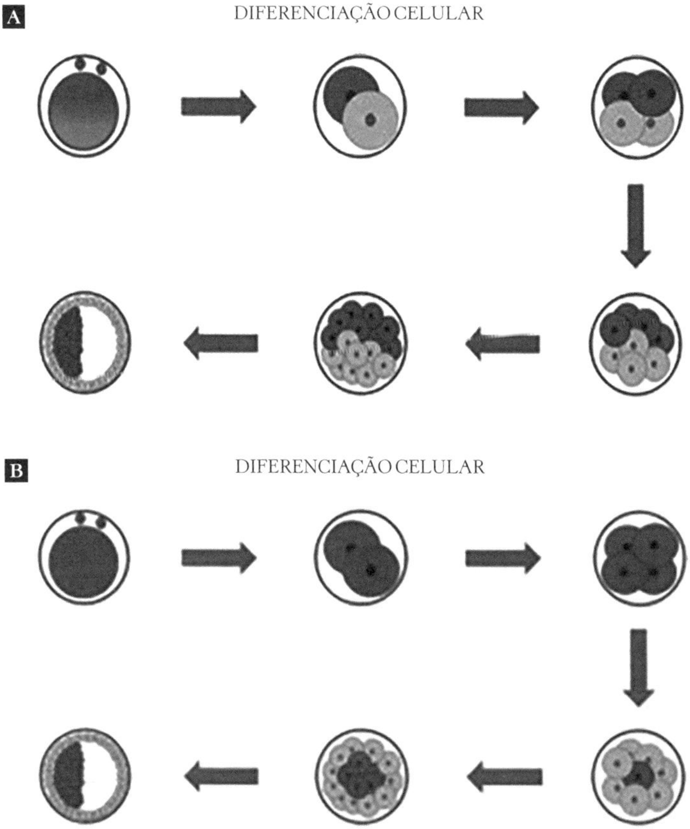

posição dos blastômeros ainda apresenta lacunas, que não permitem a sua completa comprovação. Os modelos experimentais descritos a seguir levam em consideração o arcabouço teórico da gametogênese, da fecundação e do desenvolvimento ao estádio de blastocisto, período em que sucede o início da expressão do genoma embrionário e a diferenciação celular com a formação da ICM e do trofoectoderma.

Bipartição embrionária

O interesse em dividir embriões e produzir indivíduos idênticos já era objeto de experimentos do embriologista Hans Spemann, que no início do século passado contribuiu com estudos para a compreensão de eventos sobre a diferenciação celular e totipotencialidade. Em 1902, empregou anfíbios (salamandras e anuros) como modelos de elegantes e engenhosos experimentos pioneiros sobre bipartição embrionária, conforme já ilustrado na Figura 1.

O interesse em produzir gêmeos idênticos em mamíferos dependeu do desenvolvimento de condições que permitissem a manipulação embrionária sem perda de viabilidade. Desvendou-se que a ocorrência natural de gemelaridade monozigótica em mamíferos apresenta três origens: pela individualização do desenvolvimento dos embriões a partir do estádio de 2-células; pela divisão da ICM no estádio de blastocisto; e pela divisão do tubo neural após a implantação. A possibilidade, então, de manipulação de zigotos e de embriões nos estádios mais precoces parecia um caminho ao sucesso. Dessa forma, em mamíferos, ao contrário dos anfíbios, o sucesso na micromanipulação embrionária tardou até meados dos anos 1960 devido às maiores dificuldades impostas pelas dimensões microscópicas dos zigotos e embriões (70 μm a 170 μm), além das condições necessárias e que permitissem a manutenção dos embriões fora do organismo materno sem a perda da viabilidade nos estádios iniciais do desenvolvimento. Uma das estratégias adotadas era realizar rápidos procedimentos de micromanipulação, seguidos da transferência para a fêmea receptora. Respeitando essas premissas, ensaios com objetivos de determinar o potencial de desenvolvimento de blastômeros isolados foram realizados por Nicholas e Hall (1942) com zigotos de ratos, Seidel (1952) com coelhos e Tarkowski (1959) com camundongos. O desenvolvimento de procedimentos adequados para a produção *in vivo* e *in vitro* de embriões mamíferos, aliado aos novos equipamentos científicos, permitiram realizar no laboratório com eficiência a fecundação (Chang, 1959) e o desenvolvimento embrionário em diferentes espécies mamíferas.

A partir do final da década de 1970 foram publicados os primeiros trabalhos relatando a produção de gêmeos idênticos em mamíferos, tanto no camundongo quanto em ovinos e bovinos. A partir desse momento, a literatura sobre o assunto teve um rápido progresso, sendo publicados artigos abordando os aspectos da bipartição de embriões em diferentes espécies mamíferas.

Objetivos foram propostos para a produção de gêmeos idênticos, entre eles podemos destacar a redução do número de indivíduos em grupos experimentais que examinavam efeitos do ambiente. Também se vislumbrou o uso de gêmeos na comparação de dois tratamentos, por exemplo o efeito de medicamentos, pois a presença de indivíduos com genomas idênticos, um no grupo controle e outro no grupo experimental, reduziria o número de animais nas amostras para revelar a significância do teste. Além destes, existia a atenção dos responsáveis pelos programas de seleção animal nas espécies domésticas de interesse econômico, em que a presença de gêmeos idênticos significava, por exemplo, a duplicação do potencial de produção de sêmen de touros testados para emprego na inseminação artificial.

Vários procedimentos foram descritos buscando aumentar a eficiência e, ao mesmo tempo, a simplificação da micromanipulação dos embriões. Do ponto de vista técnico, há pelo menos três metodologias úteis para a produção de gêmeos idênticos: (a) a desagregação de blastômeros; (b) a bissecção mecânica ou cirúrgica; e (c) a clonagem por transferência nuclear (TN), a qual é abordada em outro capítulo específico. Usualmente com zigotos, o isolamento ou desagregação dos blastômeros é o procedimento de eleição. A partir do estádio de mórula jovem, a bissecção cirúrgica é a técnica mais utilizada. Rodrigues (1981), durante os experimentos de sua tese de doutorado no Laboratório de Embriologia Experimental da Clínica de Ginecologia da

Escola Superior de Veterinária de Hannover, Alemanha, produziu hemiembriões manualmente por bissecção com o auxílio de uma lanceta de vidro (Figura 3a), gerando gêmeos idênticos de camundongos (Figura 3b).

Figura 3. Bipartição embrionária de mórulas jovens de camundongo. (a) Lanceta de vidro para bipartir embriões com controle manual. (b) Camundongos da linhagem NMRI, gêmeos idênticos produzidos pela divisão manual de um embrião no estádio de 8-células, com auxílio da lanceta de vidro.

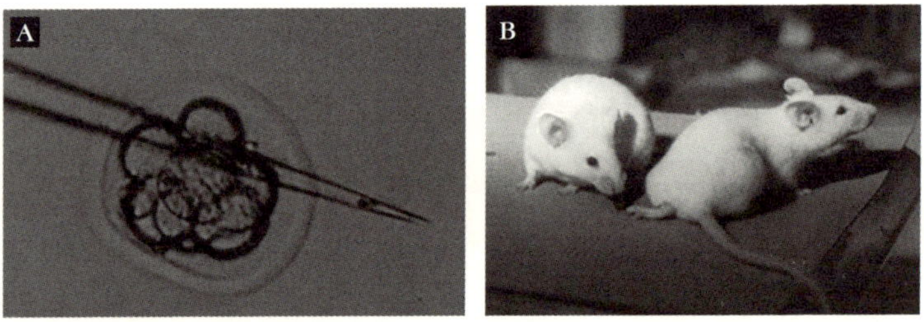

Fotos: José Luiz Rodrigues (1981).

No Brasil, os trabalhos experimentais com embriões bovinos e equinos do Cenargen/Embrapa em Brasília, sob a liderança do dr. Assis Roberto de Bem, levaram em 1985 ao nascimento dos primeiros gêmeos idênticos na espécie *Bos taurus* var. *indicus* (Figura 4a).

A colaboração entre as atividades realizadas pelo dr. Jorge Roberto Chebel no estado de São Paulo com as do Laboratório de Embriologia e Biotécnicas de Reprodução na UFRGS em Porto Alegre (Lopes et al., 1992) culminou com a descrição de um procedimento de micromanipulação embrionária, aliado à amplificação de DNA para determinação do sexo, que permitiu o nascimento do primeiro par de gêmeas monozigóticas da raça holandesa a partir da seleção sexual das metades embrionárias (Figura 4b), obtidas de embriões coletados no sétimo dia após a inseminação artificial das doadoras.

Figura 4. Gêmeos idênticos em bovinos. (a) Primeiros gêmeos bovinos monozigóticos do Brasil produzidos pela bipartição de embrião em estádio pós-compactação. (b) Primeiras fêmeas bovinas monozigóticas com sexo predeterminado do Brasil, realizado por amplificação do DNA a partir de blastômeros isolados no momento da bipartição embrionária.

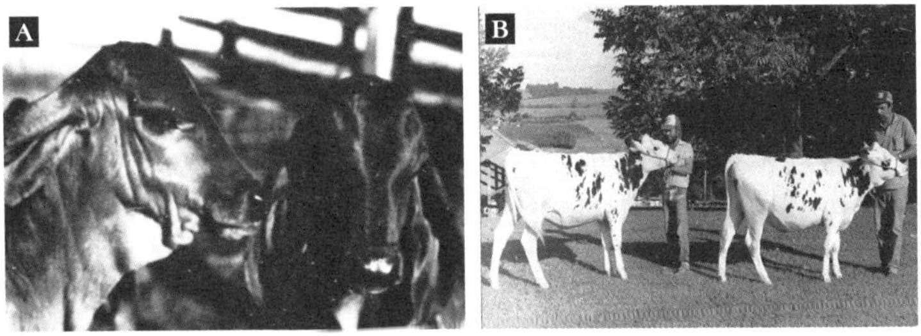

Fotos: (a) Assis Roberto de Bem (1985); (b) Lopes et al. (1992).

Bipartição de embriões em camundongos (*Mus musculus domesticus*)

A condução de inúmeros experimentos, com ou sem o emprego de micromanipuladores, revelou que o camundongo não é uma espécie adequada para produzir gêmeos idênticos, apesar dos excelentes resultados de sobrevivência *in vitro* e *in vivo* das metades embrionárias ou hemiembriões publicados por Moustafa e Hahn (1978), após bipartirem embriões nos estádios de 8- a 16-células sem a zona pelúcida (digestão enzimática com Pronase), com auxílio de um micromanipulador Leitz. Os autores relataram uma taxa de desenvolvimento *in vitro* dos hemiembriões ao estádio de blastocisto de 84%. A viabilidade *in vivo*, após a transferência para fêmeas receptoras de um total de 40 metades embrionárias cultivadas *in vitro* durante 30 horas até o estádio de mórula, proporcionou o nascimento de 16 (40%) camundongos, entre os quais 8 pares de gêmeos idênticos, que revelaram desenvolvimento e fertilidade dentro dos padrões fisiológicos da espécie. Outro resultado acima da média descrita para a espécie foi o alcançado por Nagashima e colaboradores em 1984 que dividiram mórulas compactas após a digestão enzimática parcial da zona pelúcida, quando, de 262 metades embrionárias, 72% alcançaram o estádio de blastocisto após 36 horas de cultivo *in vitro*. De 60 metades transferidas para receptoras, nasceram 25 (42%), entre os quais 8 pares de gêmeos idênticos. Diferentes publicações revelaram taxas de nascimento de camundongos produtos da transferência de metades embrionárias entre 2,5% e 8%, com uma taxa de gêmeos idênticos variando entre 1% e 3%. Casser e colaboradores (2017) publicaram um experimento com o objetivo de esclarecer o potencial de desenvolvimento dos blastômeros de embriões de camundongo no estádio de 2-células. Os pesquisadores removeram os obstáculos experimentais, como a qualidade do oócito, ponto de entrada do espermatozoide, cultivo e a clivagem homogênea do zigoto de 1-célula, que poderiam comprometer a confiabilidade da prevalência de totipotência nos blastômeros. Os blastômeros de 1.252 embriões de duas células foram separados, preservando 1.210 pares. Duas classes de gêmeos monozigóticos tornaram-se aparentes no estádio de blastocisto: 27% formaram um epiblasto funcional em ambos os hemiembriões (*concordante*), e 73% o fizeram em apenas um dos embriões gêmeos (*discordante*). Em embriões de duas células intactos, a capacidade dos blastômeros irmãos para gerar o epiblasto também foi discordante. A descoberta de duas classes de blastômeros, somada aos transcriptomas distintos desses blastocistos, apontam para uma origem inata de concordância e discordância, em vez de idênticas potências de desenvolvimento, o que corrobora a teoria da polaridade, descrita anteriormente (Figura 2a). Esses resultados colocam restrições à ideia comumente aceita de que a totipotência está presente equitativamente entre os blastômeros no estádio de duas células em camundongos, em parte esclarecendo os resultados da produção de gêmeos monozigóticos descritos na literatura.

Bipartição de embriões em coelhos (*Oryctolagus cuniculus*)

Em coelhos, a presença da camada de mucina que se forma durante o desenvolvimento embrionário precoce e a presença da zona pelúcida até a implantação são obstáculos que reduzem a eficiência dos procedimentos de micromanipulação dos embriões. Já em 1954, Brochart, com o propósito de produzir gêmeos idênticos, conduziu experimentos buscando desagregar blastômeros de embriões no estádio de 2-células empregando três estratégias: (a) separação mecânica, deixando intacta a zona pelúcida; (b) separação química dos blastômeros, deixando intacta a zona pelúcida; e (c) separação mecânica, após a dissolução química da zona pelúcida. O pesquisador, apesar dos esforços, não obteve sucesso. Mais tarde, em 1968, Moore e colaboradores desagregaram embriões nos estádios de 2-, 4- e 8-células. Uma parte das estruturas desagregadas foi transferida, sem a zona pelúcida, para as tubas uterinas de receptoras, não alcançando sucesso. Outra parte das estruturas foi alocada em zonas pelúcidas vazias, obtidas de estruturas embrionárias da mesma doadora, sendo transferidas para as tubas uterinas de receptoras. Um total de 30% (21/70), 19% (14/72) e 11% dos blastômeros isolados dos embriões de 2-, 4- e 8-células, respectivamente, chegaram a termo, evidenciando, naquele momento, a potencial importância da zona pelúcida com a camada de mucina no desenvolvimento embrionário precoce nessa espécie.

Já na década de 1980, Yang e Foote (1987) descreveram elegantes procedimentos de micromanipulação embrionária nessa espécie que alcançaram eficiência na sobrevivência *in vitro* e *in vivo* de hemiembriões (Figura 5). Empregando mórulas compactas e blastocistos iniciais, os autores alcançaram taxas de desenvolvimento *in vitro* das metades embrionárias de 77% (64/83), semelhante aos 78% (65/83) observados no grupo controle com embriões intactos. Após a transferência para fêmeas receptoras, nas que emprenharam e pariram, nasceram 33% (9/30) das metades embrionárias recolocadas na zona pelúcida original. As metades que foram colocadas em zonas pelúcidas vazias produziram 29% (7/29) de láparos, eficiência semelhante à obtida com a transferência das metades embrionárias na zona pelúcida original. A comparação dos dois grupos experimentais revelou que o grupo controle foi mais eficiente na transferência, pois 58% (36/62) dos embriões geraram láparos viáveis. Apesar das expectativas de um modelo experimental adequado empregando gêmeos idênticos em razão das dificuldades técnicas nos procedimentos de micromanipulação, os embriões dessa espécie deixaram de ser objeto de bipartição na rotina dos laboratórios.

Figura 5. Micromanipulações de embriões de coelho. Quadro 1: (A) remoção do embrião da zona pelúcida; (B) mantendo a zona pelúcida e sua camada de mucina. Quadro 2: Bipartição do embrião. Quadro 3: Com o auxílio de um micromanipulador, cada metade é recolocada em zonas pelúcidas com camadas de mucina.

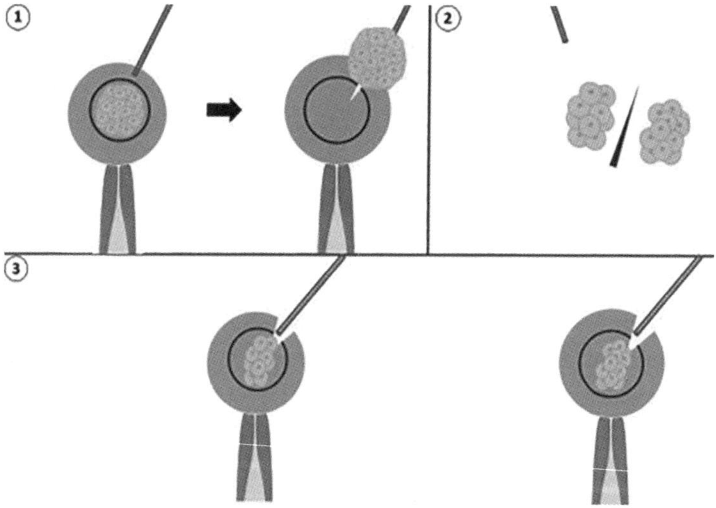

Fonte: Adaptado de Yang e Foote (1987).

Bipartição de embriões em ovinos (*Ovis aries*)

Em 1979, Steen Willadsen descreveu a primeira divisão de embriões em espécies domésticas de interesse econômico. Embriões ovinos nos estádios de 2- e 4-células foram desagregados após a remoção física da zona pelúcida. Em seguida, os blastômeros foram transferidos aos pares para zonas pelúcidas vazias, que foram então embebidas em ágar, que solidificou na forma de cilindros. Finalmente, os cilindros de ágar foram transferidos para as tubas uterinas com ligaduras cirúrgicas na extremidade útero-tubárica de ovelhas receptoras, onde os blastômeros se desenvolveram ao estádio de blastocisto durante três a quatro dias de cultivo *in vivo* (Figura 6). Dezesseis (52%) de 31 pares de gêmeos monozigóticos recoletados das tubas uterinas das fêmeas receptoras alcançaram o estádio de mórula compacta ou de blastocisto jovem e foram, após serem extraídos do cilindro de ágar, transferidos para 16 fêmeas receptoras definitivas. Os autores observaram 11 receptoras prenhes, das quais 10 chegaram a termo, parindo 5 pares de gêmeos idênticos e 5 cordeiros. Levando-se em consideração a bipartição de 61 embriões, que em teoria produziria 122 cordeiros, a eficiência calculada pelo número de cordeiros nascidos no experimento foi de 12% (15/122).

Cabe salientar que os procedimentos de uso de ágar para o envolvimento de embriões micromanipulados e o subsequente cultivo *in vivo* transiente na tuba uterina de ovinos se tornou o padrão ouro em experimentos de vários grupos em diversas espécies, para os mais variados fins científicos e comerciais, nas décadas seguintes. Por exemplo, em 1986, Steen Willadsen empregou tais procedimentos para a produção do primeiro mamífero clonado por TN (ovinos), e do primeiro clone mamífero produzido pela clonagem por TN de célula somática (TNCS), a ovelha Dolly, por Wilmut e colaboradores em 1996, em Edimburgo, na Escócia (Wilmut et al., 1997).

Figura 6. Bipartição de zigotos ovinos por desagregação de blastômeros. Blastômeros isolados (derivados de 2-células) ou pares de blastômeros (derivados de 4-células) eram alocados em zonas pelúcidas vazias. Os hemiembriões foram então embebidos em ágar (cilindros) e transferidos para a tuba uterina de fêmeas ovinas para o cultivo *in vivo* transiente. Após três a quatro dias, os embriões eram recuperados, removidos do ágar, e transferidos para fêmeas receptoras definitivas.

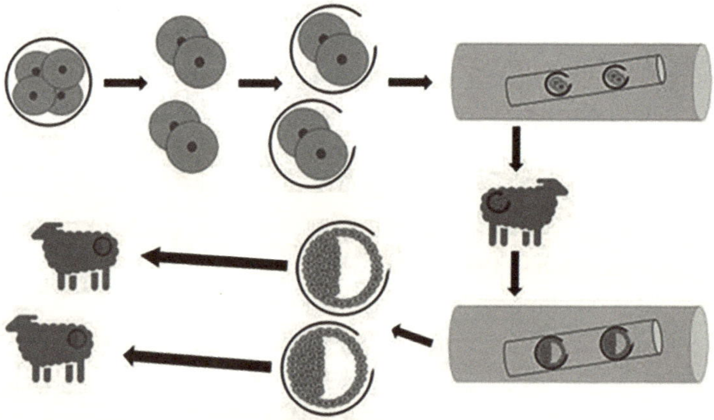

Fonte: Modificado de Willadsen (1979).

A partir da publicação de Willadsen (1979) relatando os resultados de nascimentos em ovinos, obtidos da transferência de embriões produtos do desenvolvimento de blastômeros desagregados, outros relatos abordaram diferentes aspectos dos procedimentos para se obter o nascimento de gêmeos monozigóticos em ovinos. Um exemplo é o experimento realizado em 1984, em que Willadsen e Godke bipartiram embriões nos estádios de mórula ou de blastocisto, ressaltando que o procedimento era mais simples e eficiente para a produção de cordeiros após a transferência para as receptoras. Os resultados também revelaram que a bipartição de blastocistos era mais eficiente do que mórulas. Um total de 73% das metades de blastocistos transferido se desenvolveu em cordeiros viáveis, dos quais 53% constituíram pares de gêmeos monozigóticos. Já com as mórulas, houve o desenvolvimento a termo de somente 33% dos hemiembriões, sem o nascimento de pares de gêmeos idênticos.

Bipartição de embriões em bovinos (*Bos taurus taurus*)

Steen Willadsen também foi o pioneiro na obtenção de gêmeos monozigóticos em bovinos (Willadsen et al., 1981). Com o auxílio de um micromanipulador, utilizando o mesmo procedimento da divisão de embriões ovinos (Willadsen, 1979), a equipe de pesquisadores obteve 75% de prenhez após a transferência definitiva para fêmeas receptoras bovinas, com o nascimento de 14 pares de gêmeos monozigóticos. Ao mesmo tempo, nesse mesmo experimento, os pesquisadores tentaram a produção de quádruplos. Coletaram cirurgicamente embriões no estádio de 8-células no dia 3 da prenhez, isolaram pares de blastômeros e os embeberam em ágar para o cultivo *in vivo* temporário na tuba uterina de ovelhas durante três dias. Depois, os pares de embriões, nos estádios de mórula compacta e blastocisto jovem, foram transferidos para fêmeas bovinas receptoras, resultando em 41% de prenhezes gemelares e o nascimento de três pares de gêmeos monozigóticos, mas sem a ocorrência de nascimentos de trigêmeos ou quadrigêmeos.

As tentativas em diferentes experimentos de obter com eficiência trigêmeos e quadrigêmeos se revelaram infrutíferas ao longo do tempo. Willadsen e Polge (1981) relataram o nascimento de um grupo de trigêmeos, e Johnson e colaboradores (1995) alcançaram o nascimento de um grupo de quádruplos em um experimento utilizando embriões produzidos *in vitro* no estádio de 4-células que tiveram os blastômeros desagregados e em seguida cultivados aos pares até o estádio de mórula ou blastocisto jovem. Das transferências dos pares produtos do mesmo embrião para duas receptoras. As receptoras pariram quatro bezerros, constituindo o único grupo de quadrigêmeos bovinos descrito na literatura nascidos a partir da micromanipulação embrionária.

Os procedimentos de desagregação embrionária utilizados por Willadsen (1979) não eram práticos para o emprego em atividades comerciais, o que estimulou a busca por alternativas que pudessem ser utilizadas comercialmente nas rotinas da transferência de embriões em bovinos. Nesse período, diferentes procedimentos foram descritos para a produção de gêmeos idênticos em bovinos, a exemplo do que fora descrito anteriormente em ovinos por Willadsen e Godke (1984). Na França, Ozil e colaboradores (1982) descreveram uma técnica de bipartição embrionária empregando duas microagulhas de vidro para a abertura da zona pelúcida, e uma pipeta de vidro para a manipulação dos blastômeros. Após isso, com o auxílio de uma microlâmina, os embriões eram bipartidos e as metades embrionárias alocadas em zonas pelúcidas vazias. De 14 blastocistos jovens divididos e transferidos por via cervical para fêmeas receptoras, os autores observaram 64% (9/14) de prenhez, com 66% (5/9) sendo gemelares. É interessante ressaltar que, levando em consideração o número de bezerros nascidos, a eficiência da transferência foi de 107% (15 bezerros/14 embriões originais). Resultados como estes estimularam o emprego da bipartição de embriões comercialmente na transferência de embriões, pela bissecção de embriões nos estádios de mórula compacta e blastocistos, em nível de campo, havendo uma significativa evolução técnica de simplificação nos procedimentos, inclusive a da não necessidade de realocação dos hemiembriões em zonas pelúcidas para a realização das transferências a fêmeas receptoras (Warfield et al., 1987). Porém, as dificuldades técnicas enfrentadas nas centrais de coleta e transferência de embriões bovinos não permitiram a incorporação desse procedimento às rotinas de trabalho. Não obstante, ainda hoje há grupos que empregam tal procedimento para a geração de gêmeos idênticos, apesar de ser em escala reduzida, e, em especial, associado à biópsia para a análise genômica, entre estas, a do gênero embrionário (*ver* seção "Biópsia embrionária" adiante).

Bipartição de embriões em equinos (*Equus caballus*)

De acordo com Betteridge (1989), a espécie equina apresenta características particulares no desenvolvimento dos embriões. Antes de ingressarem no útero, 5 a 6 dias pós-ovulação, há a formação de uma membrana acelular, denominada cápsula, composta de glicoproteínas semelhantes à mucina, que é secretada pelas células trofoectodérmicas/trofoblásticas, e que permanece pelo menos até a terceira semana do desenvolvimento embrionário *in vivo*. A presença da cápsula, a exemplo da camada de mucina em coelhos, é importante para o desenvolvimento embrionário e estabelecimento da prenhez. Dessa forma, a micromanipulação de embriões equinos para a bipartição embrionária apresenta o desafio da necessidade da presença da cápsula nos embriões.

Os primeiros dois pares de gêmeos monozigóticos equinos nasceram na Inglaterra em 1981, produzidos a partir da desagregação de blastômeros de embriões no estádio de 4-células (Allen; Wilsher, 2020). Os procedimentos empregados nesse experimento foram exatamente os mesmos que Willadsen descreveu para ovinos em 1979, com a desagregação dos blastômeros, envolvimento em ágar, e cultivo *in vivo* transiente na tuba uterina de ovinos, para então serem recuperados, isolados e transferidos para fêmeas receptoras definitivas (Figura 7). Cabe salientar que o desenvolvimento *in vivo* dos hemiembriões após a desagregação permitiu a formação da cápsula até a recuperação e transferência, viabilizando os resultados.

Figura 7. Micromanipulação embrionária para produção de gêmeos univitelinos em equinos, de acordo com Willadsen (1979). *Veja* Figura 6 para detalhes.

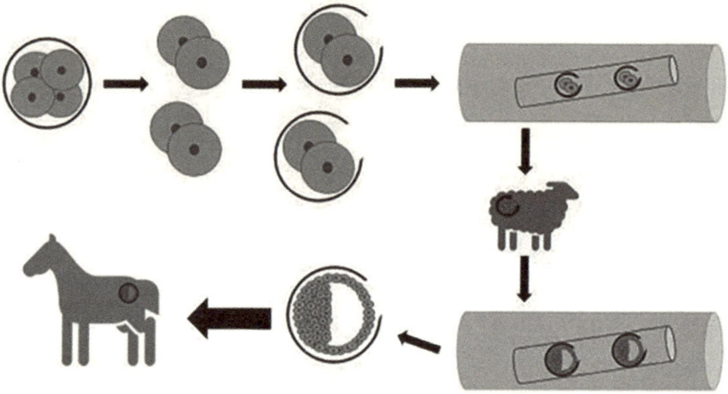

Posteriormente, em 1984, Allen e Paschen publicaram os resultados de um experimento com a desagregação dos blastômeros de 19 embriões em estádios de desenvolvimento entre 2- e 8-células. Depois, os blastômeros de cada embrião foram reagrupados em zonas pelúcidas suínas, perfazendo 27 metades e 17 quartos embrionários, e cultivados *in vivo* transientemente em ovinos, conforme já descrito antes. Os embriões que alcançaram os estádios de mórula e blastocisto (13 metades e 17 quartos) foram então transferidos, por cirurgia ou através da via transcervical, para éguas receptoras síncronas. As transferências resultaram em 10 prenhezes, incluindo o nascimento de dois pares de gêmeos monozigóticos. Além disso, o estudo demonstrou que a metodologia empregada na separação de blastômeros, utilizados para estudar o potencial de desenvolvimento de embriões em estádios iniciais em ovinos, suínos e bovinos, também pode ser utilizada para a produção de gêmeos monozigóticos em equinos.

Bipartição de embriões em suínos (*Sus scrofa domesticus*)

Os dois primeiros pares de gêmeos idênticos em suínos foram resumidamente descritos em duas publicações (Willadsen, 1982; Polge, 1985), que empregaram a mesma metodologia de Willadsen (1979) para a produção de gêmeos ovinos monozigóticos. Depois, diferentes pesquisadores (Rorie et al., 1984; Nagashima et al., 1988) relataram a produção de suínos a partir da transferência de hemiembriões para fêmeas receptoras, porém sem a identificação de gêmeos homozigotos. A influência de outras variáveis, como a presença de embriões intactos na transferência, permitiu que Ash e colaboradores (1989) observassem resultados dos partos de nove receptoras, revelando que, na presença de embriões íntegros, somente 10% dos hemiembriões transferidos chegavam a termo, enquanto na ausência desses não micromanipulados 31% dos hemiembriões transferidos chegaram a termo. Os autores sugeriram um mecanismo de competição entre os dois tipos de embriões, favorecendo a viabilidade *in vivo* dos embriões íntegros, possivelmente pela maior cinética de desenvolvimento.

Mais tarde, Reichelt e Niemann (1994) publicaram um extensivo experimento de micromanipulação de embriões suínos que, após a bipartição de 1.162 mórulas e blastocistos, produziram 764 pares (66%) de hemiembriões monozigóticos transferíveis após o cultivo *in vitro* por 48 horas. Os autores classificaram a morfologia das metades embrionárias, e os considerados como excelentes apresentavam um maior número de células e um maior diâmetro. Após a transferência, 78% (21/27) das fêmeas receptoras pariram 126 leitões vivos e 5 natimortos. A taxa de sobrevivência *in vivo* dos hemiembriões foi de 21,2% (126/594), com o tamanho da leitegada sendo menor do que a do grupo controle (6,0 ± 2,5 vs. 10,8 ± 2,1 leitões/fêmea, respectivamente), com maiores perdas pós-parto (26,7% vs. 11,6%, respectivamente). Na espécie suína, uma das dificuldades à época era identificar os pares de gêmeos monozigóticos entre os leitões nascidos, sendo empregadas diferentes estratégicas gênicas, moleculares e bioquímicas. No experimento dos 126 leitões nascidos, 14 constituíam sete pares de gêmeos idênticos, identificados empregando marcadores genéticos sanguíneos (grupos sanguíneos, enzimas polimórficas e proteínas plasmáticas). A análise por DNA *fingerprinting* revelou um padrão de bandas idêntico entre os indivíduos de cada par de gêmeos. É interessante destacar que os gêmeos monozigóticos apresentaram considerável variação no peso ao nascer, à desmama e no ganho de peso médio diário, o que demonstra o efeito epigenético na expressão de genes no fenótipo de indivíduos com genomas idênticos.

Quimerismo

A palavra "quimera" (em grego, *Chímaira*) tem origem na mitologia grega no século VII a.C., sendo usualmente representada por um monstro com cabeça de leão, corpo de cabra e cauda de serpente, e que expelia fogo pela boca (Figura 8). Em biologia, quimera é o termo que se refere a um organismo que possui duas ou mais populações de células ou tecidos com genomas ou origem genética distintas.

De acordo com o momento de sua formação, as quimeras podem ser classificadas em primárias ou secundárias. As quimeras primárias, também denominadas de quimeras sistêmicas ou embrionárias, são produzidas nas primeiras fases da embriogênese, quando as células implantadas contribuem para a formação de todos os tecidos e órgãos; desse modo, cada célula da quimera retém sua identidade genotípica e sua distribuição é aleatória no animal resultante. As quimeras secundárias, ou parciais, geralmente se formam após a gastrulação, sendo mais

Figura 8. *Quimera de Arezzo*, bronze e cobre, cerca de 400 a.C. Conservada no Museo Archeologico Nazionale di Firenze, Florença, Itália. Disponível em: https://commons.wikimedia.org/wiki/File:Chimera_d%27arezzo,_firenze,_09.JPG. Acesso em: 13 ago. 2024.

limitada à ação das células exógenas na formação de tecidos e órgãos. Um exemplo clássico na medicina veterinária é o "*free-martin*", que se caracteriza pela esterilidade da fêmea bovina gêmea de um macho. Anastomoses vasculares durante a formação das placentas em gestações de gêmeos fraternos em bovinos, que permite a troca de células e hormônios entre os conceptos, antecedem o início da diferenciação sexual dos embriões em 95% dos casos. Assim, como o macho inicia a diferenciação sexual antes da fêmea, andrógenos e principalmente o hormônio antimilleriano (AMH) secretados pelos testículos em formação chegam à fêmea por meio das anastomoses placentárias, impedindo a diferenciação dos ductos de Muller em genitália tubular interna da fêmea, tornando-a estéril. Presume-se que diversos tipos de células, incluindo células germinativas primordiais, além das células sanguíneas, também migrem de um feto ao outro, tornando-os quiméricos. Dependendo do local onde os distintos tipos celulares são encontrados no organismo, as quimeras secundárias podem ser classificadas em ortotópicas ou heterotópicas; as quimeras ortotópicas ocorrem quando as células são transplantadas para seu local de função, participando do processo natural de desenvolvimento e exercendo as atividades do órgão ou tecido, enquanto as quimeras heterotópicas se desenvolvem e se agregam em locais diferentes de onde se originaram. Outro exemplo de quimera secundária é quando o indivíduo é submetido a transplantes de órgãos, o que origina um dos tipos mais comuns de quimerismo tecidual por apresentar tecidos de duas ou mais origens embrionárias e genomas. Os trabalhos de Hans Spemann na década de 1920 já faziam uso de agregação de tecidos embrionários para o quimerismo secundário em anfíbios. Em seus estudos, Spemann transplantava agregados de gástrulas de um embrião para outro, gerando animais quiméricos heterotópicos contendo segmentos corporais do embrião "doador" em locais ectópicos do embrião/organismo receptor. Isto o levou a desenvolver o conceito de indução, que o levou a receber o Prêmio Nobel, pois aquelas células/agregados de células/tecidos incipientes já estavam "induzidos" a serem um tecido ou órgão específico.

Na embriologia e na biologia do desenvolvimento, uma das definições de quimera embrionária é o indivíduo em que as células têm origem genética em dois ou mais zigotos. O quimerismo não é hereditário, a identidade das células germinativas é mantida com a produção de gametas não quiméricos, possuindo apenas uma das suas origens celulares. Dessa forma, as quimeras embrionárias diferem biologicamente dos híbridos e dos mosaicos, e só é possível serem criadas experimentalmente, pela agregação de células embrionárias, pois não podem ser produzidas por acasalamentos (Figura 9).

Figura 9. Diagrama simplificado demonstrando diferenças nos genomas celulares entre quimera, híbrido e mosaico genético. Letras (a, b, A, B) denotam distintos genomas e suas possíveis combinações em cada modelo.

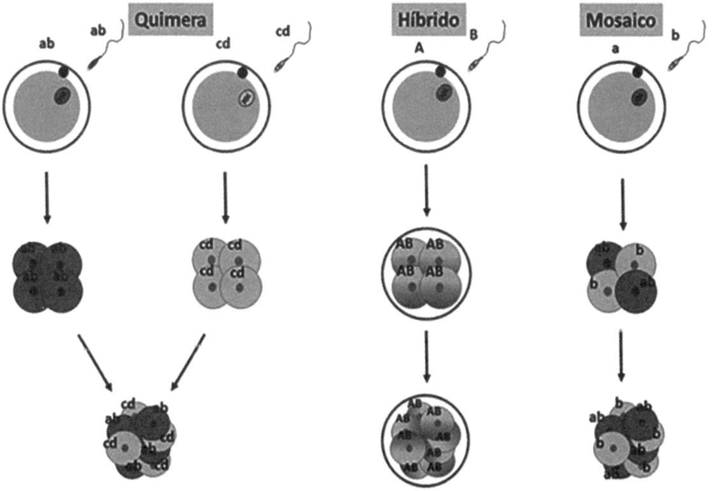

As quimeras embrionárias têm importância científica em experimentos em várias áreas do conhecimento, por exemplo em genética, embriologia, fisiologia da reprodução, oncologia, imunologia e xenotransplantes. Graças ao emprego do quimerismo embrionário, em paralelo ao desenvolvimento de ferramentas moleculares para uso em engenharia genética e do estabelecimento de linhagens de células-tronco embrionárias (CTE) em camundongos, hoje se tem conhecimento da função de praticamente todos os genes conhecidos no genoma de murinos, com impacto na genômica funcional também de outras espécies. Assim, várias técnicas de quimerismo com os mais diversos propósitos foram desenvolvidas ao longo dos anos, sendo as mais relevantes apresentadas a seguir.

Técnica de agregação embrionária

A primeira quimera embrionária murina, viável e a termo, foi produzida em 1961 por Andrzej Tarkowski, pela agregação de dois embriões diploides, no estádio de 8-células, após a remoção mecânica da zona pelúcida, com auxílio de uma agulha. No ano seguinte, Beatriz Mintz modificou o procedimento ao utilizar a enzima pronase para remover a zona pelúcida. No decorrer dos anos, outras adaptações surgiram, como a utilização da solução ácida de Tyrode, como substituta da pronase, e a utilização da fitohemaglutinina, que facilita a adesão das células durante a agregação. O quimerismo por agregação é uma técnica vantajosa por utilizar embriões em diversas fases do desenvolvimento, com diferentes ploidias, além de permitir agregá-los com CTE ou células do trofoectoderma, sem a utilização de equipamentos sofisticados (Figura 10).

Figura 10. Técnica de agregação de embriões em estádios de pré-compactação. Após a remoção da zona pelúcida, embriões em estádios de 8-células e as mórulas jovens são cocultivados *in vitro* de forma que haja contato entre as estruturas, permitindo a conglomeração dos dois embriões. O animal resultante será uma quimera com distribuição aleatória e variável das células dos dois distintos embriões nas linhagens somática e germinativa.

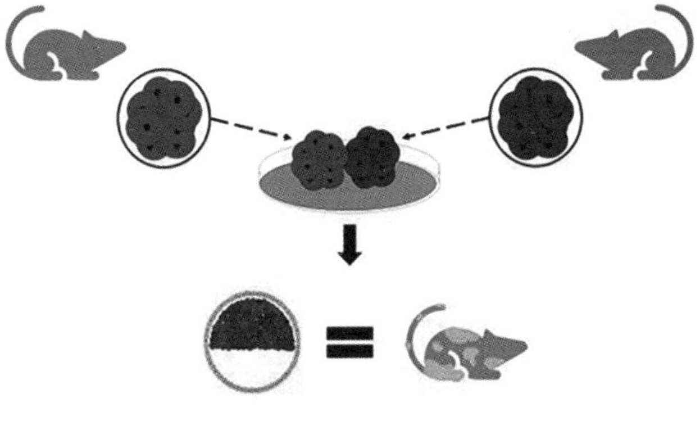

Embora possam ser empregados embriões em diferentes estádios do desenvolvimento, são utilizados mais comumente embriões em estádios de 8-células e mórulas jovens (16-32 células), ou seja, estádios de pré-compactação com as células ainda não diferenciadas e comprometidas com as futuras linhagens, o que permite que sejam distribuídas de forma aleatória tanto na ICM quanto no trofoectoderma. Ainda, nesses estádios há a secreção de moléculas de adesão celular como a uvomorulina, proteína responsável por aumentar as chances de agregação embrionária. Porém, invariavelmente, a agregação de estruturas embrionárias (zigotos, blastômeros, ICM, CTE etc.) normalmente requer o cultivo *in vitro* que fisicamente favoreça a adesão das células e o subsequente desenvolvimento do indivíduo quimérico, o que pode ser auxiliado, por exemplo, pelo uso ou não de moléculas de adesão (por exemplo, fitohemaglutinina), e pelo cocultivo em micropoços, em microgotas, em monocamadas de CTE, ou mesmo em microgotas suspensas (*hanging drop cell culture system*), que consiste em uma microgota colocada na tampa de uma placa de cultivo onde são colocados o embrião e as CTE, suspensas na microgota na tampa, com a agregação promovida pela gravidade, forma e tensão superficial da microgota.

A agregação de células da ICM de um blastocisto com outros embriões em estádios de pré-compactação, geralmente em estádio de 8-células ou de mórula jovem, também é técnica útil para a geração de quimeras. Dessa forma, dirigem-se as células da ICM para a formação do epiblasto e do hipoblasto, pois não são mais células totipotentes. Esse modelo permitiu o avanço em estudos utilizando a agregação de CTE, que são linhagens celulares estáveis derivadas da ICM de embriões, as quais podem ser manipuladas geneticamente, em estudos em genômica funcional, por exemplo, conforme descrito adiante. As CTEs, após a agregação, são capazes de colonizar os três folhetos embrionários: o ectoderma, o endoderma e o mesoderma. Contudo, se as CTEs forem obtidas de embriões em estádios mais avançados (epiblasto, por exemplo), estas poderão já estar comprometidas com futuras linhagens e apresentar diâmetros reduzidos, podendo colonizar majoritariamente ou somente as linhagens somáticas do embrião/feto.

Técnica de microinjeção celular

A microinjeção de blastocistos foi descrita por Gardner em 1968, utilizada pela primeira vez para transferir células da ICM de um embrião para a cavidade blastocélica de outro embrião, buscando a agregação entre as distintas ICMs. A técnica original exigia o uso de cinco instrumentos, sendo posteriormente simplificada com o uso de apenas uma pipeta de fixação (*holding*) e uma pipeta de injeção. Além da ICM, esse método passou a ser utilizado para a microinjeção de diferentes tipos de células, por exemplo blastômeros, CTE, células germinativas, células precursoras neurais, células-tronco mesenquimais e hematopoéticas, entre outras, tanto na blastocele quanto no espaço perivitelínico de embriões, usualmente no estádio de 4- a 8-células, em processo também denominado de injeção subzonal, ou SuZI (*sub-zonal injection*). Como desvantagens, essa técnica exige equipamentos e ferramentas dispendiosos, como o microscópio invertido com micromanipuladores e micropipetas, além de necessitar que o operador tenha habilidade para realização das atividades, o que demanda tempo para o aperfeiçoamento. Além disso, só é possível a manipulação de um reduzido número de embriões por hora, o que pode comprometer a eficiência das atividades experimentais. Não obstante, devido a sua alta eficiência, esse procedimento tornou-se inicialmente o método mais utilizado para construção de quimeras embrionárias, em especial para a microinjeção de CTE geneticamente modificadas em blastocistos no estudo da função genômica em camundongos, e, em menor grau, em outras espécies (Figura 11).

Figura 11. Técnica de microinjeção de embriões por micromanipulação. As células a serem microinjetadas podem ser blastômeros, massa celular interna (ICM), colônia de células-tronco embrionárias (CTE), entre outras, as quais são injetadas: (A) na cavidade blastocélica de blastocistos; ou (B) no espaço perivitelínico de embriões em estádios de pré-compactação (SuZI). Animais nascidos quiméricos apresentarão células das linhagens somática e germinativa de ambas as origens genéticas (células injetadas e embrião receptor).

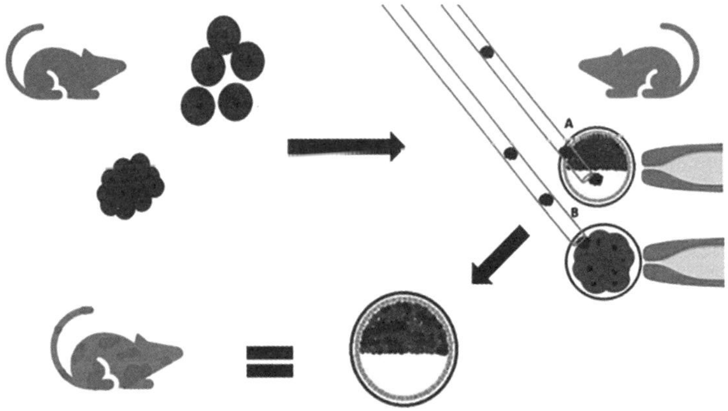

Uma metodologia por micromanipulação denominada de reconstituição de blastocisto, na qual remove-se a ICM de um embrião e microinjeta-se a ICM de outro, a qual gera uma quimera com linhagens celulares de distintas origens genéticas (trofoectoderma e ICM), que frequentemente também gera o nascimento de animais quiméricos pela incompleta remoção de todas as células da ICM do embrião original reconstituído. Utilizando essa metodologia, Gary Anderson e seu grupo na Universidade da Califórnia (Estados Unidos) produziram quimeras interespécies nos anos de 1980 e 1990, conforme a seguir.

Quimeras interespécies

No ano de 1973, em experimento conduzido pela bióloga Nicole Le Douarin, foram produzidas com sucesso as primeiras quimeras interespécies pelo transplante de neuroblastos de codornas (*Nothura maculosa*) em embriões de galinhas (*Gallus gallus domesticus*). Esse feito foi um marco na embriologia experimental, por observar as diferenças nucleares entre as células transplantadas, rastreando as linhagens celulares, o que permitiu mapear o destino das células durante o desenvolvimento embrionário inicial. Nesse mesmo ano, foi produzida a primeira quimera interespécie de mamíferos pela microinjeção da ICM de um rato em um blastocisto de camundongo. Tarkowski (1961) observou que essas quimeras geralmente não se desenvolviam após a implantação, porém essa barreira foi removida com a produção de quimeras de espécies geneticamente mais próximas, como as de camundongo *Mus musculus* e *Mus caroli* (Figura 12a).

Dentre os principais problemas na produção de quimeras interespécies destacamos: (a) incompatibilidade materno-fetal, em que as células do trofoectoderma devem ser compatíveis com o útero a fim de evitar a rejeição imunológica do embrião; (b) distância evolutiva, pois as espécies mais próximas apresentam chances mais altas de desenvolver um organismo quimérico; (c) grau de quimerismo, a distribuição sistêmica das células transplantadas está diretamente relacionada com as anomalias embrionárias em embriões quiméricos; e (d) a idade e o ritmo de desenvolvimento, sendo de extrema importância regular os estágios de desenvolvimento das células do doador e do blastocisto do hospedeiro para obter um quimerismo bem-sucedido.

Em 1984, Steen Willadsen e colaboradores, no Instituto de Fisiologia Animal em Cambridge, Inglaterra, produziram uma quimera caprina-ovina, denominada de *Capriovis* (Figura 12b). Também nas décadas de 1980 e 1990, e utilizando a metodologia de reconstituição de blastocisto, Gary Anderson e sua equipe,

Figura 12. Produção de quimeras interespécies por micromanipulação. (a) Microinjeção de células da ICM de uma espécie (por exemplo, ovinos) na cavidade blastocélica de outra espécie (por exemplo, caprino), e vice-versa. (b) Quimera caprina-ovina (*Capriovis*).

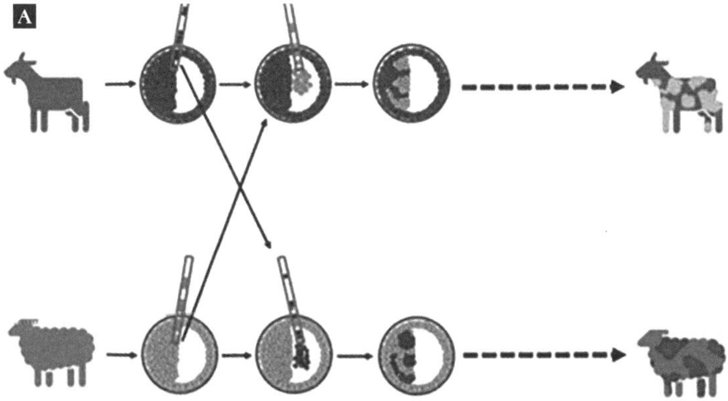

Fonte: Fehilly et al. (1984). *Foto*: José Luiz Rodrigues (1988).

na Universidade da Califórnia em Davis, Estados Unidos (Polzin et al., 1987), substituíram a ICM de embriões ovinos pela ICM de embriões caprinos e vice-versa, gerando animais quiméricos com diferentes graus de quimerismo, apesar da expectativa no nascimento de animais sem quimerismo. Conforme já mencionado antes, a remoção completa da ICM do embrião receptor não é sempre efetiva, resultando em quimeras *Capriovis* de diferentes graus ao nascimento. Anderson e colaboradores obtiveram sucesso na geração de caprinos em ventres ovinos e vice-versa, embora quiméricos, algo não viável a termo se um embrião é transferido diretamente de uma espécie para a outra.

Relevância do quimerismo embrionário

A geração de quimeras embrionárias é uma ferramenta importante para o estudo da embriogênese, alocação celular, interação célula-célula durante a diferenciação celular, epigenética, engenharia genética e genômica funcional, entre outras áreas do conhecimento. Os experimentos iniciais que envolviam a produção de quimeras tinham a finalidade de alterar fisicamente o animal e, consequentemente, causar modificações no funcionamento e na manutenção de órgãos. Ainda existem lacunas no conhecimento a serem preenchidas, que esclareçam com exatidão os efeitos da quimerização no organismo, podendo ocorrer desde desregulações na taxa de crescimento, infertilidade, modificações fenotípicas e no comportamento, entre outras consequências.

Uma das grandes pioneiras no uso do quimerismo embrionário, utilizando o camundongo como modelo, foi Anne McLaren, na Grã-Bretanha, nas décadas de 1960 e 1970. Um dos trabalhos que congrega os resultados de seus estudos em quimerismo embrionário foi publicado no livro *Mammalian Chimeras* em 1976. Suas principais contribuições incluem a descoberta de que a quimera possui a capacidade de regular seu tamanho no início da gastrulação, independentemente do número de embriões agregados. Os trabalhos de McLaren também revelaram que células de uma composição genética diferente podem exibir tolerância autoimune dentro da quimera, e que o sexo das células germinativas é determinado pela influência das células somáticas da gônada e não intrinsecamente pelo sexo cromossômico das células germinativas. Muitas de suas descobertas trouxeram à tona o conceito de alocação de células progenitoras de tecidos ou órgãos no início do desenvolvimento e apontaram para a provável existência de populações de células pluripotentes no embrião.

Várias técnicas podem ser empregadas para a geração de quimeras embrionárias com CTE pela agregação com embriões em estádios de pré-compactação. A metodologia mais utilizada consiste no isolamento de colônias de CTE e subsequente agregação com embriões em micropoços, em microgotas ou, por exemplo, pela técnica de *hanging drop*. Também podem ser utilizados dois embriões com um agregado de CTE, formando um "sanduíche". Dessa maneira, a utilização de três estruturas possibilita a formação de um organismo quimérico, o que pode aumentar a taxa de sucesso. O cocultivo de embriões no estádio de 8-células sem zona pelúcida sobre uma monocamada de CTE segue os mesmos princípios da agregação de embriões em estágios precoces de desenvolvimento. Embora a técnica seja simples e fácil de ser aplicada, apresenta menor eficácia quando comparada ao cocultivo ou à técnica de "sanduíche", ou à microinjeção.

Geração de quimeras na engenharia genética e na biologia do desenvolvimento

Com o isolamento de CTE em camundongos no início dos anos 1980, em estudos independentes conduzidos por Evans e Kaufman (1981) e por Martin (1981), a produção de quimeras embrionárias passou a ser uma ferramenta essencial nos anos subsequentes. Pela capacidade clonogênica e de proliferação *in vitro*, em tese, *ad eternum*, de manutenção da pluripotência, de diferenciação nas linhagens dos folhetos embrionários sob condições específicas, o potencial terapêutico das CTE passou a ser relevante (Wood et al., 1993), tornando-se também importante no campo da engenharia genética, do desenvolvimento embrionário e na investigação de doenças e da função gênica. Posteriormente, células-tronco derivadas de células germinativas primordiais (CGP), as chamadas células germinativas embrionárias (CGE), também puderam ser utilizadas para a geração de quimeras em camundongos. Cabe salientar que, atualmente, a prova máxima (*gold standard*) para o diagnóstico *in vivo* da pluripotência de qualquer linhagem de CTE obtida (de ratos ou camundongos) ou CGE (camundongos) é a produção de quimeras com transmissão celular germinativa. Com a ascensão da biotecnologia e das ferramentas moleculares foi possível a geração dos primeiros animais transgênicos também no início dos anos 1980, pela equipe de Frank Ruddle, nos Estados Unidos. Consequentemente, a utilização das ferramentas moleculares para induzir modificações genéticas em CTE passou a ser uma estratégia para a geração de quimeras com vistas principalmente ao estudo em genômica funcional.

As características de proliferação celular e manutenção da pluripotência das CTE de camundongos permitiram a modificação genética sítio-específica por *gene targeting* via recombinação homóloga de milhares de sequências gênicas nessas células em cultivo, especialmente para o nocaute (KO) gênico. A utilização dessas CTE modificadas geneticamente, em especial células KO, para a geração de quimeras permitiu a compreensão da função gênica no tempo e no espaço, ou seja, permitiu que se conhecessem a função de genes e o efeito da inativação de genes ao longo do desenvolvimento, gerando uma enorme base de conhecimento e inúmeros modelos de doenças genéticas monogênicas para humanos e animais.

Tecnicamente, houve uma evolução nos procedimentos de geração de quimeras utilizando CTE (Figura 13). Diferentes experimentos, usualmente em camundongos, realizaram a microinjeção de CTE ou mesmo CGE na blastocele, visando à agregação das CTE à ICM do embrião receptor, o que proporcionou a produção de inúmeras quimeras para o estudo em genômica funcional. Porém, a técnica de microinjeção, seja na blastocele, seja no espaço perivitelínico (*sub-zonal injection* – SuZI), é mais laboriosa, requer estrutura, treinamento técnico, para se obter uma razoável eficiência.

Figura 13. Simplificação da evolução técnica temporal nos procedimentos para a geração de quimeras embrionárias utilizando células-tronco embrionárias (CTE) em murinos. (A) Geração de CTE em murinos. As CTE podem ser modificadas geneticamente para o estabelecimento de linhagens transgênicas, com isolamento de colônias para a geração de quimeras. (B) Estabelecimento de animais quiméricos com células das linhagens somática e germinativa de ambas as origens genéticas (CTE e embrião receptor). Os animais quiméricos devem ser cruzados para a geração de fundadores derivados das CTE. (1) A microinjeção de CTE na cavidade blastocélica de blastocistos foi o procedimento-padrão nas décadas de 1980 e 1990, com menor uso da (2) microinjeção de CTE no espaço perivitelínico de embriões em estádios de pré-compactação (*sub-zonal injection* – SuZI). (3) A agregação *in vitro* de CTE com embriões em estádios de pré-compactação passou a ser rotina a partir da década de 1990, pela eficiência, eficácia e praticidade. (C) A complementação tetraploide surgiu na virada do século para a geração direta de fundadores murinos não quiméricos derivados das CTE. Gera-se um embrião tetraploide (4n) pela fusão de um embrião diploide (2n) no estádio de 2-células. Após cultivo *in vitro*, utiliza-se então a agregação *in vitro* de um grupo de CTE com um embrião tetraploide no estádio de 8-células. Como os blastômeros tetraploides clivam mais lentamente, estes irão ser alocados no trofoectoderma, enquanto as CTE irão compor a massa celular interna (ICM) do embrião quimérico, que irá gerar um animal nascido derivado exclusivamente das CTE.

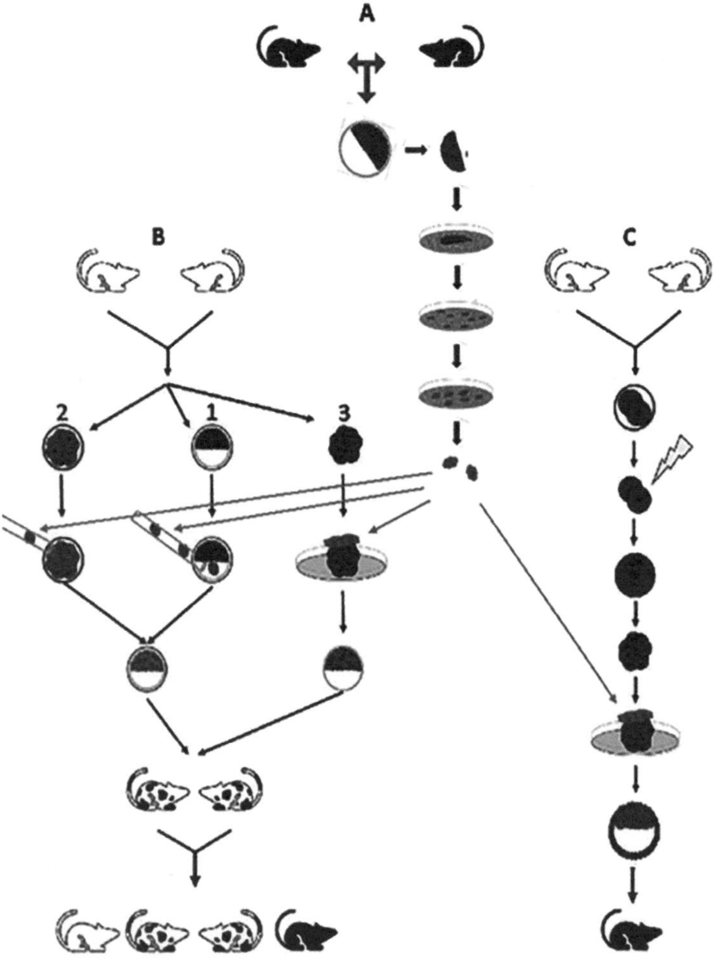

A possibilidade de utilizar a agregação de CTE com embriões em estádios pré-compactação, em geral, no estádio de 8-células, com a remoção da ZP e a agregação em micropoços facilitaram a produção de quimeras (Figura 13). Não obstante, o problema técnico da geração dessas quimeras é que havia a necessidade de acasalamentos das quimeras fundadoras para a obtenção de gerações F1 ou mesmo F2 do genótipo desejado. Além de oneroso, demanda tempo e trabalho, sendo por muitos anos a estratégia adotada pelas equipes envolvidas nesses estudos. Com o advento da técnica denominada de complementação tetraploide, que não deixa de ser uma produção de quimera, fundem-se blastômeros de um embrião no estádio de 2-células, gerando um embrião 1-célula tetraploide. Esse embrião continua o desenvolvimento *in vitro* até os estádios de 4- a 8-células, agrega-se o embrião tetraploide com CTE em um micropoço, por exemplo. Como as células tetraploides são mais lentas em se dividir, estas acabam se derivando em trofoectoderma, enquanto a ICM é formada exclusivamente de CTE. O animal que nasce é puro descendente das CTE, não sendo uma quimera, o que acelera em muito os estudos com as linhagens produzidas. O quimerismo ocorre durante a prenhez, com o trofoectoderma, conforme já foi mencionado, somente compondo o trofoblasto, ou camada mais externa dos sacos gestacionais (Figura 13).

Organogênese quimérica

Os experimentos mais recentes que envolvem quimeras interespécies têm objetivado a organogênese e a produção de órgãos quiméricos humanos em animais, em quimerismo secundário. Essas pesquisas visam à utilização desses órgãos para procedimentos de xenotransplante, sabendo-se que é possível produzir um organismo com tecidos e órgãos compostos por células de um outro animal. É importante destacar que o animal hospedeiro é quem determinará o tamanho e a morfologia do órgão, pois essas características são determinadas pela situação e pelo local em que as células se encontram, se adaptando ao ambiente em que foram inseridas. Estudos recentes mostraram que a alimentação, quando maximizada, pode interferir diretamente no crescimento do órgão quimérico, se adaptando ao tamanho da espécie doadora. Outro detalhe importante é a anatomia vascular, nervosa e do estroma que tem origem no doador. Essas estruturas são altamente imunogênicas, e podem causar problemas de compatibilidade no momento de transplantar os órgãos para a espécie original. Esse problema poderia ser resolvido com modificações genéticas no animal quimérico, podendo estender o quimerismo para as células dos vasos sanguíneos.

Os suínos, pela similaridade com os humanos em termos anatômicos, fisiológicos e metabólicos, têm sido utilizados como modelos em estudos de modificações genéticas, tanto para modelos de doenças em humanos como para o desenvolvimento de órgãos com vistas ao xenotransplante. Um exemplo se refere aos estudos recentes de Pablo Ross na Universidade da Califórnia, em Davis, Estados Unidos. Por edição gênica, os pesquisadores realizaram o nocaute gênico, levando à agenesia pancreática durante o desenvolvimento embrionário e organogênese no suíno. Em seguida, CTE humanas foram agregadas a embriões suínos com deficiência na pancreatogênese, transferidos para uma receptora, e coletados no final da fase embrionária. Verificou-se que embriões suínos editados desenvolveram pâncreas com parênquima humano, sendo quimeras secundárias, e o estroma e as estruturas não glandulares (tecido conjuntivo, vasos sanguíneos, inervação etc.) eram da espécie suína, o que impede que esse órgão quimérico seja transplantado sem modificações, por causar transtornos de compatibilidade no momento do transplante. Independentemente disto, esse modelo revela a potencialidade do quimerismo secundário para xenotransplantes, em associação a modificações genéticas. Recentemente, e utilizando o sistema CRISPR/Cas9 para edição gênica de embriões suínos, o geneticista George Church e sua equipe (Niu et al., 2017), nos Estados Unidos, inativaram 62 retrovírus endógenos suínos (PERVs) e mais de 20 genes que codificam proteínas de membrana suínas associadas a uma resposta imunológica humana ou de coagulação sanguínea, vislumbrando a quebra de barreiras biológicas com vistas ao xenotransplante em humanos.

Biópsia embrionária

A biópsia é um procedimento invasivo que deve ser conduzido sem comprometer a viabilidade embrionária, em que se utilizam técnicas de micromanipulação que permitem a retirada de células do embrião para realização de diferentes análises laboratoriais, por exemplo genéticas. Os primeiros estudos em biópsia de embriões com a finalidade de diagnóstico pré-implantação foram realizados em coelhos por Gardner e Edwards (1968). Os autores removeram células do trofectoderma para determinar o sexo pela identificação do corpúsculo de Barr. Após a biópsia, realizaram a transferência dos blastocistos para as receptoras, confirmando os resultados laboratoriais através da observação do sexo dos láparos nascidos.

Um aspecto que deve ser levado em consideração no emprego da técnica é a necessidade de recursos humanos treinados, para que o procedimento não reduza a viabilidade embrionária. Consenso entre os pesquisadores para realização da biópsia é o estádio ideal do desenvolvimento embrionário, que pode ser diferente em cada espécie animal, e o número adequado de células a serem removidas. Em humanos, a maioria dos trabalhos descreve a realização da biópsia nos estádios de 8- a 16-células, com a retirada de um único blastômero. Entretanto, a maior parte dos trabalhos com embriões bovinos relata que a realização da biópsia não tem maior impacto sobre a viabilidade, com a retirada de um ou dois blastômeros, ou um número maior, em estádios mais avançados do desenvolvimento, compreendendo desde mórula compacta até blastocisto expandido. Outro ponto importante é a qualidade do embrião, pois a taxa de sobrevivência pós-biópsia diminui em estruturas identificadas morfologicamente como de qualidade inferior. Uma biópsia eficiente, denominada de "biópsia-padrão" é quando se retiram até 15% das células da massa celular embrionária. Por outro lado, a coleta de um maior número de células garante que a quantidade de material obtido será suficiente para realização dos testes genéticos e a obtenção de resultados com maior confiabilidade. Em relação às técnicas utilizadas para a biópsia embrionária, existem duas principais, sendo a microssecção e a microaspiração, as que ainda apresentam controvérsias quanto à indicação de uso.

Técnica de microssecção

Além da busca pela manutenção da viabilidade das estruturas manipuladas, as técnicas têm sido simplificadas, tanto para redução de custos como para viabilizar a utilização fora do ambiente do laboratório. Por exemplo, pela técnica de microssecção, células embrionárias podem ser retiradas usando simples lâminas acopladas a suportes manuais (Figura 14). Os embriões devem ser posicionados sob uma placa de forma que tenham alguma aderência a ela. Para tanto, é possível criar alguns riscos no fundo da placa a fim de se aumentar a aderência e evitar a mobilidade enquanto a microlâmina é pressionada sobre a estrutura. Outro procedimento é o emprego de meio de manipulação sem adição de cálcio, magnésio e fonte proteica, facilitando a adesão do embrião ao fundo da placa e o isolamento dos blastômeros. Dessa forma, é possível separar uma parte das células do restante da estrutura e realizar a biópsia sem a utilização de equipamentos de micromanipulação.

Figura 14. Representação da coleta de amostra embrionária utilizando uma lâmina para a microssecção de uma biópsia embrionária.

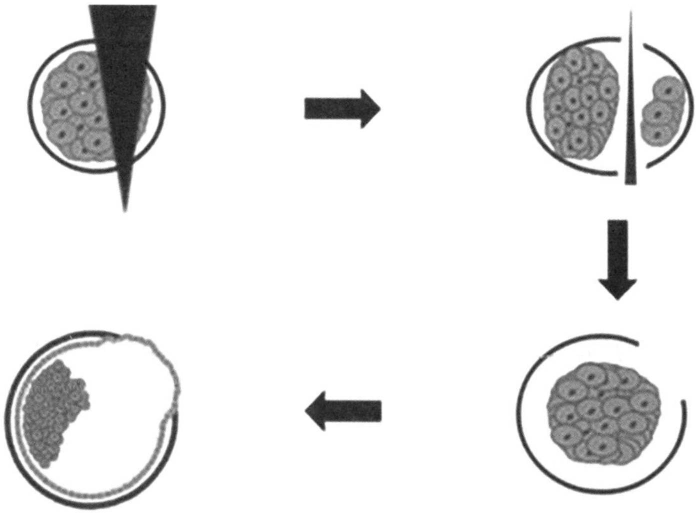

Técnica de microaspiração

As primeiras manipulações para a obtenção de biópsias embrionárias por microaspiração foram realizadas com o auxílio de um ou dois micromanipuladores. Nessa técnica, o embrião é estabilizado com o auxílio de uma pipeta de imobilização (*holding*) e outra, denominada pipeta de aspiração (Figura 15). A zona pelúcida é rompida e, em seguida, blastômeros de embriões em estádios de pré-compactação ou células do trofoectoderma de blastocistos são aspirados. Podem-se utilizar equipamentos que facilitem o acesso às células embrionárias, com menor impacto na viabilidade subsequente, como instrumentos equipados com elemento piezoelétrico, que, por rápida vibração, permite a penetração de micropipetas através da zona pelúcida de forma suave, sem causar deformações no embrião.

Também podem-se utilizar feixes precisos de raios laser para a abertura da zona pelúcida. A coleta de número específico de células por embrião é feita de forma precisa, empregando um maior controle da aspiração. Porém essa técnica tem um custo mais elevado e exige maior tempo de treinamento dos técnicos para operar os equipamentos. Atualmente, a técnica pode ser utilizada para a sexagem embrionária, para a obtenção de células para a avaliação genômica do embrião, incluindo a avaliação de inúmeros marcadores para seleção genômica. Assim, é possível saber com precisão o genoma do animal que se desenvolverá a partir do embrião microaspirado.

Figura 15. Coleta de biópsia embrionária utilizando microaspiração de blastômeros para análise molecular e subsequente cultivo *in vitro* embrionário.

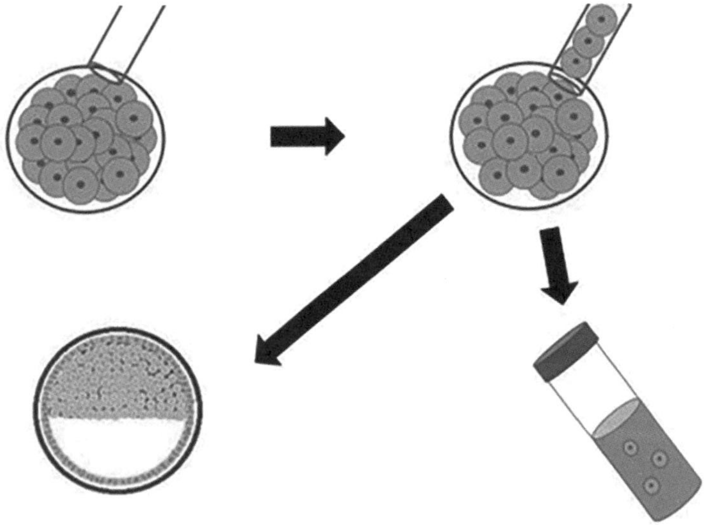

Diagnóstico e triagem genética pré-implantacional

A partir dos estudos iniciais com a coleta de material embrionário com o auxílio de biópsias coletadas anteriormente à implantação, diversas técnicas foram relatadas para identificação de doenças genéticas em humanos, podendo ser aplicadas aos embriões obtidos *in vitro*. O diagnóstico pré-implantacional veio somar-se ao pré-natal, oferecendo a oportunidade de obtenção do resultado antes da interação embrião-útero, permitindo, além da sexagem, também a seleção dos embriões hígidos para a transferência, evitando a necessidade de induzir o abortamento em casos de anormalidade.

O diagnóstico genético pré-implantacional (*Preimplantation Genetic Diagnosis* – PGD) e a triagem genética pré-implantacional (*Preimplantation Genetic Screening* – PGS) são exames feitos no embrião em fase precoce antes de este ser transferido em definitivo. A primeira e fundamental etapa para a realização desses exames é a retirada do material biológico com o objetivo de identificar alterações genéticas, que podem ser tanto cromossômicas ou gênicas. As alterações cromossômicas normalmente são erros que podem ocorrer durante a divisão das células. Dependendo do cromossomo afetado em sua quantidade (monossomia ou trissomia) ou alterações parciais de cromossomos (translocações), o resultado pode ser um abortamento ou o nascimento de um indivíduo portador de anomalias, como as síndromes aneuploides em humanos (por exemplo, síndrome de Down, pela trissomia do cromossomo 21).

O termo PGD foi o primeiro a surgir, e inicialmente fazia referência tanto à detecção de alterações cromossômicas quanto de mutações genéticas. Porém, atualmente, o termo é utilizado apenas para o diagnóstico de mutações de genes que podem dar origem a doenças genéticas. Já o termo PGS é mais atual e é utilizado especificamente para detecção de alterações cromossômicas. Em humanos, essas tecnologias permitem a identificação, redução e prevenção da transmissão de defeitos genéticos, bem como o aumento nas taxas de concepção de pacientes com problemas reprodutivos. Em animais, as tecnologias de diagnóstico pré-implantacional são utilizadas tanto para a identificação e prevenção de doenças genéticas como para a seleção de embriões com características desejáveis, a partir de marcadores moleculares associados a características de seleção, sendo que a primeira aplicação foi na identificação do sexo de embriões. Existem diferentes técnicas para análise genética, desde as mais conhecidas e simples, como a citogenética e a reação de polimerase em cadeia (PCR), até as mais atuais de biologia molecular com utilização de tecnologia avançada de sequenciamento de nova geração (NGS).

Análise citogenética

A análise citogenética clássica, também chamada de análise de cariótipo, foi uma das primeiras técnicas utilizadas para visualizar os cromossomos e determinar o sexo genético, identificando o par XX ou XY. No emprego dessa técnica é necessária a coleta de um significativo número de células, que serão posteriormente adicionadas a uma solução contendo um despolimerizador de microtúbulos, como a colchicina, para interromper a divisão celular na fase de metáfase, e assim observar os cromossomos por meio de um microscópio ótico (Figura 16). Apesar da exatidão dos resultados, atualmente essa técnica é pouco empregada devido à sua baixa eficiência, decorrente da necessidade de muitas células em divisão e elevado tempo de processamento para a sexagem e análise do cariótipo.

Figura 16. Representação da análise citogenética clássica para a determinação do cariótipo, após cultivo celular e bloqueio da mitose em fase de metáfase.

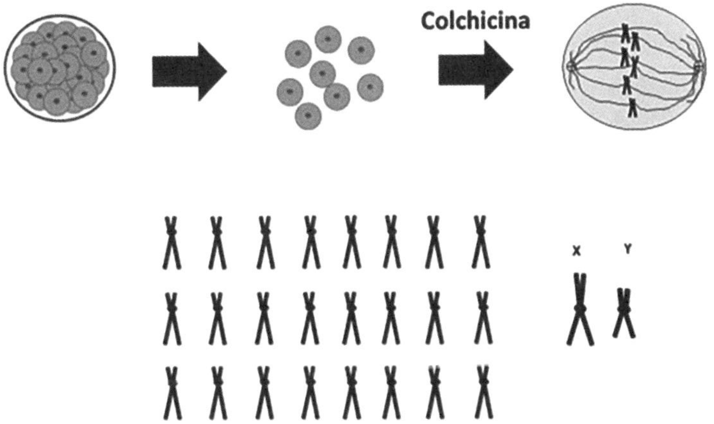

Técnicas de biologia molecular empregadas em embriões

Atualmente, diferentes técnicas de biologia molecular permitem o diagnóstico de embriões em fase pré-implantacional de forma mais prática e eficiente, sendo as técnicas de hibridização *in situ* fluorescente (Fish) e de amplificação do DNA através da reação de polimerase em cadeia (PCR) as mais utilizadas para análise do material genético dos blastômeros. Ambas as técnicas utilizam oligonucleotídios de sequências conhecidas, que se unem especificamente a regiões de interesse do DNA e permitem a análise imediata e identificação de alterações genéticas ou mesmo a sexagem dos embriões com alta sensibilidade, possibilitando a análise de poucos blastômeros biopsiados.

A técnica de Fish é um método histoquímico que permite a visualização direta de regiões específicas do genoma em microscópios ópticos epifluorescentes. A visualização por microscópio ocorre por meio de sondas, conjugadas diretamente a fluorocromos, que se complementam à sequência de DNA-alvo (Figura 17). As células analisadas são primeiramente fixadas e permeabilizadas para permitir a entrada da sonda que então será hibridizada, e a marcação no DNA poderá ser visualizada posteriormente. A técnica tem uma grande variedade de aplicações, incluindo análise de danos cromossomais, mapeamento genético, genômica comparativa, sexagem, detecção de transgenes e outras. No caso da sexagem de amostras, as células são hibridizadas com sondas específicas para regiões do cromossomo Y, e, caso a amostra seja XY, será possível observar a fluorescência no microscópio e fazer o diagnóstico.

Figura 17. Representação do resultado da sexagem pela técnica de hibridização *in situ* fluorescente (Fish) com sondas fluorescentes específicas para sequências genômicas nos cromossomos X e Y.

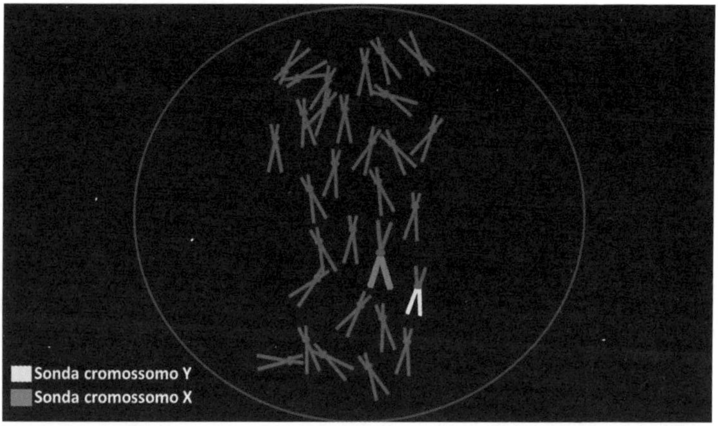

Os primeiros estudos com PCR direcionados à sexagem de embriões bovinos nos anos 1990 abriram caminho para a utilização da técnica visando à sua exploração comercial (Figura 4b). A técnica se baseia na multiplicação de fragmentos específicos do

DNA, facilitando a detecção por meio de um corante fluorescente intercalante do DNA. Esses fragmentos são selecionados a partir do anelamento de oligonucleotídios (*primers*) na região de interesse do genoma e amplificados através da repetição de ciclos de mudanças de temperatura. No caso da aplicação da técnica para sexagem, os *primers* utilizados são específicos de regiões do DNA do cromossomo Y, excluindo a possibilidade de amplificação de material genético caso a amostra seja XX. Após os ciclos de temperatura e multiplicação dos fragmentos do cromossomo Y, no caso de amostras XY, o resultado pode ser observado pela fluorescência do DNA amplificado ou em gel de agarose, revelando o resultado para cada amostra; se for XX, não é observada fluorescência ou banda específica em gel de agarose, mas, se for XY, podemos observar e identificar o sexo (Figura 18). Com o

Figura 18. Representação dos procedimentos para sexagem pela análise molecular qualitativa pela reação em cadeia da polimerase (PCR). Após a coleta das biópsias embrionárias (amostras 1 e 2), o DNA genômico é extraído e as sequências-alvo (*gene Y*) e controle (*gene somático*) são amplificadas por PCR com *primers* específicos, o que, após eletroforese em gel de agarose, permite o diagnóstico do sexo embrionário. A amostra 1 denota uma fêmea, e a amostra 2, um macho.

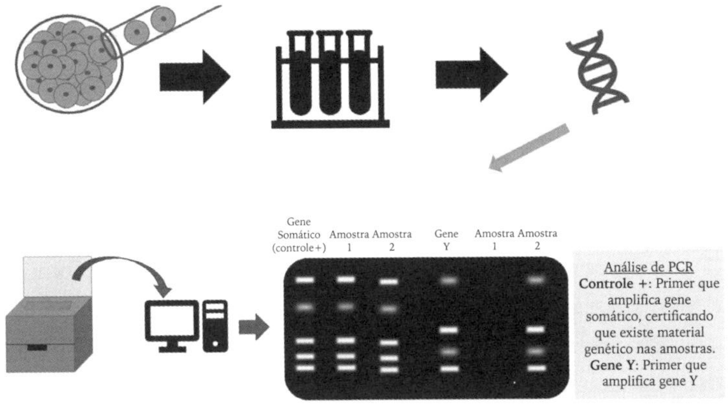

objetivo de certificar a presença das células embrionárias, utilizam-se *primers* para alguma sequência genômica de algum cromossomo autossômico, como controle da reação, especialmente se a análise é realizada por eletroforese em gel de agarose, pois a ausência de sinal ou banda específica para o Y não necessariamente pode indicar que a amostra é de fêmea. Também pode-se utilizar a sequência gênica de gene presente nos cromossomos X e Y, e que apresentam variantes específicas que permitem a identificação do sexo, como o gene da amelogenina.

Avanços na tecnologia de diagnóstico

Apesar dos avanços no diagnóstico genético em fases iniciais do embrião, a pequena quantidade de DNA genômico obtido na biópsia embrionária se tornou um limitante para a realização da técnica. Dessa forma, surgiram alternativas como a amplificação total do genoma (WGA), capazes de aumentar centenas de vezes o DNA genômico obtido a partir de uma célula. Essa metodologia de amplificação total do genoma marcou uma nova era para o diagnóstico genético pré-implantacional, viabilizando a confirmação de resultados duvidosos e a realização de múltiplas análises genéticas a partir de uma única biópsia embrionária, ou de um blastômero.

A partir desses avanços foi possível associar técnicas de sequenciamento de próxima geração (NGS) e genotipagem por microarranjos com cobertura genômica de alta densidade para aprimorar a avaliação de mutações gênicas e alterações cromossômicas dos embriões, abrindo novas possibilidades de diagnóstico precoce. Em humanos, o diagnóstico genético nas fases iniciais dos embriões é feito com o intuito de identificar aneuploidias, doenças de herança monogênica, anormalidades cromossômicas, sexagem, para evitar doenças ligadas ao X e sexagem social. Além disso, pode ser utilizado como uma ferramenta da terapia gênica, visando à realização de transplante de medula óssea em crianças que não encontram um doador compatível.

Considerações finais e perspectivas

O desenvolvimento do conhecimento e da tecnologia balançam como um pêndulo ao longo do relógio do tempo, normalmente através de gargalos do conhecimento que sofrem a ação de novas descobertas, que permitem o avanço em diferentes rumos, até o limite, quando nova direção é tomada, e assim sucessivamente. A embriologia não foi e não é distinta disto. Tecnologias permanentes e transitórias surgem e intercalam a sua importância ao longo do tempo, evoluindo de ensaios elementares para a busca do conhecimento básico das funções biológicas, até a consolidação de processos com sólida aplicação prática, comercial, tecnológica.

Apesar de todos os avanços e as informações disponíveis sobre a micromanipulação nas fases iniciais de desenvolvimento embrionário, ainda é necessária uma melhor compreensão dos eventos biológicos entre estádios de desenvolvimento e entre espécies animais, o que deverá favorecer o aprimoramento de métodos diagnósticos de maior espectro e mais precisos. Há uma infinidade de aplicações que ainda podem ser exploradas, incluindo o diagnóstico na fase embrionária de doenças genéticas e epigenéticas de manifestação tardia, que são objetivos na medicina humana. Na reprodução e produção animal, em adição ao diagnóstico de anormalidades, busca-se cada vez mais o entendimento dos eventos associados à função gênica, à expressividade e hereditariedade de características genéticas e epigenéticas relacionadas a características de produção e eficiência produtiva. O próximo passo é a tradução desse conhecimento em estratégias eficientes e eficazes para uso na reprodução, produção e seleção animal.

Nesse contexto, a embriologia experimental e a biologia celular, desde Heape e Speeman, continuarão entre os pilares fundamentais da geração de novos conhecimentos, para o benefício da saúde única (animal, humana e ambiental) em prol da sustentabilidade e da biodiversidade do planeta.

Bibliografia recomendada

AFANASSIEFF, M. et al. Embryo-Derived and Induced Pluripotent Stem Cells: Towards Naive Pluripotency and Chimeric Competency in Rabbits. *Experimental Cell Research*, v.389, n.2, art.111908, 2020.

ALBERIO, R. Regulation of Cell Fate Decisions in Early Mammalian Embryos. *Annual Review of Animal Biosciences*, v.8, p.377-93, 2020.

ALLEN, W. R.; PASHEN, R. L. Production of Monozygotic (Identical) Horse Twins by Embryo Micromanipulation. *Reproduction*, v.71, n.2, p.607-13, 1984.

______; WILSHER, S. Historical Aspects of Equine Embryo Transfer. *Journal of Equine Veterinary Science*, v.89, p.102987, 2020.

ASH, K. et al. Competition between Split and Nonmanipulated Embryos in the Production of Identical Piglets. *Theriogenology*, v.31, n.4, p.903-10, 1989.

BETTERIDGE, K. J. A History of Farm Animal Embryo Transfer and Some Associated Techniques. *Animal Reproduction Science*, v.79, n.3-4, p.203-44, 2003.

______. The Structure and Function of the Equine Capsule in Relation to Embryo Manipulation and Transfer. *Equine Veterinary Journal*, v.21, n.S8, p.92-100, 1989.

BOUSQUET, D.; GUILLOMOT, M.; BETTERIDGE, K. J. Equine Zona Pellucida and Capsule: Some Physicochemical and Antigenic Properties. *Gamete Research*, v.16, n.2, p.121-32, 1987.

BOWLING, A. T. Genetics of Colour Variation. In: *The Genetics of the Horse*. Wallingford, UK: CAB International, 2000, p.53-70.

BREDBACKA, P. Biopsy of Morulae and Blastocysts. *Reproduction in Domestic Animals*, v.26, n.2, p.82-4, 1991.

______; KANKAANPÄÄ, A.; PEIPPO, J. PCR-Sexing of Bovine Embryos: A Simplified Protocol. *Theriogenology*, v.44, n.2, p.167-76, 1995.

BROCHART, M. Attempted Experimental Production of Identical Twins in Rabbits. *Nature*, v.173, p.60-2, 1954.

CASSER, E. et al. Totipotency Segregates between the Sister Blastomeres of Two-Cell Stage Mouse Embryos. *Scientific Reports*, v.7, n.1, p.1-15, 2017.

_____; ISRAEL, S.; BOIANI, M. Multiplying Embryos: Experimental Monozygotic Polyembryony in Mammals and its Uses. *The International Journal of Developmental Biology*, v.63, n.3-4-5, p.143-55, 2019.

CENARIU, M. et al. Evaluation of Bovine Embryo Biopsy Techniques According to their Ability to Preserve Embryo Viability. *Journal of Biomedicine and Biotechnology*, v.2012, art.541384, 2012.

CHANG, M. C. Fertilization of Rabbit Ova *in vitro*. *Nature*, v.184, p.466-7, 1959.

CHAZAUD, C.; YAMANAKA, Y. Lineage Specification in the Mouse Preimplantation Embryo. *Development*, v.143, p.1.063-74, 2016.

CIMADOMO, D. et al. The Dawn of the Future: 30 Years from the First Biopsy of a Human Embryo. The Detailed History of an Ongoing Revolution. *Human Reproduction Update*, v.26, n.4, p.453-73, 2020.

DENKER, H.-W. Recent Embryo Twinning Data Prompt Reconsideration of Theories on a Crucial Role of Segregation of Oocyte Cytoplasmic Constituents in Mammals. *Molecular Human Reproduction*, v.26, n.3, p.193-8, 2020.

_____. Self-Organization of Stem Cell Colonies and of Early Mammalian Embryos: Recent Experiments Shed New Light on the Role of Autonomy vs. External Instructions in Basic Body Plan Development. *Cells*, v.5, n.4, p.39, 2016.

DU, Y. et al. Chimeric Mouse Generation by ES Cell Blastocyst Microinjection and Uterine Transfer. *Methods Molecular Biology*, v.1874, p.99-114, 2019.

EVANS, M. J.; KAUFMAN, M. H. Establishment in Culture of Pluripotential Cells from Mouse Embryos. *Nature*, v.292, n.5.819, p.154-6, 1981.

FAGOTTO, F. Tissue Segregation in the Early Vertebrate Embryo. *Seminars in Cell & Developmental Biology*, v.107, p.130-46, 2020.

FEHILLY, C. B. et al. Cytogenetic and Blood Group Studies of Sheep/Goat Chimaeras. *Reproduction*, v.74, n.1, p.215-21, 1985.

_____; WILLADSEN, S. M.; TUCKER, E. M. Interspecific Chimaerism between Sheep and Goat. *Nature*, v.307, n.5952, p.634-6, 1984.

FU, R. et al. Domesticated Cynomolgus Monkey Embryonic Stem Cells Allow the Generation of Neonatal Interspecies Chimeric Pigs. *Protein & Cell*, v.11, n.2, p.97-107, 2020.

GARDNER, R. L. Mouse Chimaeras Obtained by the Injection of Cells into the Blastocyst. *Nature*, v.220, n.5.167, p.596-7, 1968.

_____; EDWARDS, R. G. Control of the Sex Ratio at Full Term in the Rabbit by Transferring Sexed Blastocysts. *Nature*, v.218, n.5139, p.346-8, 1968.

_____; LYON, M. F. Biological Sciences: X Chromosome Inactivation Studied by Injection of a Single Cell into the Mouse Blastocyst. *Nature*, v.231, n.5302, p.385-6, 1971.

GODKE, R. A. Micromanipulation of Day-6 Porcine Embryos to Produce Split-Embryo Piglets. *Theriogenology*, v.23, n.1, p.225, 1985.

GORDON, J.; RUDDLE, F. Integration and Stable Germ Line Transmission of Genes Injected into Mouse Pronuclei. *Science*, v.214, p.1.244-6, 1981.

HANDYSIDE, A. H. et al. Isothermal whole Genome Amplification from Single and Small Numbers of Cells: A New Era for Preimplantation Genetic Diagnosis of Inherited Disease. *Molecular Human Reproduction*, v.10, n.10, p.767-72, 2004.

_____; KONTOGIANNI, E. H.; HARDY, K. R. M. L.; WINSTON, R. M. Pregnancies from Biopsied Human Preimplantation Embryos Sexed by Y-Specific DNA Amplification. *Nature*, v.344, n.6268, p.768-70, 1990.

HASHIYADA, Y. The Contribution of Efficient Production of Monozygotic Twins to Beef Cattle Breeding. *Journal of Reproduction and Development*, v.63, n.6, p.527-38, 2017.

HUHTINEN, M.; PEIPPO, J.; BREDBACKA, P. Successful Transfer of Biopsied Equine Embryos. *Theriogenology*, v.48, n.3, p.361-7, 1997.

JIANG, Y. et al. Pluripotency of Mesenchymal Stem Cells Derived from Adult Marrow. *Nature*, v.418, n.6.893, p.41-9, 2002.

JOHNSON, W. H. et al. Production of Four Identical Calves by the Separation of Blastomeres from an *in vitro* Derived Four-Cell Embryo. *Veterinary Record*, v.137, n.1, p.15-6, 1995.

LE BOURHIS, D. et al. Breeding Values Concordance between Embryos and Corresponding Calves. *Reproduction, Fertility and Development*, v.24, n.1, p.180, 2011.

LE DOUARIN, N. A Biological Cell Labeling Technique and its Use in Experimental Embryology. *Developmental Biology*, v.30, n.1, p.217-22, 1973.

LOPES, R. F. F. et al. Survival of Bovine Embryos after Micromanipulation for Sex Determination Using the Polymerase Chain Reaction (PCR). In: INTERNATIONAL CONGRESS ON ANIMAL REPRODUCTION, 12. *Proceedings of the...* Haia, 1992.

MARTIN, G. R. Isolation of a Pluripotent Cell Line from Early Mouse Embryos Cultured in Medium Conditioned by Teratocarcinoma Stem Cells. *Proceedings of the National Academy of Sciences*, v.78, n.12, p.7.634-8, 1981.

MASCETTI, V. L.; PEDERSEN, R. A. Contributions of Mammalian Chimeras to Pluripotent Stem Cell Research. *Cell Stem Cell*, v.19, n.2, p.163-75, 2016.

MCLAREN, A. *Mammalian chimaeras*. Cambridge: Cambridge University Press, 1976.

MENELAOU, K. et al. Blastocyst Transfer in Mice Alters the Placental Transcriptome and Growth. *Reproduction*, v.159, n.2, p.115-32, 2020.

MINTZ, B. Experimental Study of the Developing Mammalian Egg: Removal of the Zona Pelllucida. *Science*, v.157, p.594-5, 1962.

MOORE, N. W.; ADAMS, C. E.; ROWSON, L. E. A. Developmental Potential of Single Blastomeres of the Rabbit Egg. *Reproduction*, v.17, n.3, p.527-31, 1968.

MORATA, T. C. et al. Chimeras for the Twenty-First Century. *Critical Reviews in Biotechnology*, v.40, n.3, p.283-91, 2020.

MOUSTAFA, L. A. Experimentelle Erzeugung von identischen mausezwillingen. *Deutsche tierärztliche Wochenschrift*, v.85, p.242-4, 1978.

______; BRINSTER, R. L. Induced Chimaerism by Transplanting Embryonic Cells into Mouse Blastocysts. *Journal of Experimental Zoology*, v.181, n.2, p.193-201, 1972.

NAGASHIMA, H. et al. Production of Normal Piglets from Microsurgically Split Morulae and Blastocysts. *Theriogenology*, v.29, n.2, p.485-95, 1988.

______; MATSUI, K.; SAWASAKI, T.; KANO, Y. Production of Monozygotic Mouse Twins from Microsurgically Bisected Morulae. *Reproduction*, v.70, n.1, p.357-62, 1984.

NAGY, A. et al. *Manipulating the Mouse Embryo*: A Laboratory Manual. Nova York: Cold Spring Harbor Laboratory Press, 2003.

NAVARRO-SERNA, S. et al. Livestock Gene Editing by One-Step Embryo Manipulation. *Journal of Equine Veterinary Science*, v.89, art.103025, 2020.

NICHOLAS, J. S. P.; HALL, B. V. Experiments on Developing Rats. II. The Development of Isolated Blastomeres and Fused Eggs. *Journal of Experimental Zoology*, v.90, n.3, p.441-59, 1942.

NIU, D. et al. Inactivation of Porcine Endogenous Retrovirus in Pigs Using CRISPR-Cas9. *Science*, v.357, n.6.357, p.1.303-7, 2017.

OZIL, J. P.; HEYMAN, Y.; RENARD, J. P. Production of Monozygotic Twins by Micromanipulation and Cervical Transfer in the Cow. *Veterinary Record*, v.110, n.6, p.126-7, 1982.

PŁUSA, B.; PILISZEK, A. Common Principles of Early Mammalian Embryo Self-Organisation. *Development*, v.147, n.14, p.1-16, 2020.

POLGE, C. How Does Embryo Manipulation Fit into Present and Future Pig Reproduction? *Journal of Reproduction and Fertility*, v.33, supl., p.93-100, 1985.

POLISSENI, J. et al. Post-Biopsy Bovine Embryo Viability and Whole Genome Amplification in Preimplantation Genetic Diagnosis. *Fertility and Sterility*, v.93, p.783-8, 2010.

POLZIN, V. J. et al. Production of Sheep-Goat Chimeras by Inner Cell Mass Transplantation. *Journal of Animal Science*, v.65, n.1, p.325-30, 1987.

PONSART, C. et al. Reproductive Technologies and Genomic Selection in Dairy Cattle. *Reproduction, Fertility and Development*, v.26, n.1, p.12-21, 2013.

RALSTON, A.; ROSSANT, J. The Genetics of Induced Pluripotency. *Reproduction*, v.139, p.35-44, 2010.

RASHID, T.; KOBAYASHI, T.; NAKAUCHI, H. Revisiting the Flight of Icarus: Making Human Organs from PSCs with Large Animal Chimeras. *Cell Stem Cell*, v.15, n.4, p.406-9, 2014.

REICHELT, B.; NIEMANN, H. Generation of Identical Twin Piglets Following Bisection of Embryos at the Morula and Blastocyst Stage. *Reproduction*, v.100, n.1, p.163-72, 1994.

RODRIGUES, J. L. *Embryotransfer bei der Maus unter besonderer Berücksichtigung von zonafreien und geteilten Zygoten*. Dissertação. Tierärztlichen Hochschule Hannover, 1981.

ROODGAR, M. et al. Cross-Species Blastocyst Chimerism between Nonhuman Primates Using iPSCs. *bioRxiv*, art.635250, 2019.

RORIE, R. W. et al. *Birth of the First Litter of Split-Embryo Transplant Pigs*. Livestock Producers' Day Report-Louisiana Agricultural Experiment Station. Animal Science Department (USA), 1984.

ROSSANT, J. et al. Interspecific Chimeras in Mammals: A New Experimental System. *Journal of Animal Science*, v.55, p.1.241-8, 1982.

SEIDEL, F. Die entwicklungspotenzen einer isolierten blastomere des zweizellenstadiums im saugetierei. *Naturwissenschaften*, v.39, n.15, p.355-6, 1952.

SERMON, K.; VAN STEIRTEGHEM, A.; LIEBAERS, I. Preimplantation Genetic Diagnosis. *Lancet*, v.363, n.9.421, p.1.633-41, 2004.

SPEMANN, H. *Embryonic Development and Induction*. Nova York: Hafner Publishing Company, 1962.

_____. Entwickelungsphysiologische Studien am Triton-Ei. *Archiv für Entwicklungsmechanik der Organismen*, v.15, n.3, p.448-534, 1902.

TAM, P. P. L.; ROSSANT, J. Mouse Embryonic Chimeras: Tools for Studying Mammalian Development. *Development*, v.130, p.6.155-63, 2003.

TARKOWSKI, A. K. Mouse Chimaeras Revisited: Recollections and Reflections. *International Journal of Developmental Biology*, v.42, p.903-8, 1998.

_____. Mouse Chimaeras Developed from Fused Eggs. 1961.

_____. Experiments on the Development of Isolated Blastomeres of Mouse Eggs. *Nature*, v.184, n.4695, p.1286-7, 1959.

THOMPSON, S. et al. Germ Line Transmission and Expression of a Corrected HPRT Gene Produced by Gene Targeting in Embryonic Stem Cells. *Cell*, v.56, n.2, p.313-21, 1989.

WARFIELD, S. J.; SEIDEL JR., G. E.; ELSDEN, R. P. Transfer of Bovine Demi-Embryos with and without the Zona Pellucida. *Journal of Animal Science*, v.65, n.3, p.756-61, 1987.

WILLADSEN, S. M. Nuclear Transplantation in Sheep Embryos. *Nature*, v.320, n.6.057, p.63-5, 1986.

_____. Micromanipulation of Embryos of the Large Domestic Species. In: *Mammalian Egg Transfer*. CRC Press, 2018, p.185-210.

_____. A Method for Culture of Micromanipulated Sheep Embryos and its Use to Produce Monozygotic Twins. *Nature*, v.277, n.5694, p.298-300, 1979.

_____; LEHN-JENSEN, H.; FEHILLY, C. B.; NEWCOMB, R. The Production of Monozygotic Twins of Preselected Parentage by Micromanipulation of Nonsurgically Collected Cow Embryos. 1981.

______; GODKE, R. A. A Simple Procedure for the Production of Identical Sheep Twins. *The Veterinary Record*, v.114, n.10, p.240-3, 1984.

______; POLGE, C. Attempts to Produce Monozygotic Quadruplets in Cattle by Blastomere Separation. *The Veterinary Record*, v.108, n.10, p.211-3, 1981.

WILMUT, I. et al. Viable Offspring Derived from Fetal and Adult Mammalian Cells. *Nature*, v.385, n.6.619, p.810-3, 1997.

WOOD, S. A. et al. Non-Injection Methods for the Production of Embryonic Stem Cell-Embryo Chimaeras. *Nature*, v.365, p.387-9, 1993.

WU, J. et al. CRISPR-Cas9 Mediated One-Step Disabling of Pancreatogenesis in Pigs. *Scientific Reports*, v.7, n.1, p.1-6, 2017.

YANG, X.; FOOTE, R. H. Production of Identical Twin Rabbits by Micromanipulation of Embryos. *Biology of Reproduction*, v.37, n.4, p.1.007-14, 1987.

9
Células-tronco de pluripotência induzida (células iPSC): conceitos e aplicações na medicina veterinária com ênfase na reprodução animal

Naira Cristine Godoy Pieri
Kaiana Recchia
Beatriz Magalhães Gomes
Laís Vicari de Figueiredo Pessôa
Fabiana Fernandes Bressan

Introdução

As células-tronco são células indiferenciadas e autorrenováveis que apresentam aplicações inovadoras na medicina humana ou veterinária, além de possibilitarem uma melhor compreensão do desenvolvimento inicial dos mamíferos. Uma das maiores perspectivas de sua utilização na reprodução animal é sua aplicação em tecnologias reprodutivas visando ao aumento da eficiência da produção animal, por exemplo na geração de células germinativas *in vitro*.

Neste capítulo serão apresentadas algumas características das células-tronco, como sua classificação pelo estado epigenético celular e capacidade de diferenciação e, mais especificamente, será discutida a tecnologia de reprogramação celular à pluripotência *in vitro*, com a geração de células pluripotentes induzidas (*induced pluripotent stem cells* – iPSCs) em animais domésticos, e seu potencial uso na medicina regenerativa veterinária e reprodução animal. Serão apresentadas informações e discussões relacionadas ao processo de reprogramação celular, incluindo aquelas sobre os fatores de reprogramação, métodos, e perspectiva da utilização dessas células como fonte de células germinativas, e, portanto, de aproveitamento e disseminação de material genético.

Conceitos iniciais, breve histórico e estado da arte das células-tronco, com enfoque na pluripotência celular

As células-tronco são usualmente classificadas segundo seu estágio de indiferenciação e perfil epigenético. São comumente divididas em três tipos: células-tronco embrionárias (CTEs, ou *embryonic stem cells* – ESCs), células multipotentes adultas (*multipotent stem cells* – MSCs), e, mais recentemente, as células-tronco pluripotentes induzidas (iPSCs).

Células-tronco multipotentes

As células-tronco multipotentes adultas já são bem estabelecidas e utilizadas em todo o mundo, em várias condições terapêuticas, tanto na medicina humana quanto na veterinária, e, em geral, visam restaurar a função normal de um órgão ou tecido de um paciente, e assim também melhorar a qualidade de vida do paciente (Bajada et al., 2008).

Apesar de as terapias baseadas em MSC não serem tão recentes na medicina, os mecanismos de ação dessas células ainda carecem de uma elucidação e análise mais detalhadas.

Estudos mais recentes revelam que as MSCs apresentam como principal potencial terapêutico a característica de modular seu microambiente, ou nicho, mediante secreção de fatores de crescimento e citocinas, e não necessariamente na capacidade de diferenciação em outros tipos celulares, uma vez que estas têm como característica a secreção de moléculas bioativas com propriedades tróficas e imunomoduladoras (Caplan, 2008, 2015; Meirelles et al., 2009). São exemplos comuns na veterinária as terapias para injúrias musculoesqueléticas ou doenças crônicas em equinos, gatos e cães (Broeckx et al., 2019; Gugjoo et al., 2018; Pinheiro et al., 2019; Vidane et al., 2017).

Especificamente na medicina reprodutiva, as MSCs têm sido relatadas como tratamentos auxiliares para distúrbios reprodutivos, como endometriose e outras condições relacionadas à regeneração do endométrio (Du; Taylor, 2009; Vassena et al., 2015, p.202). Além disso, casos de baixa fertilidade decorrentes ou não de insuficiência ovariana já foram tratados com células-tronco mesenquimais ou multipotentes, em especial no modelo roedor, apresentando melhora da função ovariana em diversos estudos por aumentar, por exemplo, a atividade antiapoptótica (He et al., 2018; Herraiz et al., 2018; Li et al., 2017; Zhang et al., 2016). Mecanismos específicos, assim como o tratamento em larga escala em modelos animais de grande porte e durante maior período, serão essenciais para a caracterização e elucidação dos mecanismos celulares envolvidos no processo.

Células-tronco pluripotentes

Já as CTEs são derivadas do isolamento da massa celular interna (MCI) de blastocistos e apresentam como principal característica a pluripotência, ou seja, apresentam a possibilidade e potencial de diferenciarem-se em células provenientes das três linhagens germinativas (endoderma, mesoderma ou ectoderma). São, portanto, passíveis de alcançar objetivos adicionais à modulação do ambiente tecidual na medicina regenerativa, como a geração de células funcionais para o reparo tecidual e até mesmo formação de novos tecidos e órgãos para transplante.

Em retrospectiva, o estudo das células-tronco pluripotentes iniciou-se a partir de estudos em tumores chamados de "teratomas" e "teratocarcinomas" em camundongos e outros mamíferos (Solter, 2006). A análise histopatológica dessas neoplasias indicava a presença de diferentes tecidos em sua estrutura e, assim, fez-se sua relação com células de origem embrionária e de caráter indiferenciado. Especialmente a partir da década de 1950, diversos estudos passaram a embasar essa relação (Fawcett, 1950; Kleinsmith; Pierce, 1964; Pierce; Dixon, 1959; Stevens; Little, 1954). Ainda no início da década de 1970, tentativas foram bem-sucedidas no cultivo de células de teratocarcinoma *in vitro*, o que possibilitou o estudo mais aprofundado dessas células, e, então, células pluripotentes foram isoladas a partir desses tumores em 1972, em camundongos (Evans, 1972; Kahan; Ephrussi, 1970; Rosenthal; Wishnow; Sato, 1970).

O primeiro marcador de células-tronco pluripotentes tumorais (no caso de tumores germinativos, relativos ao grupo de células conhecidas como "células de carcinoma embrionário") identificado foi a alta atividade da enzima fosfatase alcalina, o que reforçou a similaridade fenotípica dessas células tumorais com células-tronco embrionárias (Berstine et al., 1973). Posteriormente, a atividade da fosfatase alcalina foi observada como aumentada a partir do estágio de desenvolvimento embrionário referente à mórula, depois se mostrando como positiva apenas em células pertencentes à massa celular interna (Berstine et al., 1973; Johnson; Calarco; Siebert, 1977).

O interesse em torno da embriologia e de processos de diferenciação celular fez, portanto, que tentativas de cultivo *in vitro* de células-tronco embrionárias (CTEs) fossem iniciadas. O primeiro relato de isolamento e estabelecimento de CTEs bem-sucedido, originárias diretamente de embriões de camundongos cultivados *in vitro*, foi relatado por Evans e Kaufman (1981). Por conta do seu trabalho com CTEs, Martin Evans recebeu o prêmio Nobel de Medicina em 2007.

A primeira espécie de primatas em que houve isolamento de CTEs foi de macacos *rhesus* (*Macaca mulatta*), em 1995, sendo que tais células foram positivas para os marcadores fosfatase alcalina, SSEA-3, SSEA-4, TRA-1-60 e TRA1-81, os mesmos marcadores que CTEs humanas expressam, com o objetivo primário de contribuir para estudos dentro do campo da embriologia (Thomson et al., 1995). As CTEs humanas foram descritas pela primeira vez na literatura em 1998, com a publicação do trabalho de um grupo liderado por Thomson (1998), sendo provenientes de embriões frescos ou congelados produzidos por FIV, e doados à pesquisa.

As CTEs de murinos e humanos foram isoladas e caracterizadas, portanto, há décadas, a partir do isolamento e cultivo da MCI ou células do epiblasto, respectivamente. As CTEs murinas dependem da suplementação com fator inibidor de leucemia (*leukaemia inhibitory fator* – LIF) para manutenção do cultivo *in vitro*, enquanto as CTEs humanas, mais similares às células epiblásticas, são dependentes do fator de crescimento de fibroblastos (bFGF). Devido às diferenças entre CTEs de camundongo e humanos, elas são classificadas em duas categorias, "*naïve*" ou "*primed*", respectivamente (Evans; Kaufman, 1981; Nichols; Smith, 2009; Thomson, 1998; Weinberger et al., 2016; Ying et al., 2008).

Apesar de a derivação de CTEs humanas ainda apresentar entraves importantes, como a dificuldade de obtenção de embriões humanos, além da questão ética envolvida, por décadas, as CTEs foram consideradas uma futura solução na terapia de doenças e enfermidades antes incuráveis, por exemplo doenças neurodegenerativas e lesões na medula espinhal devido a traumas graves. Em 1999, a revista *Science* elegeu as CTEs como o avanço científico do ano (*Scientific Breakthrough of the*

Year) (Vogel, 1999). No Brasil, foram geradas pela primeira vez em humanos em 2011 (Fraga et al., 2011). Estas têm, portanto, diversos potenciais usos ou aplicações na medicina regenerativa, podendo ser utilizadas, por exemplo, na modelagem e estudo de diversas síndromes e doenças, testes de novos medicamentos, e estudos relacionados à biologia do desenvolvimento.

No que se refere à medicina veterinária, o interesse no cultivo de células pluripotentes é evidente não somente para o estudo da embriologia e medicina regenerativa, mas também é voltado ao foco em ganho genético, aumento da produção, melhora nas tecnologias de reprodução assistida de animais (Galli et al., 1994; Goszczynski et al., 2018; Pieri et al., 2019). CTEs de diversas espécies foram inicialmente isoladas com caráter de células-tronco, mas que cresciam de forma mais lenta em cultivo, e sem a detecção dos mesmos marcadores encontrados em camundongos e humanos, sendo denominadas *ES-like*.

O isolamento de CTEs de suínos e de bovinos e verificação de seu estado pluripotente ocorreu pela primeira vez em 1990, sendo relatada a dificuldade de comprovação da pluripotência celular e sua capacidade de diferenciação de maneira robusta (Evans et al., 1990). Por volta da mesma época, CTEs de ovelhas começaram a ser cultivadas *in vitro* (Notarianni et al., 1991), e mais recentemente, a partir da década de 2000, outras espécies, como a canina (Hatoya et al., 2006; Hayes et al., 2008), felina (Yu et al., 2008), equina (Saito et al., 2002, 2006), entre outras, que também tiveram relatos de isolamento de CTEs-*like*.

Assim, a derivação e a manutenção da pluripotência *in vitro* de CTEs em espécies domésticas e não convencionais é desafiadora, e ainda pouco robusta ou reproduzível. Vários grupos de pesquisa mostraram, durante décadas, dificuldade na manutenção de CTEs dessas espécies, sendo que as células derivadas apresentam geralmente falta de consistência na expressão de marcadores de pluripotência, ou sua perda progressiva durante o cultivo, e, também, raramente produziram quimeras, uma das características consideradas críticas para provar a capacidade de contribuição no desenvolvimento de um organismo viável (Brevini et al., 2008; Maruotti et al., 2012; Nowak-Imialek; Niemann, 2013). Estudos recentes mostraram grande avanço na caracterização de CTEs em animais de produção, com a suplementação FGF2 e inibidor da via canônica de sinalização Wnt-B- catenina (Bogliotti et al., 2018), mas, mesmo assim, muito há ainda a ser elucidado sobre a aquisição e manutenção da pluripotência das CTES nas diversas espécies domésticas ou silvestres.

A derivação de células pluripotentes de animais mamíferos de grande porte é altamente desejada, uma vez que permitiria o desenvolvimento e validação de diversos modelos de estudos, além de apresentar um grande potencial para contribuir não somente para o desenvolvimento de protocolos terapêuticos, mas também para o melhor entendimento de áreas importantes da medicina veterinária, como a biologia e epigenética do desenvolvimento inicial, a medicina regenerativa e a produção animal. Nesse sentido, as chamadas células de pluripotência induzida (iPSCs) são bastante interessantes por serem células-tronco semelhantes às CTEs, mas geradas a partir de células somáticas, por um método de reprogramação desenvolvido inicialmente para as espécies murina e humana, com a vantagem de permitir o transplante autólogo e evitar conflitos éticos (Takahashi et al., 2007; Takahashi; Yamanaka, 2006). A reprogramação celular, incluindo conceitos e histórico, com ênfase na geração de células pluripotentes, é discutida a seguir.

Reprogramação celular e a geração das células-tronco de pluripotência induzida

Em mamíferos, o desenvolvimento embrionário é precedido pela fertilização, marco inicial da reprogramação dos núcleos derivados dos gametas masculino e feminino a um estado indiferenciado, resultando na formação do zigoto e aquisição da totipotência. O processo de desenvolvimento leva à diferenciação, inicialmente, das células embrionárias recém-formadas na MCI e no trofoblasto, que são morfologicamente identificadas no estádio embrionário de blastocisto, sendo que o trofoblasto originará os tecidos extraembrionários, enquanto células da MCI formarão as três camadas germinativas (endoderme, mesoderme e ectoderme), que, por sua vez, dão origem aos demais tipos celulares dos organismos (Nafee et al., 2008; Ohgane; Yagi; Shiota, 2008; Rossant, 2001).

Uma vez que os eventos pós-fertilização como determinação do desenvolvimento e diferenciação celular não envolvem significativas modificações genéticas, tais eventos hereditários são dependentes de alterações e modificações epigenéticas que controlam a expressão de genes específicos (Beisel; Paro, 2009; Mann; Bartolomei, 2002). Assim, o fenótipo celular (forma e função) decorrente da diferenciação e especialização é conferido pelo padrão de expressão gênica em cada tipo celular do indivíduo, como inicialmente proposto pelo modelo de "paisagem epigenética" de Waddington (1957), e bem explorado atualmente.

Notoriamente, a reprogramação de células somáticas a um estado indiferenciado, similar à pluripotência embrionária, ou seja, o caminho inverso da aquisição de marcas epigenéticas que especificam uma célula, é possível *in vitro* e vem sendo realizada há tempos através da técnica de transferência nuclear de célula somática (TNCS ou clonagem). Na TNCS, um oócito previamente enucleado recebe mediante micromanipulação um conjunto 2n (uma célula cultivada, por exemplo), esse complexo citoplasto-célula é fusionado eletricamente e quimicamente ativado, promovendo assim a reprogramação do núcleo somático, provando a capacidade do oócito em reprogramar núcleos ou células, revertendo assim seu estado de diferenciação e possibilitando o desenvolvimento a termo de animais viáveis.

De fato, nas últimas décadas, a reprogramação de células diferenciadas em novos indivíduos através da TNCS foi realizada em diversas espécies, como animais de produção, companhia e de laboratório, e inclusive a humana em etapas iniciais (French et al., 2008). Porém, apesar de comprovadamente ser capaz de reprogramar um núcleo diferenciado, é também conhecido que a técnica de TNCS é pouco eficiente, e, não raramente, o núcleo a ser reprogramado falha na expressão de genes relacionados ao desenvolvimento inicial, ou no controle dessa expressão, provavelmente em decorrência do não estabelecimento de um padrão adequado das modificações da cromatina ou de padrões de metilação de DNA. Em bovinos, têm-se que, geralmente, menos de 5% dos embriões chegam a completar seu desenvolvimento em adultos saudáveis, sendo que os fenótipos indesejáveis decorrentes da reprogramação incompleta são, dentre outros, a alta taxa de perdas gestacionais e a maior ocorrência de síndromes epigenéticas, como a síndrome da cria gigante, entre outras (Bird, 2002; Bortvin et al., 2003; Eilertsen et al., 2007; Santos; Dean, 2004; Smith et al., 2015).

De maneira revolucionária e mais recente, a reprogramação celular foi alcançada sem o uso de gametas, mas com a introdução e expressão de fatores de transcrição conhecidos na célula somática. Tal avanço significativo na compreensão da aquisição do estado pluripotente *in vitro* foi reportado pela primeira vez em 2006, em camundongos, e em 2007, em humanos, quando foi mostrado que a expressão de somente quatro fatores de transcrição é suficiente para que células diferenciadas como fibroblastos sejam induzidas à pluripotência, e essas novas células apresentaram características embrionárias, como a formação de teratomas. Tais células foram denominadas células-tronco pluripotentes induzidas (iPSCs) e apresentam como características principais a alta taxa de replicação, a habilidade de formar uma grande variedade de tecidos provenientes das três camadas germinativas tanto *in vitro* quanto *in vivo*, e a capacidade de gerar quimeras embrionárias viáveis em murinos (Takahashi et al., 2007; Takahashi; Yamanaka, 2006). Pelo seu trabalho inovador, Yamanaka foi premiado com o Nobel de Medicina em 2012, junto com o biólogo John Gurdon, que por sua vez trabalhou com a reprogramação nuclear mediante transferência nuclear de células somáticas (TNCS, ou clonagem).

As iPSCs humanas e de camundongo foram geradas inicialmente com a expressão exógena dos fatores de transcrição OCT4, SOX2, KLF4 e c-MYC (conhecidos pela sigla OSKM, ou pelo termo "fatores Yamanaka") em fibroblastos. Conhecidamente, os fatores OCT4, SOX2 e Nanog são essenciais na regulação da pluripotência encontrada nas células embrionárias, porém não os únicos. É conhecido que uma rede interligada de genes regulatórios é responsável pelo desenvolvimento ou manutenção da pluripotência em embriões, no entanto, a maneira pela qual essas proteínas trabalham em conjunto ainda não é completamente conhecida, apesar de provavelmente interagirem com fatores de remodelação da cromatina e enzimas modificadoras de histonas para a modulação da conformação da cromatina, o que teria, por consequência, a modulação da expressão gênica (Chen; Daley, 2008).

No Brasil, a produção de células iPSs e sua aplicação em diferentes estudos vêm sendo realizadas em humanos (Picanço-Castro et al., 2011; Russo et al., 2018; Santos-Miranda et al., 2022; Sarafian et al., 2018; Souza et al., 2021) e em camundongos (Bassaneze et al., 2013; Bressan et al., 2020; Paulsen et al., 2011), sendo que o primeiro relato da geração de iPSCs humanas representou avanço significativo na aquisição da pluripotência mediante expressão de outros fatores, com uso do Lin-28, do Nanog, e do TCL-1A (Picanço-Castro et al., 2011).

Os métodos atuais variam grandemente em relação aos fatores usados, metodologia de indução (viral ou não), além de também já terem sido reportadas iPSCs a partir de diversos tipos celulares (Pessôa; Bressan; Freude, 2019). Mediante

Figura 1. Linha do tempo mostrando alguns marcos na geração de CTEs e iPSCs

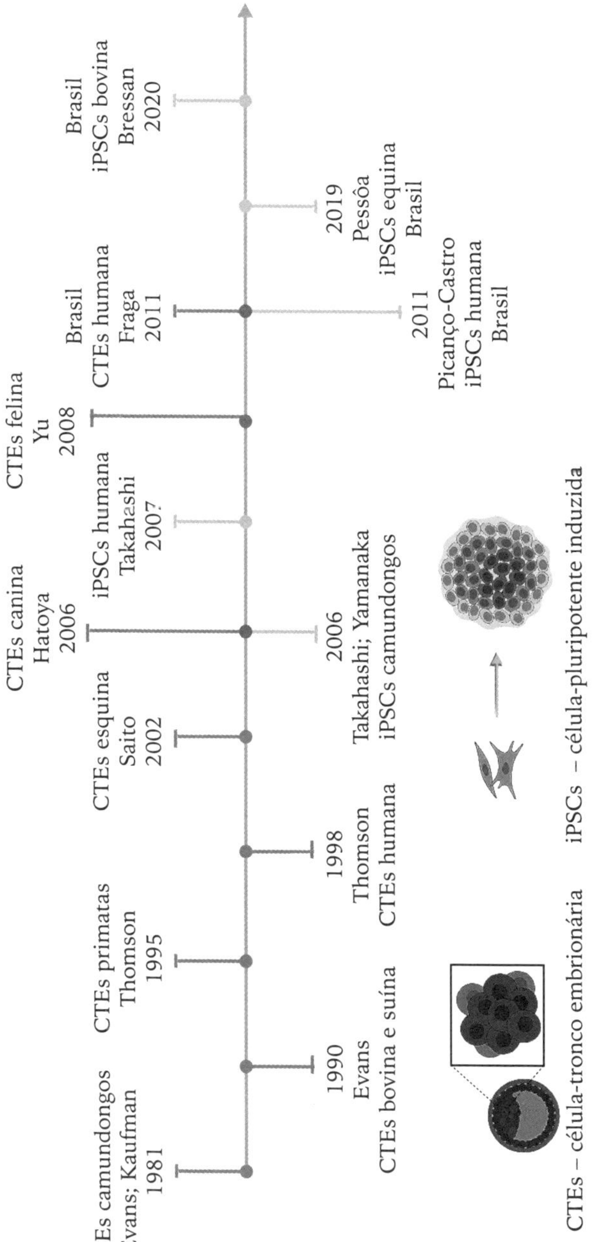

tais metodologias, já foi possível obter tais células para as mais variadas espécies animais, inclusive para aquelas em que *bonafide* CTEs ainda não foram isoladas (ibid.). No Brasil, já foi relatada a geração de iPSCs em espécies animais como bovino (Bessi et al., 2021; Botigelli et al., 2022; Bressan et al., 2020; Recchia et al., 2022b), equino (De Castro et al., 2020; Pessôa et al., 2019) e suíno (Machado et al., 2020; Pieri et al., 2021; Recchia et al., 2022a). A Figura 1 mostra alguns marcos importantes de CTEs e iPSCs na medicina humana e veterinária.

Células iPSCs se mostram, portanto, como um modelo único de estudos quanto aos mecanismos da reprogramação genética à pluripotência e diferenciação e comprometimento celular, classicamente representados, como descrito previamente, pelo modelo de paisagem epigenética e potencial de desenvolvimento de Waddington (Hochedlinger; Plath, 2009; Waddington, 1957). Além disso, seu uso clínico já é explorado na medicina humana regenerativa (Kawamura et al., 2012, p.20; Mandai et al., 2017; Zeiser; Blazar, 2016), sendo, portanto, bastante promissoras para o estudo e terapia de doenças ou ainda com aplicações inovadoras também na medicina veterinária.

Células iPSCs na medicina veterinária

De maneira mais recente do que quando comparada aos modelos humanos e murino, a aquisição de um estado de pluripotência induzida, ou similar a tal, mediante expressão exógena de fatores de transcrição específicos foi demonstrada em espécies domésticas (Bressan et al., 2020; Machado et al., 2020; Pessôa et al., 2019; Pieri et al., 2021; Recchia et al., 2022a), revisado por Pessôa et al. (2019). Notavelmente, ressalta-se que em algumas espécies, como em bovinos, ovinos, equinos e cães, CTEs pluripotentes robustas e geradas com protocolos facilmente reproduzíveis ainda não foram derivadas, e quando o isolamento da MCI e manutenção da pluripotência *in vitro* são descritos, geralmente estas apresentam falta de expressão ou no padrão das características utilizadas para classificação como pluripotentes. Nessas espécies, todavia, iPSCs caracterizadas como pluripotentes ou similares às pluripotentes já foram reportadas, por exemplo em ovinos, caprinos, equinos, bovinos, cães e felídeos silvestres (Bao et al., 2011; Bessi et al., 2021; Bressan et al., 2020; Cao et al., 2012; Chandrasekaran et al., 2021; De Castro et al., 2020; Koh; Piedrahita, 2015; Li et al., 2011; Pessôa et al., 2019; Song et al., 2013; Verma et al., 2012; Verma; Verma, 2014; Whitworth et al., 2014; Whitworth; Ovchinnikov; Wolvetang, 2012).

Diversas metodologias para expressão inicial dos fatores exógenos foram utilizadas na geração das iPSCs, com destaque, até o momento, ao uso de vetores virais (majoritariamente retrovírus). Um avanço importante na indução da pluripotência em direção à utilização dessas células na terapia celular é a reprogramação sem a integração de transgenes no genoma celular, realizada usualmente em iPSCs humanas e de camundongos mediante transfecção contínua de vetores, ou utilizando adenovírus não integrativos, ou plasmídeos de expressão ou epissomais (Okita et al., 2008; Stadtfeld et al., 2008; Yu et al., 2009). Outras estratégias não integrativas como a utilização de RNAs ou proteínas são mais recentes (Cho et al., 2010; Yoshioka et al., 2013), porém esses métodos ainda são menos eficientes do que quando comparados à integração lentiviral e, de maneira interessante, reportados com sucesso consideravelmente menor em outras espécies até o momento.

Especificamente quanto ao uso de iPSCs derivadas de animais domésticos de grande porte, sendo este associado ou não a ferramentas de edição genética, pode ser altamente vantajoso para ampliar o valor e possíveis aplicações para abordagens tanto na medicina regenerativa quanto na produção animal. Exemplos de aplicações promissoras são o uso de iPSCs derivadas de primatas não humanos, suínos e cães como modelos biomédicos, ou

Figura 2. iPSCs e aplicações na medicina veterinária

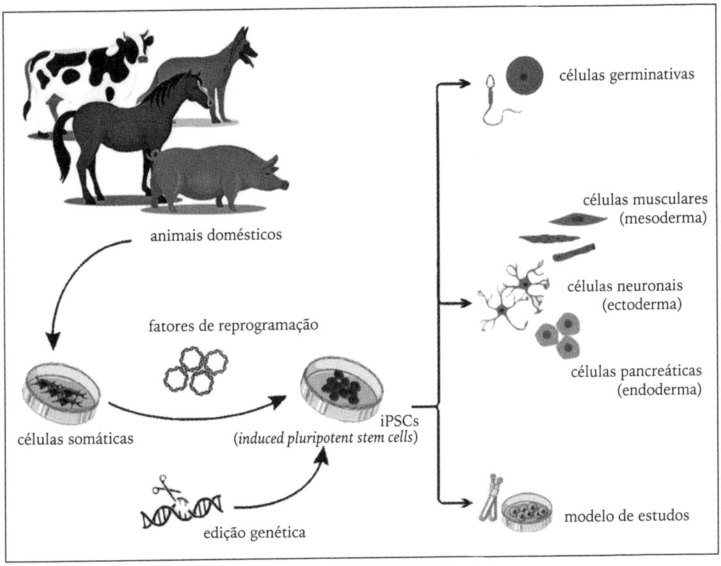

mesmo alvos para terapia celulares, devido às semelhanças anatômicas, fisiológicas, genéticas e ambientais com os humanos e suas síndromes, e assim tornam-se importantes. Outra aplicação mais recentemente proposta é o potencial uso das iPSCs na geração dos principais componentes celulares da carne cultivada, com aplicação conjunta com áreas de engenharia de tecidos e biomedicina, almejando tanto a sustentabilidade e a qualidade nutricional. Ainda, a geração *in vitro* de células-tronco de espécies ameaçadas de maneira eficiente apresenta diversas vantagens e aplicações para a conservação de espécies, por exemplo possibilitando biotecnologias reprodutivas mais conhecidas e, futuramente, possibilitando até mesmo o surgimento de novas tecnologias como a gametogênese *in vitro* (*in vitro gametogenesis* – IVG), TNCS ou complementação de embriões (Figura 2).

Por fim, embora as condições exatas necessárias para a reprogramação celular *in vitro* de cada espécie ainda não sejam totalmente compreendidas, a geração de iPSCs ou células similares às pluripotentes de animais domésticos ou não convencionais tem sido relatada com relativo sucesso e é portanto extremamente promissora para a medicina veterinária e translacional.

iPSCs e a reprodução animal: contribuições para a gametogênese *in vitro*

Dentre as possíveis aplicações das células-tronco em animais domésticos de grande porte, a possibilidade de geração de IVG é certamente uma das mais promissoras, inovadoras e desafiadoras. Estudos prévios realizados em humanos e em alguns modelos animais, como em suínos, tiveram como objetivo induzir a diferenciação de CTEs ou células já mais diferenciadas, como multipotentes ou mesmo células de pele, em células germinativas, estas apresentando a expressão de marcadores de células germinativas (Vasa, Dazl, Stella) e meiose (proteínas do complexo sinaptonêmico), morfologicamente semelhantes a oócitos; porém sem relatos de geração de prole nascida ou progresso dos resultados (Clark et al., 2004; Dyce et al., 2011; Dyce; Li, 2006; Hubner et al., 2003; Linher; Dyce; Li, 2009; Nayernia et al., 2006).

De maneira importante, portanto, o sucesso da tecnologia de indução celular à pluripotência *in vitro* levou à criação de novas aplicações e usos dessas células na medicina regenerativa e translacional, e, nesse sentido, muitos estudos têm focado na compreensão dos mecanismos fundamentais do desenvolvimento das células germinativas principalmente em humanos e camundongos. De fato, células-tronco pluripotentes (ESCs e iPSCs) humanas e murinas já foram diferenciadas em células germinativas primordiais (células semelhantes às PGCs (*primordial germ cells-like cells* – PGCLCs)) e em gametas maduros funcionais (Hayashi et al., 2011, 2012, 2017; Hikabe et al., 2016; Ishikura et al., 2021; Yamashiro et al., 2020; Zhou et al., 2016).

Há grande interesse em gerar gametas *in vitro* devido à capacidade dessas células em gerar um novo indivíduo, e assim contribuir para a diversidade genética, além de elucidar os processos de regulação epigenética associada à especificação e desenvolvimento das células germinativas primordiais ou, ainda, dos mecanismos que causem anomalias ou infertilidade. A geração das PGCLCs foi bem-sucedida também em algumas espécies de primatas (humanos, macacos e saguis) (Irie et al., 2015; Sasaki et al., 2015; Sosa et al., 2018; Sakai et al., 2020), com a produção de células semelhantes às PGCs *in vivo*, no que diz respeito à expressão gênica e às características epigenéticas, embora a diferenciação completa de PGCLCs em gametas maduros e funcionais ainda não tenha sido relatada em nenhuma espécie de primata. Esses resultados possibilitam a futura exploração da IVG em uma vasta gama de espécies animais, representando uma nova era na reprodução animal, mediante, por exemplo, a possibilidade de seleção de animais geneticamente superiores e geração de prole em curto intervalo de tempo, promovendo uma aceleração do progresso genético (Goszczynski et al., 2018).

Ainda, a aplicação bem-sucedida da IVG poderia ser utilizada como uma estratégia em espécies ameaçadas ou em risco, pois poderia, como último recurso, resgatar ou aumentar o número e variabilidade genética de muitas espécies animais, como proposto recentemente em rinocerontes brancos (Hayashi et al., 2022; Zywitza et al., 2022). Nos animais de produção, como suínos e bovinos, pode auxiliar na geração de gametas e na produção de embriões *in vitro*. Especificamente, a produção de oócitos *in vitro* por meio das iPSCs poderia facilitar a troca de material genético, minimizando a necessidade de transporte de animais vivos para potencializar o progresso genético. Além disso, em estudos de produção de embriões *in vitro*, suínos e bovinos já vêm sendo utilizados como modelos de estudo para humanos, uma vez que apresentam características mais semelhantes, quando comparados com roedores, principalmente durante o desenvolvimento inicial dos embriões *in vitro*.

Na última década, avanços bastante significativos foram realizados nessa área, sendo que em camundongos foi demonstrado que as iPSCs podem ser induzidas a células epiblastoides (EpiCLs) quando estimuladas com Activina e FGF, e em seguida, em células semelhantes às PGCs (PGCLCs ou PGCLs-*like*), em resposta ao BMP4, gerando células com capacidade para espermatogênese e oogênese, recapitulando o mesmo processo de especificação que acontece *in vivo*. Nessa espécie, quando as PGCLCs femininas foram agregadas com células somáticas ovarianas embrionárias de camundongos, em um sistema de cultivo denominado de rOvary (ovário reconstituído, do inglês, *reconstituted ovary*), e transplantadas sob a bolsa ovariana de camundongos imunodeficientes, elas foram capazes de contribuir para a oogênese, e o mesmo aconteceu com PGCLCs provenientes de machos (rTestis). Assim, os espermatozoides e oócitos resultantes foram capazes de produzir descendentes férteis. Portanto, a geração bem-sucedida de PGCLCs *in vitro* nessa espécie (Hayashi et al., 2011, 2012; Hikabe et al., 2016; Ishikura et al., 2021; Zhou et al., 2016) abriu a possibilidade de produzir gametas maduros funcionais em outras espécies, como macacos e suínos e, recentemente, em rinocerontes brancos (Hayashi et al., 2022; Pieri et al., 2021, p.202; Sosa et al., 2018).

A possibilidade de usar iPSCs de espécies domésticas para esse fim pode contribuir significativamente para as tecnologias reprodutivas, oferecendo novas oportunidades sem precedentes para restaurar a fertilidade, preservar espécies ameaçadas e gerar animais transgênicos para aplicações biomédicas (Figura 3). Adiante será discutido um resumo atualizado do uso de células-tronco pluripotentes na reprodução, com foco na geração de PGCLCs em animais domésticos, e a possibilidade de geração de gametas *in vitro*.

Figura 3. Gametogênese *in vitro* a partir de células iPSCs de animais domésticos

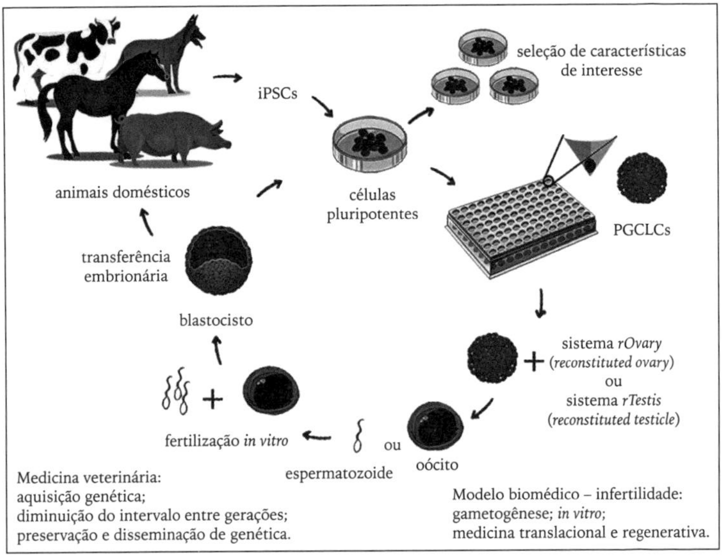

Novas tecnologias na geração de células precursoras germinativas e gametas *in vitro*

As células germinativas são essenciais para a reprodução sexuada, e, portanto, para a herança genética e evolução nos animais. Essas células são extremamente especializadas e surgem como uma população pequena de células, durante o desenvolvimento embrionário no epiblasto. Para se diferenciarem em oogônias e gonócitos, que são os percursores dos gametas maduros, passam por vários processos que incluem a modulação da expressão gênica, aquisição da pluripotência e a reprogramação epigenética.

Em camundongos, muito já se sabe sobre o desenvolvimento das células germinativas femininas *in vivo* (Saitou; Kagiwada; Kurimoto, 2012; Saitou; Yamaji, 2012; Surani; Hajkova, 2010), entretanto, em outras espécies como humanos e em animais domésticos, ainda há muito a ser compreendido sobre seu desenvolvimento e processos. Recentemente, um estudo em suínos descreveu o perfil fenotípico das PGCs em embriões machos e fêmeas durante o período de 24 a 35 dias de gestação. Esse mesmo estudo demonstrou que, independentemente do sexo, há diferença na expressão dos transcritos *SOX2, Nanog, Stella, Vasa, PRDM14* e *DAZL*, quando são analisados em diferentes períodos gestacionais, ou nas gônadas adultas (Jorge et al., 2023), e essa diferença pode ser relacionada à fase em que as células germinativas se encontram nas gônadas. Em bovinos, foi descrito que as bPGCs podem ser identificadas por coloração da fosfatase alcalina em embriões entre os dias 18 e 39 após a fertilização (Lavoir; Basrur; Betteridge, 1994; Wrobel; Süss, 1998). Em outras espécies de animais domésticos (caprinos, cães, gatos, por exemplo), pouco se sabe sobre o perfil fenotípico, processos e características dessas células *in vivo*.

A geração de PGCLCs a partir de células pluripotentes apresenta como um dos maiores desafios conseguir que as células geradas entrem em meiose *in vitro* e assim sejam capazes de gerar gametas maduros. Os primeiros relatos da geração de oócitos maduros a partir das PGCLCs foram realizados em camundongos, nos quais as miPSCs foram induzidas em PGCLs e, em seguida, foram agregadas com células somáticas do ovário fetal, no sistema de cultivo chamado rOvary, e estas foram capazes de gerar oócitos-like (*oocyte-like cells* – OLCs). Em 2016, portanto, foi reportada a reconstituição inteira do ciclo germinativo feminino mediante geração de PGCLs produzidas a partir de CTEs e iPSCs, e diferenciação destas em oócitos primários, sendo requisito para tal o cocultivo com células somáticas gonadais (Hikabe et al., 2016). Na geração *in vitro* de PGCLs humanas, avanços também foram descritos, sendo elas derivadas de CTEs e induzidas à PGCLs (Irie et al., 2015) ou então hiPSCs pré-induzidas a células similares às mesodermais (*mesoderm-like cells* – iMeLCs), e então também em PGCLs (Sasaki et al., 2015).

Já em 2021 foi reportada a reconstituição de todo o desenvolvimento de células germinativas masculinas *in vitro*, de maneira gradativa e sequencial, em camundongos. Ishikura e colaboradores demonstraram uma estratégia para gerar espermatozoides funcionais a partir de células-tronco pluripotentes *in vitro*, na qual, após o xenotransplante das células *in vivo* e sob uma cultura *in vitro* de transplantes de testículos, as espermátides resultantes foram capazes de contribuir para a prole fértil. Em ratos, foi descrita a geração de PGCLCs a partir de ESCs e, em seguida, a funcionalidade das células foi demonstrada por meio do transplante no túbulo seminífero de ratos neonatos, com a consequente geração de espermátides funcionais (Ishikura et al., 2021; Oikawa et al., 2022).

Embora os dados apresentados até o momento demonstrem ser possível a geração de oócitos-*like* ou espermátides-*like* gerados a partir de células pluripotentes (iPSCs ou ESCs), a funcionalidade com a geração de uma prole fértil foi comprovada apenas em camundongos e ratos, e sendo dependente da interação com as células somáticas fetais ovarianas ou testiculares, que têm demonstrado um maior potencial de suportar esses processos *in vitro*. Em outras espécies, os resultados ainda são preliminares e incipientes, e devem ser beneficiados com o estudo e uso de novas formas de mimetizar o ambiente folicular ou espermatogênico *in vitro*.

Em suínos, a geração de PGCLCs a partir da diferenciação das células somáticas em iPSCs foi reportada em 2022, mostrando que essas células apresentaram heterogeneidade e perfis fenotípicos distintos influenciados pelo ambiente *in vitro*. Ainda, as PGCLCs foram geradas e caracterizadas de maneira semelhante às PGCs humanas e suínas. Essas PGCLCs geradas apresentaram marcas de modificação de histonas H3k27me3 e H3k9me2, e uma pequena população de células era positiva para 5hmC (Pieri et al., 2021, p.202). Na mesma espécie, um estudo anterior demonstrou a geração de células-tronco espermatogoniais (SSCLs) a partir de iPSCs (Wang et al., 2016), embora não tenha sido relatada a produção de gametas maduros após o xenotransplante em camundongos. Já a geração de OLCs foi reportada em suínos apenas em estudos de diferenciação de células somáticas provenientes da pele, tecido adiposo e ovariano, porém elas não foram analisadas quanto à viabilidade ou funcionalidade, e, como apresentado anteriormente, também não há relatos de geração de prole (Dyce et al., 2011; Linher; Dyce; Li, 2009).

Já em bovinos, biPSCs foram induzidas em PGCLCs (bPGCLCs) usando a pré-diferenciação em EpiLCs, mostrando diminuição de marcas epigenéticas no *imprinting* do *locus* H19/IGF2 (dados não publicados). Este é um importante indício de reprogramação epigenética, uma vez que a geração de células germinativas *in vitro* que sejam verdadeiramente competentes para a geração de novos indivíduos a termo saudáveis precisará ser acompanhada pela adequada reprogramação epigenética, que inclui o apagamento do *imprinting* durante a migração das PGCs, seguido pela correta reaquisição durante a gametogênese. biPSCs também foram diferenciadas mediante a formação de corpos embrioides na presença de RA e BMP4, no entanto, neste último protocolo, a produção de bPGCLCs não se mostrou eficiente, sendo mencionada a detecção apenas de DDX4 (Malaver-Ortega et al., 2016).

Em conclusão, a geração de células germinativas a partir de células somáticas induzidas a iPSCs é um processo complexo, no qual as semelhanças entre a indução *in vitro* e o processo *in vivo* estão começando a ser esclarecidas, principalmente em espécies domésticas. A correta reprogramação epigenética, e em especial dos genes *imprinted*, parece ser essencial para tal, assim como a correta meiose *in vitro* pode ser uma barreira a ser superada. Certamente, o desenvolvimento da reconstituição da gametogênese *in vitro* abre novas oportunidades de compreender todo o processo de desenvolvimento gamético, permitindo que outros estudos sejam desenvolvidos não só na área de produção de oócitos, mas também na reconstituição do processo espermatogênico.

Considerações e perspectivas

A geração de células pluripotentes mediante indução e reprogramação *in vitro* representa uma conquista de importância inquestionável na medicina veterinária, em especial considerando a falta de consistência e reprodutibilidade na manutenção da pluripotência de CTEs *in vitro* nas espécies domésticas durante décadas. A geração das iPSCs em diversas espécies animais deve contribuir sobremaneira na medicina reprodutiva e genética animal, tanto no aspecto translacional quanto na medicina regenerativa, mas, em especial, pela característica singular dessas células em se diferenciar em outros tipos celulares funcionais, especializados.

Nesse contexto, a gametogênese *in vitro* é uma nova ferramenta na produção e reprodução animal, que pode assegurar uma vasta gama de futuras aplicações, por exemplo a possibilidade de correção de infertilidades, a conservação de espécies em risco de extinção pela preservação ou mesmo aumento da disseminação de material genético, além da geração de indivíduos geneticamente superiores ou modificados para as mais diversas aplicações agropecuárias ou biomédicas.

Agradecimentos

As figuras foram criadas no BioRender.com.

Referências

BAJADA, S. et al. Updates on Stem Cells and their Applications in Regenerative Medicine. *Journal of Tissue Engineering and Regenerative Medicine*, v.2, n.4, p.169-83, 2008.

BAO, L. et al. Reprogramming of Ovine Adult Fibroblasts to Pluripotency Via Drug-Inducible Expression of Defined Factors. *Cell Research*, v.21, n.4, p.600-8, 11 jan. 2011.

BASSANEZE, V. et al. Development of a New Approach to Aid in Visual Identification of Murine iPS Colonies Using a Fuzzy Logic Decision Support System. *PloS One*, v.8, n.8, art.e70605, 2013.

BEISEL, C.; PARO, R. Dissection of Gene Regulatory Networks in Embryonic Stem Cells by Means of High-Throughput Sequencing. *Biological Chemistry*, v.390, n.11, p.1.139-44, 2009.

BERSTINE, E. G. et al. Alkaline Phosphatase Activity in Mouse Teratoma. *Proceedings of the National Academy of Sciences of the United States of America*, v.70, n.12, p.3.899-903, dez. 1973.

BESSI, B. W. et al. Cattle *in vitro* Induced Pluripotent Stem Cells Generated and Maintained in 5 or 20% Oxygen and Different Supplementation. *Cells*, v.10, n.6, p.1.531, 17 jun. 2021.

BIRD, A. DNA Methylation Patterns and Epigenetic Memory. *Genes & Development*, v.16, n.1, p.6-21, jan. 2002.

BOGLIOTTI, Y. S. et al. Efficient Derivation of Stable Primed Pluripotent Embryonic Stem Cells from Bovine Blastocysts. *Proceedings of the National Academy of Sciences*, v.115, n.9, p.2.090-5, 27 fev. 2018.

BORTVIN, A. et al. Incomplete Reactivation of Oct4-Related Genes in Mouse Embryos Cloned from Somatic Nuclei. *Development*, v.130, n.8, p.1.673-80, 2003.

BOTIGELLI, R. C. et al. Acquisition and Maintenance of Pluripotency Are Influenced by Fibroblast Growth Factor, Leukemia Inhibitory Factor, and 2i in Bovine-Induced Pluripotent Stem Cells. *Frontiers in Cell and Developmental Biology*, v.10, art.938709, 14 set. 2022.

BRESSAN, F. F. et al. Generation of Induced Pluripotent Stem Cells from Large Domestic Animals. *Stem Cell Research & Therapy*, v.11, n.1, art.247, 25 jun. 2020.

BREVINI, T. et al. Recent Progress in Embryonic Stem Cell Research and its Application in Domestic Species. *Reproduction in Domestic Animals*, v.43, n.s2, p.193-9, jul. 2008.

BROECKX, S. Y. et al. Equine Allogeneic Chondrogenic Induced Mesenchymal Stem Cells are an Effective Treatment for Degenerative Joint Disease in Horses. *Stem Cells and Development*, v.28, n.6, p.410-22, 2019.

CAO, H. et al. Characterization of Bovine Induced Pluripotent Stem Cells by Lentiviral Transduction of Reprogramming Factor Fusion Proteins. *International Journal of Biological Sciences*, v.8, n.4, p.498-511, 2012.

CAPLAN, A. I. Adult Mesenchymal Stem Cells and Women's Health. *Menopause*, v.22, n.2, p.131-5, fev. 2015.

______. All MSCs Are Pericytes? *Cell Stem Cell*, v.3, n.3, p.229-30, 11 set. 2008.

CHANDRASEKARAN, A. et al. Neural Derivates of Canine Induced Pluripotent Stem Cells-Like Cells from a Mild Cognitive Impairment Dog. *Frontiers in Veterinary Science*, v.8, 3 nov. 2021.

CHEN, L.; DALEY, G. Q. Molecular Basis of Pluripotency. *Human Molecular Genetics*, v.17, n.R1, abr. 2008.

CHO, H. et al. Induction of Pluripotent Stem Cells from Adult Somatic Cells by Protein-Based Reprogramming without Genetic Manipulation. *Hematopoiesis and Stem Cells*, v.116, n.3, p.386-95, 2010.

CLARK, A. T. et al. Spontaneous Differentiation of Germ Cells from Human Embryonic Stem Cells *in vitro*. *Human Molecular Genetics*, v.13, n.7, p.727-39, 2004.

DE CASTRO, R. V. G. et al. *In vitro* Induction of Pluripotency from Equine Fibroblasts in 20% or 5% Oxygen. *Stem Cells International*, v.2.020, p.1-16, 2020.

DU, H.; TAYLOR, H. S. Stem Cells and Female Reproduction. *Reproductive Sciences*, v.16, n.2, p.126-39, 2009.

DYCE, P .W. et al. *In vitro* and *in vivo* Germ Line Potential of Stem Cells Derived from Newborn Mouse Skin. *PloS One*, v.6, n.5, art.e20339, 2011.

______; LI, J. From Skin Cells to Ovarian Follicles? *Cell Cycle*, v.5, n.13, p.1.371-5, 2006.

EILERTSEN, K. J. et al. Targeting Cellular Memory to Reprogram the Epigenome, Restore Potential, and Improve Somatic Cell Nuclear Transfer. *Animal Reproduction Science*, v.98, n.1-2, p.129-46, 2007.

EVANS, M. J. The Isolation and Properties of a Clonal Tissue Culture Strain of Pluripotent Mouse Teratoma Cells. *Journal of Embryology and Experimental Morphology*, v.28, n.1, p.163-76, 1972.

_____ et al. Derivation and Preliminary Characterization of Pluripotent Cell Lines from Porcine and Bovine Blastocysts. *Theriogenology*, v.33, n.1, p.125-8, 1990.

_____; KAUFMAN, M. H. Establishment in Culture of Pluripotential Cells from Mouse Embryos. *Nature*, v.292, n.5.819, p.154-6, 1981.

FAWCETT, D. W. Bilateral Ovarian Teratomas in a Mouse. *Cancer Research*, v.10, n.11, p.705-7, 1950.

FRAGA, A. M. et al. Establishment of a Brazilian Line of Human Embryonic Stem Cells in Defined Medium: Implications for Cell Therapy in an Ethnically Diverse Population. *Cell Transplantation*, v.20, n.3, p.431-40, 1º abr. 2011.

FRENCH, A. J. et al. Development of Human Cloned Blastocysts Following Somatic Cell Nuclear Transfer with Adult Fibroblasts. *Stem Cells*, v.26, n.2, p.485-93, 2008.

GALLI, C. et al. Embryonic Stem Cells in Farm Animals. *Zygote*, v.2, n.4, p.385-9, 1994.

GOSZCZYNSKI, D. E. et al. *In vitro* Breeding: Application of Embryonic Stem Cells to Animal Production. *Biology of Reproduction*, v.100, n.4, p.885-95, 2018.

GUGJOO, M. B. et al. Mesenchymal Stem Cell Research in Veterinary Medicine. *Current Stem Cell Research & Therapy*, v.13, n.8, p.645-57, 2018.

HATOYA, S. et al. Isolation and Characterization of Embryonic Stem-Like Cells from Canine Blastocysts. *Molecular Reproduction and Development*, v.73, n.3, p.298-305, 2006.

HAYASHI, K. *In vitro* Reconstitution of Germ Cell Development. *Biology of Reproduction*, v.101, n.3, p.567-78, 2019.

_____ et al. Robust Induction of Primordial Germ Cells of White Rhinoceros on the Brink of Extinction. *Science Advances*, v.8, n.49, 2022.

_____ et al. Reconstitution of Mouse Oogenesis in a Dish from Pluripotent Stem Cells. *Nature Protocols*, v.12, n.9, p.1.733-44, 2017.

_____ et al. Offspring from Oocytes Derived from *in vitro* Primordial Germ Cell-Like Cells in Mice. *Science*, v.338, n.6.109, p.971-5, 2012.

_____ et al. Reconstitution of the Mouse Germ Cell Specification Pathway in Culture by Pluripotent Stem Cells. *Cell*, v.146, n.4, p.519-32, 2011.

HAYES, B. et al. Derivation, Characterization, and *in vitro* Differentiation of Canine Embryonic Stem Cells. *Stem Cells*, v.26, n.2, p.465-73, 2008.

HE, Y. et al. The Therapeutic Potential of Bone Marrow Mesenchymal Stem Cells in Premature Ovarian Failure. *Stem Cell Research & Therapy*, v.9, n.1, p.263, 4 out. 2018.

HERRAIZ, S. et al. Autologous Stem Cell Ovarian Transplantation to Increase Reproductive Potential in Patients Who Are Poor Responders. *Fertility and Sterility*, v.110, n.3, p.496-505, 2018.

HIKABE, O. et al. Reconstitution *in vitro* of the Entire Cycle of the Mouse Female Germ Line. *Nature*, v.539, n.7.628, p.299-303, 2016.

HOCHEDLINGER, K.; PLATH, K. Epigenetic Reprogramming and Induced Pluripotency. *Development*, v.136, n.4, p.509-23, 2009.

HUBNER, K. et al. Derivation of Oocytes from Mouse Embryonic Stem Cells. *Science*, v.300, n.5.623, p.1.251-6, 2003.

IRIE, N. et al. SOX17 Is a Critical Specifier of Human Primordial Germ Cell Fate. *Cell*, v.160, n.1-2, p.253-68, 2015.

ISHIKURA, Y. et al. *In vitro* Reconstitution of the Whole Male Germ--Cell Development from Mouse Pluripotent Stem Cells. *Cell Stem Cell*, v.28, n.12, p.2.167-79, 2021.

JOHNSON, L. V.; CALARCO, P. G.; SIEBERT, M. L. Alkaline Phosphatase Activity in the Preimplantation Mouse Embryo. *Journal of Embryology and Experimental Morphology*, v.40, p.83-9, 1977.

JORGE, A. S. et al. Porcine Germ Cells Phenotype during Embryonic and Adult Development. *Animals: An Open Access Journal from MDPI*, v.13, n.15, art.2520, 4 ago. 2023.

KAHAN, B. W.; EPHRUSSI, B. Developmental Potentialities of Clonal *in vitro* Cultures of Mouse Testicular Teratoma. *Journal of the National Cancer Institute*, v.44, n.5, p.1.015-36, 1970.

KAWAMURA, M. et al. Feasibility, Safety, and Therapeutic Efficacy of Human Induced Pluripotent Stem Cell-Derived Cardiomyocyte Sheets in a Porcine Ischemic Cardiomyopathy Model. *Circulation*, v.126, n.11, supl.1, p.S29-S37, 2012.

KLEINSMITH, L. J.; PIERCE, G. B. Multipotentiality of Single Embryonal Carcinoma Cells. *Cancer Research*, v.24, p.1.544-51, 1964.

KOH, S.; PIEDRAHITA, J. A. Generation of Induced Pluripotent Stem Cells (iPSCs) from Adult Canine Fibroblasts. *Methods in Molecular Biology*, v.1.330, p.69-78, 2015.

LAVOIR, M.-C.; BASRUR, P. K.; BETTERIDGE, K. J. Isolation and Identification of Germ Cells from Fetal Bovine Ovaries. *Molecular Reproduction and Development*, v.37, n.4, p.413-24, 1994.

LI, J. et al. Human Umbilical Cord Mesenchymal Stem Cells Improve the Reserve Function of Perimenopausal Ovary Via a Paracrine Mechanism. *Stem Cell Research & Therapy*, v.8, n.1, p.55, 2017.

LI, Y. et al. Reprogramming of Sheep Fibroblasts into Pluripotency under a Drug-Inducible Expression of Mouse-Derived Defined Factors. *PloS One*, v.6, n.1, art.e15947, 6 jan. 2011.

LINHER, K.; DYCE, P.; LI, J. Primordial Germ Cell-Like Cells Differentiated *in vitro* from Skin-Derived Stem Cells. *PloS One*, v.4, n.12, art. e8263, 2009.

MACHADO, L. S. et al. Generation of Neural Progenitor Cells from Porcine-Induced Pluripotent Stem Cells. *Journal of Tissue Engineering and Regenerative Medicine*, v.14, n.12, p.1.880-91, 2020.

MALAVER-ORTEGA, L. F. et al. Bone Morphogenetic Protein 4 and Retinoic Acid Trigger Bovine Vasa Homolog Expression in Differentiating Bovine Induced Pluripotent Stem Cells. *Molecular Reproduction and Development*, v.83, n.2, p.149-61, 2016.

MANDAI, M. et al. Autologous Induced Stem-Cell – Derived Retinal Cells for Macular Degeneration. *New England Journal of Medicine*, v.376, n.11, p.1.038-46, 16 mar. 2017.

MANN, M. R. W.; BARTOLOMEI, M. S. Epigenetic Reprogramming in the Mammalian Embryo: Struggle of the Clones. *Genome Biology*, v.3, n.2, Reviews 1003, 2002.

MARUOTTI, J. et al. Efficient Derivation of Bovine Embryonic Stem Cells Needs more than Active Core Pluripotency Factors. *Molecular Reproduction and Development*, v.79, n.7, p.461-77, 2012.

MEIRELLES, L. da S. et al. Mechanisms Involved in the Therapeutic Properties of Mesenchymal Stem Cells. *Cytokine and Growth Factor Reviews*, v.20, n.5-6, p.419-27, 2009.

NAFEE, T. M. et al. Epigenetic Control of Fetal Gene Expression. *BJOG: An International Journal of Obstetrics and Gynaecology*, v.115, n.2, p.158-68, 2008.

NAYERNIA, K. et al. *In vitro*-Differentiated Embryonic Stem Cells Give Rise to Male Gametes that Can Generate Offspring Mice. *Developmental Cell*, v.11, n.1, p.125-32, 2006.

NICHOLS, J.; SMITH, A. Naïve and Primed Pluripotent States. *Cell Stem Cell*, v.4, n.6, p.487-92, 2009.

NOTARIANNI, E. et al. Derivation of Pluripotent, Embryonic Cell Lines from the Pig and Sheep. *Journal of Reproduction and Fertility*, v.43, supl., p.255-60, 1991.

NOWAK-IMIALEK, M.; NIEMANN, H. Pluripotent Cells in Farm Animals: State of the Art and Future Perspectives. *Reproduction, Fertility and Development*, v.25, n.1, p.103-28, 2013.

OHGANE, J.; YAGI, S.; SHIOTA, K. Epigenetics: The DNA Methylation Profile of Tissue-Dependent and Differentially Methylated Regions in Cells. *Placenta*, v.29 supl.A, p.S29-S35, 2008.

OIKAWA, M. et al. Functional Primordial Germ Cell-Like Cells from Pluripotent Stem Cells in Rats. *Science*, v.376, n.6.589, p.176-9, 2022.

OKITA, K. et al. Generation of Mouse Induced Pluripotent Stem Cells without Viral Vectors. *Science*, v.322, n.5.903, p.949-53, 2008.

PAULSEN, B. S. et al. Agathisflavone Enhances Retinoic Acid-Induced Neurogenesis and its Receptors α and β in Pluripotent Stem Cells. *Stem Cells and Development*, v.20, n.10, p.1.711-21, 2011.

PESSÔA, L. V. de F.; BRESSAN, F. F.; FREUDE, K. K. Induced Pluripotent Stem Cells throughout the Animal Kingdom: Availability and Applications. *World Journal of Stem Cells*, v.11, n.8, p.491-505, 2019.

______ et al. Generation and miRNA Characterization of Equine Induced Pluripotent Stem Cells Derived from Fetal and Adult Multipotent Tissues. *Stem Cells International*, v.2019, n.1, art.1393791, 2019.

PICANÇO-CASTRO, V. et al. Pluripotent Reprogramming of Fibroblasts by Lentiviral Mediated Insertion of SOX2, C-MYC, and TCL-1A. *Stem Cells and Development*, v.20, n.1, p.169-80, 2011.

PIERCE, G. B.; DIXON, F. J. Testicular Teratomas. I. Demonstration of Teratogenesis by Metamorphosis of Multipotential Cells. *Cancer*, v.12, n.3, p.573-83, 1959.

PIERI, N. C. G. et al. Porcine Primordial Germ Cell-Like Cells Generated from Induced Pluripotent Stem Cells Under Different Culture Conditions. *Stem Cell Reviews and Reports*, v.18, n.5, p.1.639-56, 2021.

______ et al. Stem Cells on Regenerative and Reproductive Science in Domestic Animals. *Veterinary Research Communications*, v.43, n.1, p.7-16, 2019.

PINHEIRO, L. L. et al. Mesenchymal Stem Cells in Dogs with Demyelinating Leukoencephalitis as an Experimental Model of Multiple Sclerosis. *Heliyon*, v.5, n.6, art.e01857, 2019.

RECCHIA, K. et al. *In vitro* Induced Pluripotency from Urine-Derived Cells in Porcine. *World Journal of Stem Cells*, v.14, n.3, p.231-44, 2022a.

______ et al. Influence of Cell Type in *in vitro* Induced Reprogramming in Cattle. *Life*, v.12, n.8, art.1139, 28 jul. 2022b.

ROSENTHAL, M. D.; WISHNOW, R. M.; SATO, G. H. *In vitro* Growth and Differentiation of Clonal Populations of Multipotential Mouse Cells Derived from a Transplantable Testicular Teratocarcinoma. *Journal of the National Cancer Institute*, v.44, n.5, p.1.001-14, maio 1970.

ROSSANT, J. Stem Cells from the Mammalian Blastocyst. *Stem Cells*, v.19, n.6, p.477-82, 2001.

RUSSO, F. B. et al. Modeling the Interplay between Neurons and Astrocytes in Autism Using Human Induced Pluripotent Stem Cells. *Biological Psychiatry*, v.83, n.7, p.569-78, 2018.

SAITO, S. et al. Derivation, Maintenance, and Induction of the Differentiation *in vitro* of Equine Embryonic Stem Cells. *Methods in Molecular Biology*, v.329, p.59-79, 2006.

______ et al. Isolation of Embryonic Stem-Like Cells from Equine Blastocysts and their Differentiation *in vitro*. *FEBS Letters*, v.531, n.3, p.389-96, 2002.

SAITOU, M.; KAGIWADA, S.; KURIMOTO, K. Epigenetic Reprogramming in Mouse Pre-Implantation Development and Primordial Germ Cells. *Development*, v.139, n.1, p.15-31, 2012.

______; YAMAJI, M. Primordial Germ Cells in Mice. *Cold Spring Harbor Perspectives in Biology*, v.4, n.11, art.a008375, 2012.

SAKAI, Y. et al. Induction of the Germ Cell Fate from Pluripotent Stem Cells in Cynomolgus Monkeys. *Biology of Reproduction*, v.102, n.3, p.620-38, 2020.

SANTOS, F.; DEAN, W. Epigenetic Reprogramming during Early Development in Mammals. *Reproduction*, v.127, n.6, p.643-51, 2004.

SANTOS-MIRANDA, A. et al. The Fungicide Tebuconazole Induces Electromechanical Cardiotoxicity in Murine Heart and Human Cardiomyocytes Derived from Induced Pluripotent Stem Cells. *Toxicology Letters*, v.359, p.96-105, 2022.

SARAFIAN, R. et al. Monitoring Cell Line Identity in Collections of Human Induced Pluripotent Stem Cells. *Stem Cell Research*, v.28, p.66-70, 2018.

SASAKI, K. et al. Robust *in vitro* Induction of Human Germ Cell Fate from Pluripotent Stem Cells. *Cell Stem Cell*, v.17, n.2, p.178-94, 2015.

SMITH, L. C. et al. Epigenetic Consequences of Artificial Reproductive Technologies to the Bovine Imprinted Genes SNRPN, H19/IGF2, and IGF2R. *Frontiers in Genetics*, v.6, art.58, 2015.

SOLTER, D. From Teratocarcinomas to Embryonic Stem Cells and Beyond: A History of Embryonic Stem Cell Research. *Nature Reviews Genetics*, v.7, n.4, p.319-27, 2006.

SONG, H. et al. Induced Pluripotent Stem Cells from Goat Fibroblasts. *Molecular Reproduction and Development*, v.80, n.12, p.1.009-17, 2013.

SOSA, E. et al. Differentiation of Primate Primordial Germ Cell-Like Cells Following Transplantation into the Adult Gonadal Niche. *Nature Communications*, v.9, n.1, p.1-13, 2018.

SOUZA, A. F. de et al. Generation of Primordial Germ Cell-like Cells from iPSCs Derived from Turner Syndrome Patients. *Cells*, v.10, n.11, art.3099, 2021.

STADTFELD, M. et al. Defining Molecular Cornerstones during Fibroblast to iPS Cell Reprogramming in Mouse. *Cell Stem Cell*, v.2, n.3, p.230-40, 2008.

STEVENS, L. C.; LITTLE, C. C. Spontaneous Testicular Teratomas in an Inbred Strain of Mice. *Proceedings of the National Academy of Sciences of the United States of America*, v.40, n.11, p.1.080-7, 1954.

SURANI, M. A.; HAJKOVA, P. Epigenetic Reprogramming of Mouse Germ Cells toward Totipotency. *Cold Spring Harbor Symposia on Quantitative Biology*, v.75, p.211-8, 2010.

TAKAHASHI, K. et al. Induction of Pluripotent Stem Cells from Adult Human Fibroblasts by Defined Factors. *Cell*, v.131, n.5, p.861-72, 2007.

______; YAMANAKA, S. Induction of Pluripotent Stem Cells from Mouse Embryonic and Adult Fibroblast Cultures by Defined Factors. *Cell*, v.126, n.4, p.663-76, 2006.

THOMSON, J. A. Embryonic Stem Cell Lines Derived from Human Blastocysts. *Science*, v.282, n.5.391, p.1.145-7, 1998.

______ et al. Isolation of a Primate Embryonic Stem Cell Line. *Proceedings of the National Academy of Sciences of the United States of America*, v.92, n.17, p.7.844-8, 1995.

VASSENA, R. et al. Stem Cells in Reproductive Medicine: Ready for the Patient? Figure 1. *Human Reproduction*, v.30, n.9, p.2.014-21, 2015.

VERMA, R. et al. Inducing Pluripotency in Somatic Cells from the Snow Leopard (*Panthera uncia*), an Endangered Felid. *Theriogenology*, v.77, n.1, p.220-8, 2012.

______; VERMA, P. J. Using Stem Cells to Study and Preserve Biodiversity in Endangered Big Cats. In: BREVINE, T. (org.). *Stem Cells in Animal Species*: From Pre-Clinic to Biodiversity. Nova Jersey: Humana Press, 2014.

VIDANE, A. et al. Transplantation of Amniotic Membrane-Derived Multipotent Cells Ameliorates and Delays the Progression of Chronic Kidney Disease in Cats. *Reproduction in Domestic Animals*, v.52, p.316-26, 2017.

VOGEL, G. Capturing the Promise of Youth. *Science*, v.286, n.5.448, p.2.238-9, 1999.

WADDINGTON, C. H. *The Strategy of the Genes*: A Discussion of some Aspects of Theoretical Biology. Apêndice H. Kacser. Londres: Routledge, 1957.

WANG, H. et al. Induction of Germ Cell-Like Cells from Porcine Induced Pluripotent Stem Cells. *Scientific Reports*, v.6, n.1, art.27256, 2016.

WEINBERGER, L. et al. Dynamic Stem Cell States: Naïve to Primed Pluripotency in Rodents and Humans. *Nature Reviews Molecular Cell Biology*, v.17, n.3, p.155-69, 2016.

WHITWORTH, D. J. et al. Generation and Characterization of Leukemia Inhibitory Factor-Dependent Equine Induced Pluripotent Stem Cells from Adult Dermal Fibroblasts. *Stem Cells and Development*, v.23, n.13, p.1.515-23, 2014.

______; OVCHINNIKOV, D. A.; WOLVETANG, E. J. Generation and Characterization of LIF-Dependent Canine Induced Pluripotent Stem Cells from Adult Dermal Fibroblasts. *Stem Cells Development*, v.21, n.12, p.2.288-97, 2012.

WROBEL, K. H.; SÜSS, F. Identification and Temporospatial Distribution of Bovine Primordial Germ Cells Prior to Gonadal Sexual Differentiation. *Anatomy and Embryology*, v.197, n.6, p.451-67, 1998.

YAMASHIRO, C. et al. Generation of Human Oogonia from Induced Pluripotent Stem Cells in Culture. *Nature Protocols*, v.15, n.4, p.1.560-83, 2020.

YING, Q.-L. et al. The Ground State of Embryonic Stem Cell Self-Renewal. *Nature*, v.453, n.7.194, p.519-23, 2008.

YOSHIOKA, N. et al. Efficient Generation of Human iPS Cells by a Synthetic Self-Replicative RNA. *Cell Stem Cell*, v.13, n.2, p.246-54, 2013.

YU, J. et al. Human Induced Pluripotent Stem Cells Free of Vector and Transgene Sequences. *Science*, v.324, n.5.928, p.797-801, 2009.

YU, X. et al. Isolation and Characterization of Embryonic Stem-Like Cells Derived from *in vivo*-Produced Cat Blastocysts. *Molecular Reproduction and Development*, v.75, n.9, p.1.426-32, 2008.

ZEISER, R.; BLAZAR, B. R. Preclinical Models of Acute and Chronic Graft-Versus-Host Disease: How Predictive Are They for a Successful Clinical Translation? *Blood*, v.127, n.25, p.3.117-26, 2016.

ZHANG, J. et al. The Protective Effects of Human Umbilical Cord Mesenchymal Stem Cells on Damaged Ovarian Function: A Comparative Study. *BioScience Trends*, v.10, n.4, p.265-76, 2016.

ZHOU, Q. et al. Complete Meiosis from Embryonic Stem Cell-Derived Germ Cells in Vitro. *Cell Stem Cell*, v.18, n.3, p.330-40, 2016.

ZYWITZA, V. et al. Naïve-Like Pluripotency to Pave the Way for Saving the Northern white Rhinoceros from Extinction. *Scientific Reports*, v.12, n.1, art.3100, 2022.

Índice remissivo

Os autores

Capítulo 1

João Henrique Moreira Viana: Médico veterinário, MS, DSc. Embrapa Recursos Genéticos e Biotecnologia.

Capítulo 2

Pietro Sampaio Baruselli: Médico veterinário, MSc, PhD. Professor titular. Departamento de Reprodução Animal, Faculdade de Medicina Veterinária e Zootecnia, Universidade de São Paulo (USP).

Lindsay Unno Gimenes: Médica veterinária, MSc, PhD. Professora associada. Departamento de Patologia, Reprodução e Saúde Única, Faculdade de Ciências Agrárias e Veterinárias, câmpus de Jaboticabal, Universidade Estadual Paulista "Júlio de Mesquita Filho" (Unesp).

Capítulo 3

Gabriel Amilcar Bó: Médico veterinário, MSc, PhD. Professor doutor. Instituto de Reproducción Animal de Córdoba (Argentina), Universidad Nacional de Villa María (Argentina).

Marcelo Marcondes Seneda: Médico veterinário, MSc, PhD. Professor doutor. Universidade Estadual de Londrina.

Reuben Mapletoft: Professor doutor, professor emérito, DVM, MSc, PhD. University of Saskatchewan, Canada.

Capítulo 4

Yeda Fumie Watanabe: Bióloga, MSc, PhD. Vitrogen, YVF Biotech Ltda EPP, Brasil.

Melissa Nishida Hirano: Aluna de graduação do curso de Engenharia Biotecnológica, Faculdade de Ciências e Letras, câmpus de Assis, Universidade Estadual Paulista "Júlio de Mesquita Filho" (Unesp).

Isabela Batista de Castro Nunes: Aluna de graduação do curso de Ciências Biológicas, Faculdade de Ciências e Letras, câmpus de Assis, Universidade Estadual Paulista "Júlio de Mesquita Filho" (Unesp).

Marcelo Fábio Gouveia Nogueira: Médico veterinário, MSc, PhD. Professor associado. Departamento de Ciências Biológicas, Faculdade de Ciências e Letras, câmpus de Assis, Universidade Estadual Paulista "Júlio de Mesquita Filho" (Unesp).

Enoch Borges de Oliveira Filho: Médico veterinário, MSc, PhD. Professor titular. Faculdade de Ciências Agrárias e Veterinárias, câmpus de Jaboticabal, Universidade Estadual Paulista "Júlio de Mesquita Filho" (Unesp).

Capítulo 5

José Antônio Visintin: Médico veterinário, MSc, PhD. Professor titular. Faculdade de Medicina Veterinária e Zootecnia, Universidade de São Paulo (USP).

Camilla Mota Mendes: Médica veterinária, PhD. Especialista de laboratório. Faculdade de Medicina Veterinária e Zootecnia, Universidade de São Paulo (USP).

Marcelo Demarchi Goissis: Médico veterinário, MSc, PhD. Professor doutor. Faculdade de Medicina Veterinária e Zootecnia, Universidade de São Paulo (USP).

Marcílio Nichi: Médico veterinário, MSc, PhD. Professor doutor. Faculdade de Medicina Veterinária e Zootecnia, Universidade de São Paulo (USP).

Mayra Elena Ortiz D'Ávila Assumpção: Médica veterinária, MSc, PhD. Professora titular. Faculdade de Medicina Veterinária e Zootecnia, Universidade de São Paulo (USP).

Capítulo 6

Tiago Henrique Camara De Bem: Biólogo, MSc, PhD. Departamento de Medicina Veterinária, Faculdade de Zootecnia e Engenharia de Alimentos (FZEA), Pirassununga, Universidade de São Paulo (USP).

Rafael Vilar Sampaio: Biólogo, MSc, PhD. Departamento de Medicina Veterinária, Faculdade de Zootecnia e Engenharia de Alimentos (FZEA), Pirassununga, Universidade de São Paulo (USP).

Juliano Rodrigues Sangalli: Médico veterinário, MSc, PhD. Departamento de Medicina Veterinária, Faculdade de Zootecnia e Engenharia de Alimentos (FZEA), Pirassununga, Universidade de São Paulo (USP).

Flávio Vieira Meirelles: Médico veterinário, MSc, PhD. Professor titular. Departamento de Medicina Veterinária, Faculdade de Zootecnia e Engenharia de Alimentos (FZEA), Pirassununga, Universidade de São Paulo (USP).

Capítulo 7

Vicente José de Figueirêdo Freitas: Médico veterinário, MSc, PhD. Professor doutor. Universidade Estadual do Ceará.

Luciana Magalhães Melo: Médica veterinária, MSc, PhD. Professora doutora. Centro de Educação, Ciências e Tecnologia (Cecitec), Universidade Estadual do Ceará.

Luiz Sérgio de Almeida Camargo: Médico veterinário, MSc, PhD. Professor doutor. Embrapa Gado de Leite.

Capítulo 8

Higor da Silva Ferreira: Médico veterinário, MSc, PhD. Professor doutor. Faculdade de Medicina Veterinária, São Luís, Universidade Estadual do Maranhão (UEMA).

Gabriella Borba de Oliveira: Biotecnologista, MSc, PhD. Departamento de Patologia Clínica Veterinária, Faculdade de Medicina Veterinária, Porto Alegre, Universidade Federal do Rio Grande do Sul (UFRGS).

Thomaz Kranen Cunha: Médico veterinário, MSc. Faculdade de Medicina Veterinária, Porto Alegre, Universidade Federal do Rio Grande do Sul (UFRGS).

Marcelo Bertolini: Médico veterinário, MSc, PhD. Professor adjunto. Departamento de Patologia Clínica Veterinária, Faculdade de Medicina Veterinária, Porto Alegre, Universidade Federal do Rio Grande do Sul (UFRGS).

José Luiz Rigo Rodrigues: Médico veterinário, MSc, PhD. Professor titular. Departamento de Patologia Clínica Veterinária, Faculdade de Medicina Veterinária, Porto Alegre, Universidade Federal do Rio Grande do Sul (UFRGS).

Capítulo 9

Naira Cristine Godoy Pieri: Bióloga, MSc, PhD. Departamento de Medicina Veterinária, Faculdade de Zootecnia e Engenharia de Alimentos (FZEA), Pirassununga, Universidade de São Paulo (USP).

Kaiana Recchia: Médica veterinária, MSc. Departamento de Medicina Veterinária, Faculdade de Zootecnia e Engenharia de Alimentos (FZEA), Pirassununga, Universidade de São Paulo (USP).

Beatriz Magalhães Gomes: Graduanda em Medicina Veterinária, Faculdade de Zootecnia e Engenharia de Alimentos (FZEA), Pirassununga, Universidade de São Paulo (USP).

Laís Vicari de Figueiredo Pessôa: Médica veterinária, MSc, PhD. Departamento de Medicina Veterinária, Faculdade de Zootecnia e Engenharia de Alimentos (FZEA), Pirassununga, Universidade de São Paulo (USP).

Fabiana Fernandes Bressan: Médica veterinária, MSc, PhD. Professora associada. Departamento de Medicina Veterinária, Faculdade de Zootecnia e Engenharia de Alimentos (FZEA), Pirassununga, Universidade de São Paulo (USP).

SOBRE O LIVRO

Formato: 13,7 x 21 cm
Mancha: 23 x 43 paicas
Tipologia: Iowan Old Style 10/14
Papel: Off-White 80 g/m² (miolo)
Cartão Triplex 250 g/m² (capa)

1ª edição Editora Unesp: 2024

EQUIPE DE REALIZAÇÃO

Edição de texto
Tulio Kawata (Copidesque)
Carmen T. S. Costa (Revisão)

Capa
Negrito Editorial

Editoração eletrônica
Sergio Gzeschnik

Assistente de produção
Erick Abreu

Assistência editorial
Alberto Bononi
Gabriel Joppert

Rettec artes gráficas e editora

Rua Xavier Curado, 388 • Ipiranga - SP • 04210 100
Tel.: (11) 2063 7000
rettec@rettec.com.br • www.rettec.com.br